直流换流站运检技能培训教材
开关类设备

国家电网有限公司设备管理部
国家电网有限公司直流技术中心　组编 ●

中国电力出版社
CHINA ELECTRIC POWER PRESS

图书在版编目（CIP）数据

开关类设备 / 国家电网有限公司设备管理部, 国家电网有限公司直流技术中心组编. -- 北京 : 中国电力出版社, 2025. 6. -- (直流换流站运检技能培训教材).
ISBN 978-7-5198-9362-0

Ⅰ. TM91

中国国家版本馆 CIP 数据核字第 20246C9085 号

出版发行：中国电力出版社
地　　址：北京市东城区北京站西街 19 号（邮政编码 100005）
网　　址：http://www.cepp.sgcc.com.cn
责任编辑：雍志娟
责任校对：黄　蓓　常燕昆
装帧设计：郝晓燕
责任印制：石　雷

印　　刷：三河市万龙印装有限公司
版　　次：2025 年 6 月第一版
印　　次：2025 年 6 月北京第一次印刷
开　　本：710 毫米×1000 毫米　16 开本
印　　张：21.25
字　　数：337 千字
定　　价：140.00 元

编 委 会

前言

  截至 2024 年 12 月，国家电网公司国内在运直流工程 35 项，其中特高压 16 项，常规直流 14 项（其中背靠背 4 项），柔直 5 项（其中背靠背 1 项），换流站 69 座。公司系统海外代维直流 3 项（美丽山 1 期、美丽山 2 期、默拉直流工程）。随着西部"沙戈荒"风电光伏基地和藏东南水电大规模开发外送，特高压直流将迎来新一轮大规模、高强度建设，预计到 2030 年将新建 26 回直流工程。其中到 2025 年将建成金上—湖北、陇东—山东等直流，开工库布齐—上海、乌兰布和—河北京津冀、腾格里—江西、巴丹吉林—四川、柴达木—广西等 5 回直流工程；到 2030 年，再新建雅鲁藏布江大拐弯送出、内蒙古、甘肃、陕西"沙戈荒"新能源基地送出共 17 回直流。直流输电规模快速增长和直流输电技术日益复杂，使部分省公司直流技术人员不足、新工程运检人员储备不足、直流专家型人才缺乏的问题日益凸显。

  为加强直流换流站运检人员技能培训，国网直流技术中心受国网设备部委托，组织湖北、上海、江苏、甘肃、四川、湖南、安徽、冀北、山东公司和相关设备制造厂家专家，在收集、整理、分析大量技术资料的基础上，结合现场经验，经过多轮讨论、审查和修改，最终形成了《直流换流站运检技能培训教材》。整个系列教材包括换流站运维、换流变压器、开关类设备、直流控制保护及测量、换流阀及阀控、阀冷却系统、柔性直流输电、调相机以及换流站消防九个分册。编写力求贴合现场实际且服务于现场实际，突出实用性、创新性、指导性原则。

  由于编写时间仓促，编写工作中难免有疏漏之处，竭诚欢迎广大读者批评指正。

编 者
2025 年 4 月

目 录
CONTENTS

第一篇

交流断路器

第一章 理 论 知 识

第一节 概 述

断路器是指能带电切合正常状态的空载设备和能开断、关合和承载正常的负荷电流，并且能在规定的时间内承载、开断和关合规定的异常电流（如短路电流）的高压电器。断路器是电力系统中最重要的控制和保护设备。额定电压为 3kV 及以上的断路器为高压断路器。

在关合状态时应为良好的导体，不仅能对正常电流而且对规定的短路电流也应能承受其发热和电动力的作用；对断口间、对地及相间具有良好的绝缘性能；在关合状态的任何时刻，能在不发生危险过电压的条件下，在尽可能短的时间内开断额定短路电流及以下的电流；在开断状态的任何时刻，在短时间内安全地关合规定的短路电流。

一、交流断路器的类型及型号含义

（一）交流断路器的类型

按照灭弧介质的不同，断路器可划分为以下几种类型。

（1）油断路器。采用油作为灭弧介质的断路器，称为油断路器，可分为多油断路器和少油断路器。其触头的开断、接通的均在油中进行。

（2）压缩空气断路器。利用高压力压缩空气作为灭弧介质的断路器，称为压缩空气断路器，压缩空气除作为灭弧介质外，还作为触头断开后的绝缘介质。

（3）真空断路器。利用真空的高介质强度来灭弧的断路器，称为真空断路器。触头在真空中开断、接通，在真空条件下灭弧。

（4）SF_6 断路器。采用具有优良灭弧性能和绝缘性能的 SF_6 气体作为灭弧介质的断路器，称为六氟化硫断路器。

（5）自动产气断路器和磁吹断路器。利用固体产气材料在电弧高温作用下分解出的气体来熄灭电弧的断路器，称为产气断路器。在空气中由磁场将电弧吹入灭弧栅中，使电弧拉长、冷却而熄灭的断路器，称为磁吹断路器。

（二）交流断路器型号的含义

高压断路器的类型很多，目前我国断路器的型号根据国家技术标准的规定，其产品全型号按照下面的顺序和代号组成：

第一单元—代表产品名称，用下列字母表示：S—少油断路器；D—多油断路器；K—空气断路器；L—六氟化硫断路器；Z—真空断路器；Q—产气断路器；C—磁吹断路器。

第二单元——代表安装场所，用下列字母表示：N—户内式；W—户外式。

第三单元——代表设计系列序号，用数字表示。

第四单元——代表额定电压（千伏）。

第五单元——代表补充工作特征，用字母表示：G—改进型；F—分相操作。

第六单元——代表额定电流（安）。

第七单元——代表额定短路开断电流（千安）。

例如：型号 LW10B-252/4000-50 中，L 表示六氟化硫断路器；W 表示户外式；10B 表示设计系列序号；252 表示额定电压为 252kV；4000 表示额定电流为 4000A；50 表示额定短路开断电流为 50kA。

二、交流断路器参数定义

（一）主要额定参数

（1）额定电压（最高电压）。在规定的使用和性能条件下连续运行的最高电压，并以它来确定高压断路器的有关试验条件。

（2）额定电流。在规定的使用和性能条件下，高压断路器主回路能够连续承载的电流数值。

（3）额定短时耐受电流（额定热稳定电流）。在规定的使用和性能条件下，在确定的短时间内，开关在闭合位置所能承载的规定电流有效值。

（4）额定峰值耐受电流（额定动稳定电流）。在规定的使用和性能条件下，高压断路器在闭合位置所能承受的额定短时耐受电流第一个大半波的峰值电流。

（5）额定短路持续时间（额定热稳定时间）。高压断路器在闭合位置所能承载其额定短时耐受电流的时间间隔。

（6）额定短路关合电流。在额定电压以及规定的使用和性能条件下，高压断路器能保证正常关合的最大短路峰值电流。

（7）额定短路开断电流。在规定条件下，高压断路器能保证正常开断的最大短路电流（以触头分离瞬间电流交流分量有效值和直流分量百分数表示）。

（8）额定操作顺序。操作顺序是指在规定的时间间隔内一连串规定的操作。额定操作顺序分为两种，一种为自动重合闸操作顺序，即分—θ—合分—t—合分；θ 为无电流时间，取 0.3s 或 0.5s，t 为 180s。另一种为非自动重合闸操作顺序，即分—t—合分—t—合分，通常 t 取 15s，断路器的开断能力与操作顺序相对应。

（9）合闸线圈、分闸线圈额定电源电压。交流为 220、380V；直流为 48、110、220V。合闸线圈一般配一套。分闸线圈为满足可靠性的要求，一般可配两套及以上，其动作电压为：合闸 85（80）%～110%U_N；分闸为（30～65）%～110%U_N。

（二）主要调整参数

（1）总行程。在分、合操作中，高压断路器动触头起始位置到终止位置的距离。

（2）超行程。合闸操作中，高压断路器触头接触后动触头继续运动的距离。

（3）分闸速度。高压断路器在分闸过程中动触头的运动速度，实施时常以某尽量小区段的平均值表示。

（4）触头刚分速度。高压断路器分闸过程中，动触头与静触头分离瞬间的运动速度，测试有困难时，常以刚分后 10ms 内的平均值表示。

（5）合闸速度。高压断路器在合闸过程中，动触头的运动速度。实施时常以某尽量小区段的平均值表示。

（6）触头刚合速度。高压断路器合闸过程中，动触头与静触头接触瞬间的运动速度。测试有困难时，常以刚合前 10ms 内的平均值表示。

（7）合闸时间。从接到合闸指令瞬间起到所有极触头都接触瞬间的时间间隔。对装有并联电阻的断路器，需把与并联电阻串联的触头都接触瞬间前的合闸时间和主触头都接触瞬间前合闸时间作出区别，除非另有说明，合闸时间就是指直到主触头都接触瞬间的时间。合闸时间的长短，主要取决于断路器的操动机构及传动机构的机械特性。合闸时间已缩短到 100ms 左右。

（8）分闸时间。从高压断路器分闸操作起始瞬间（即接到分闸指令瞬间）起到所有极的触头分离瞬间的时间间隔。对具有并联电阻的断路器，需把直到弧触头都分离瞬间的分闸时间和直到带并联电阻的串联触头都分离的分闸时间作出区别。除非另有说明，分闸时间就是指直到主触头都分离瞬间的时间。时间的长短主要和断路器及所配操动机构的机械特性有关。

（9）开断时间。从高压断路器接到分闸指令瞬间起到各极均熄弧的时间间隔，即等于高压断路器的分闸时间和燃弧时间之和。

（10）合闸相间同步。是指断路器接到合闸指令，首先接触相的触头刚接触起，到最后相触头刚接触为止的一般时间。一般合闸相间同步不大于 5ms。同一相内串联几个断口时，有断口间合闸同步要求，断口间合闸同步不大于 3ms。

（11）分闸相间同步。是用来反映三相触头分开时间差异的。这一性能的衡量，是以断路起接到分闸指令，自首先分离相的触头刚分开起，到最后分离相的触头刚分开为止这一段时间的长短来表示。一般分闸相间同步应不大于 3ms。同一相内串联几个断口时，有断口间分闸同步要求，断口间分闸同步应不大于 2ms。

（12）自动重合闸时间。高压断路器分闸后经预定时间自动再合闸的操作顺序称自动重合闸。重合闸操作中，从接到分闸指令瞬间起到所有极的动、静触头都重新接触瞬间的时间间隔为重合闸时间。

（13）无电流时间。在自动重合闸过程中，从断路器所有极的电弧最终熄灭起到随后重合闸时任一极首先通过电流为止的时间间隔。

（14）金属短接时间。在合闸操作过程中，从首合极各触头都接触瞬间起到随后的分闸操作时所有极中弧触头都分离瞬间的时间间隔。金属短接时间的长短要满足断路器自卫能力的要求。原则上应大于其分闸时间和预击穿时间之和。

第二节 SF_6 气体的特性及防护

一、SF_6 气体的物理性能

SF_6 气体（纯净的）是无色、无嗅、无毒和不可燃的，熔点是 −50.8℃，沸点 −63.8℃，气体密度（1 个大气压，25℃）是 6.25kg/m³（空气是 1.166kg/m³），分子量是 146.07（空气是：28.8），临界温度是 45.6℃，临界压力 3.85MPa。

（一）临界温度

表示气体可以被液化的最高温度称为临界温度。临界温度越低越好，表示它不易被液化，例如氮气只有低于 −146.8℃ 以下才可能被液化，所以在工程实用的环境下就不必考虑液化的问题。SF_6 则不然，只有在 45.6℃ 以上才能为恒定的气态，所以在通常的使用条件是有液化的可能的，因此 SF_6 气体不能在过低温度和过高压力下使用。

（二）临界压力

在临界温度下出现液化所需的气体压力，也就是该温度下的饱和蒸汽压力。

（三）SF_6 气体的温度压力曲线（饱和蒸汽压力曲线）

如图 1−1−1 所示，SF_6 气体温度、压力和密度三个状态参数之间的关系，不同于理想气体的三个状态参数之间的关系，而是用经验公式表述。该曲线簇主要有以下用途：

本图用法：找到压力和温度对应的坐标交点，画出密度曲线，气体温度变化时，压力沿曲线移动；A—F 线右侧为气态区，密度曲线与此线的交点即为出现液态时的 P、T 参数。

（1）已知设备的体积和在某一温度下的压力值，查出气体的密度，密度与体积的乘积便是所充气体的质量；

（2）根据温度和压力，可以求出可能液化的温度；

（3）已知在某一温度下的额定压力，可以求出不同温度下的充气压力。

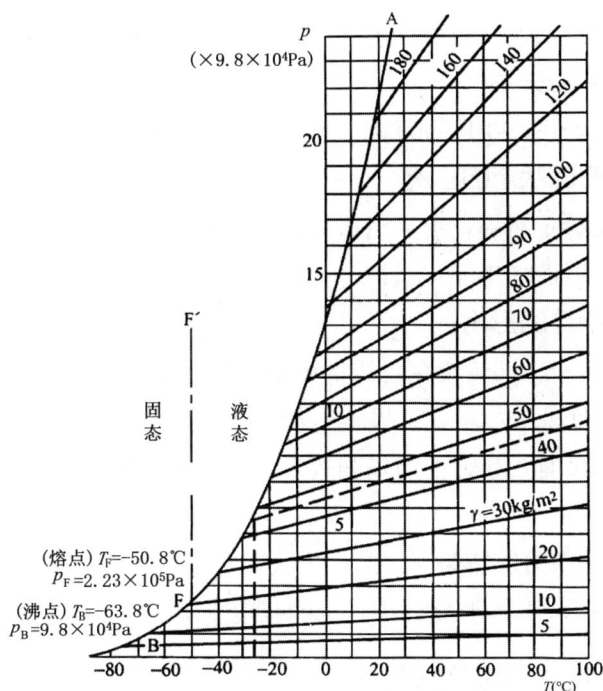

图 1-1-1　温度压力曲线

A—F—B—SF_6 饱和蒸汽压力曲线，其右侧是气态区域；A—F—F′线上方是液态区域；F′—F—B 线上方是固态区域；F—SF_6 的熔点（凝点），参数见图；B—SF_6 的沸点，即饱和蒸汽压力为一个大气压（0.1MPa）时的温度，参数见图；γ—密度（kg/m³）；t—温度（℃）；p—压强（MPa）

（四）SF_6 气体的传热性能

SF_6 气体的热传导性能较差，其导热系数只有空气的 2/3。但 SF_6 气体的比热是氮气的 3.4 倍，其对流散热能力比空气大得多，因此 SF_6 断路器的温升不会比空气断路器严重。

二、SF_6 气体的绝缘性能

SF_6 气体具有优良的绝缘性能，在比较均匀的电场中，压力为 0.1MPa 时，其绝缘强度约为空气的 2～3 倍；在 0.3MPa 时绝缘强度可达绝缘油的水平，这个比率随着压力的增大还会增大。影响 SF_6 气体绝缘强度的因素有：

（一）电场均匀性的影响

绝缘强度对电场的均匀性特别敏感，在均匀电场下，绝缘强度随触头间距离的增加而线性增加，距离过大，则由于电场呈不均匀可使其绝缘强度增加出现饱和现象。在不均匀电场下，甚至会接近空气的绝缘强度。

（二）与压力的关系

在较均匀电场下，绝缘强度随气体压力的增加而增加，但并不成正比。

（三）电极表面状态的影响

通常电极表面越粗糙，击穿电压越低。电极面积越大，则由于偶然因素出现的概率越大，因而使击穿电压降低。

（四）电压极性的影响

电压极性对 SF_6 气体击穿电压的影响和电场的均匀性有关。在均匀电场中，由于电场强度处处相等，所以没有什么极性效应。在稍不均匀电场中，曲率较大的电极为负时，其附近的场强较大，容易产生阴极电子发射，使气隙的击穿电压降低。

（五）杂质和水分的影响

SF_6 气体含有杂质和水分时，其绝缘强度下降。

三、SF_6 气体的灭弧性能

SF_6 气体具有优良的灭弧性能，其灭弧能力比空气的大 2 个数量级。其优良性能主要表现在以下几方面：

（一）优良的热化学特性

其电弧结构近似于温度为径向矩形分布的弧芯，弧芯部分温度高导电性好，弧芯外围部分温度下降非常陡峭，而外焰部分温度低，散热好。因此，SF_6 电弧电压低，电弧输入功率小，对熄弧有利。电弧弧芯导电良好，不容易造成电流折断，不会出现过高的截流过电压；电流过零时，弧芯的热体积小，残余弧柱细，过零后的介质恢复特性好。

（二）SF_6 气体的负电性强

负电性就是指分子（原子）吸收自由电子形成负离子的特性。SF_6 分子捕捉自由电子形成负离子的能力非常强，形成负离子后再与正离子结合造成空间带电离子的迅速减少。

（三）SF_6 气体的电弧时间常数小

电弧电流过零后，介质性能的恢复远比空气和油介质为快。

综上所述，用于断路器的 SF_6 气体总的灭弧能力相当于同等条件下空气灭弧能力的 100 倍左右。

四、SF_6气体水分的影响及危害

（一）水分与绝缘

水分对 SF_6 断路器的正常运行具有决定性的影响，一旦含水量较高，很容易在绝缘材料表面结露，造成绝缘下降，严重时产生闪络击穿。

为了保证耐压特性，需将 SF_6 气体中的水分控制在 0℃饱和水蒸气压力下，这样即使变成饱和水蒸气，也已变成冰霜，不致绝缘下降。

（二）水分与分解气体

SF_6 气体在常温下是一种极稳定的气体，在接触电弧的情况下，则发生分解，分解后的气体，在灭弧后又急速地结合，大部分又还原为稳定的 SF_6 气体。

SF_6 气体内水分含量不仅影响绝缘性能，也关系到开断后电弧分解物的组成与含量。在电弧作用下，SF_6 气体分解物中 WO_3、CuF_2、WOF_4 等为粉末状绝缘物，其中 CuF_2 具有强烈的吸湿性，附着在绝缘物表面，使沿面闪络电压下降；HF、H_2SO_4 等强腐蚀性物质对固体有机材料及金属件起腐蚀作用。WO_2、SOF_4、SO_2F_2、SOF_2、SO_2 等均为有毒有害物质，随含水量的增加而增加。

（三）对水分和低氟化合物的控制措施

为了控制 SF_6 气体中的水分和电弧分解产生的低氟化合物，在高压电器内放置即能吸附水分，又能吸附低氟化合物的吸附剂，一般吸附剂的质量是气体充入质量的 1/10。特别注意使用过的吸附剂不可再进行烘燥再生处理。

五、SF_6气体的防护措施

SF_6 气体质量比空气重，它在没有与空气充分混合的情况下，SF_6 气体有沉积于低处的倾向。例如：电缆沟、室内底层、容器的底部等。在这些可能有大量 SF_6 气体沉积的地方，容易缺氧，存在着使人窒息的危险。

因此，大多数国家规定：运行维护人员的工作场所，SF_6 气体的最大允许浓度为 1000μL/L。进入室内工作之前，必须充分通风换气，排气装置必须装在室内的较低位置，以便彻底将可能泄漏的 SF_6 气体排出室外。

SF_6 断路器中的 SF_6 气体在投入运行之后的分解物对人类是极其有害的。如在不适当的检修条件下工作，检修人员暴露在固态和气态的分解物之中，将

使没有保护的皮肤烧伤和引起呼吸系统的伤害，如果暴露的时间不长，这些损伤是可以恢复的，不会造成永久性的伤害；如果长时间吸入高浓度的气体分解物，就会引起呼吸系统的急剧水肿而导致窒息等。

为了防止万一泄漏的气体吸入人体，必须在通风良好的条件下进行操作。如闻到难闻的气味，或发现眼、口、鼻等有刺激症状，务必迅速离开；若操作人员不能离开，则应带上呼吸器。当条件许可时，应到空气新鲜的地方去，现场则必须彻底通风换气。

第三节　交流断路器结构

特高压换流站交流断路器主要有 SF_6 断路器和真空断路器两种类型。

一、SF_6 断路器

SF_6 断路器的基本结构从其功能上分主要有：

（1）导电部分。它包括动、静弧触头和主触头或中间触头以及各种形式的过渡连接等，其作用是通过工作电流和短路电流。

（2）绝缘部分。主要包括 SF_6 气体、瓷套、绝缘拉杆等，其作用是保证导电部分对地之间、不同相之间、同相断口之间具有良好的绝缘状态。

（3）灭弧部分。主要包括动、静弧触头、喷嘴以及压气缸等部件，其作用是提高熄灭电弧的能力，缩短燃弧时间。既要保证可靠地开断大的短路电流，又要保证开断小电感性电流不截流，或产生的过电压不超过允许值；开断小电容性电流不重燃。

（4）操动机构。主要指各种型式的操动机构和传动机构，按操作能源分有手动、电磁、气动、弹簧、液压等多种。它的作用是实现对断路器规定的操作程序，并使断路器能够保持在相应的分、合闸位置。

SF_6 断路器结构按照对地绝缘方式不同，分为支柱式 SF_6 断路器、落地罐式 SF_6 断路器两大类。

（一）支柱式 SF_6 断路器

支柱式断路器的灭弧室可布置成"I"形、"Y"形或"T"形。"I"形布置一般用于 220kV 及以下的单柱单断口断路器，"Y"形布置一般用于 220kV 及以上的单柱双断口断路器,"T"形布置一般用于 220kV 及以上特别是 500kV 的单柱双断口断路器。开断元件放在绝缘支柱上,使处于高电位的触头、导电部分及灭弧室与地电位绝缘。如图 1-1-2 所示,灭弧室安装在高强度瓷套 3 中,用空心瓷柱 4 支撑和实现对地绝缘。灭弧室和绝缘瓷柱内腔想通,充有相同压力的 SF_6 气体,通过控制柜中的密度继电器进行控制和监视。7 是绝缘拉杆,穿过了整个瓷柱 4,把灭弧室 6 里面的动触头和操动机构箱 8 中的驱动杆连接起来,通过绝缘拉杆带动触头完成断路器的分合操作。

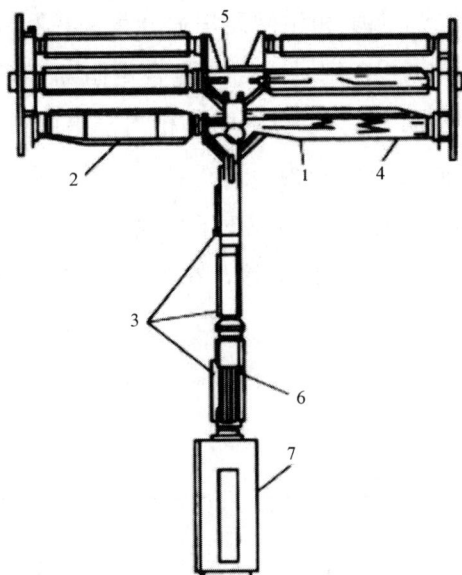

图 1-1-2　支柱式 SF_6 断路器
1—并联电容;2—灭弧室瓷套;3—支持瓷瓶;4—合闸电阻;
5—灭弧室;6—绝缘拉杆;7—操动机构箱

　　断路器的外绝缘,对支柱型来说,是指灭弧室绝缘套两端间隙、绝缘套爬距、支柱绝缘套对地间隙及爬距,这些安全距离一定要保证。对罐式来说,主要是指套管的对地间隙、爬距、进出套管的间距。

　　合闸电阻有三种投入方式。

　　方式一:合后即分式。即合闸电阻在合闸状态、分闸状态均为断开的,仅在断路器合闸过程中主触头、合闸电阻辅助触头合上,合闸电阻辅助触头先合上，然后断路器主触头合上，将合闸电阻短接，此时合闸电阻辅助触头断开，为下一次合闸做准备[具体布置见图 1-1-3（a）]。一般保证合闸电阻应提前主触头 5ms 以上合闸。

方式二：先合先分，合后不分式。电阻与主回路并联布置，电阻断口与电阻串联。[具体布置见图 1-1-3（a）]合闸时，电阻断口先合，主断口后合，主断口合闸后短路电阻；分闸时，电阻断口先分，主断口后分。即合闸电阻辅助触头与主触头同时动作，但是合闸时合闸电阻辅助触头先于主触头合上，分闸时合闸电阻辅助触头先于主触头分闸。

方式三：先合后分式。电阻和主回路串联布置，电阻断口与电阻并联。[具体布置见图 1-1-3（b）]合闸时主断口先合电阻断口后合短路电阻；分闸时，主断口先分，电阻断口后分。合闸电阻相当于串联在灭弧室断口的两侧，辅助断口与灭弧室在同一个瓷套内。开断时，主断口灭弧过程完成后分开合闸电阻，合闸电阻相当于串联，合闸时合闸电阻先接入。该类型断路器合闸电阻在断路器合闸后，被导电系统短接，在分闸后恢复断开状态，并准备下一次合闸。

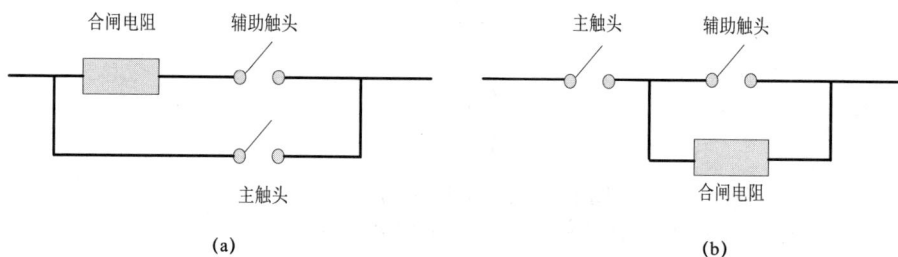

图 1-1-3 合闸电阻与断路器主触头的连接方式

（二）罐式 SF_6 断路器

灭弧室安装在接地的金属罐中，高压带电部分用绝缘子支持，对箱体的绝缘主要靠 SF_6 气体。绝缘操作杆穿过支持绝缘子，把动触头与机构驱动轴连接起来，在两个出线套管的下部都可安装电流互感器。结构比较稳定，常在额定电压高的高压和超高压断路器中使用，抗地震性能好，称为外壳接地断路器，见图 1-1-4。

图 1—1—4 单压式变开距灭弧室罐式 SF_6 断路器

1—套管；2—电流互感器；3—绝缘子；4—静触头；5—动触头；
6—压气缸；7—压气活塞；8—SF_6 气体；9—吸附剂

二、真空断路器

（一）真空及真空度

真空断路器中的真空开关管的灭弧与绝缘介质是真空，真空断路器的工作原理及真空断路器在使用中出现的许多问题都与真空有关。真空是指在给定的空间内压力低于一个大气压的气体状态，绝对压力等于零的空间称为绝对真空。真空度是表示或度量真空的程度的，用气体的绝对压力值表示，绝对压力值越低表明真空度越高。真空度之间的换算关系是：$1Torr = 1mmHg = 13.6kgf/m^2 = 1.33 \times 10^{-3}bar = 133.32Pa$。

一个工程大气压约等于 0.1MPa，运行和储存的真空断路器的真空度不能低于 $6.6 \times 10^{-2}Pa$，工厂出厂的新真空灭弧室要求达到 $1.32 \times 10^{-5}Pa$。在间隙距离不同时，真空度对击穿的影响有完全不同的情况。对于较短的真空间隙，实验表明，当真空度在 $1.33 \times 10^{-6} \sim 1.33 \times 10^{-2}Pa$ 之间变化时，击穿电压基本上不随真空度的变化而变化。但当真空度在 $1.33 \times 10^{-2} \sim 1.33Pa$ 范围内时，击穿电压随着真空度降低而迅速下降。

（二）真空断路器的特点

1. 分断能力高、熄弧能力强

真空介质具有优异的介质强度和灭弧性能，真空介质恢复速率快达

25kV/μs；触头开距间的真空耐压强度达 60kV/mm 以上。

2. 触头电磨损小、电寿命长

（1）在真空介质中的燃弧时间短，一般不超过半个周期；电弧电压低，通常为 20～100V，所以电弧能量小，使触头的电磨损小。

（2）分断电路时，触头间形成金属液桥，在高温、高电流密度的作用下被熔化和蒸发，向触头间隙喷出大量金属蒸气，继而形成金属蒸气电弧。当电流过零熄灭的瞬间，弧隙间的金属微粒除部分向触头四周扩散，并在屏蔽罩等零部件上附着冷凝以外，大部分金属蒸气微粒溅落在触头表面上，并迅速凝结与复合，形成新的金属层，所以触头材料的损耗较小。

（3）在真空电弧中，触头材料的损耗与负荷电流成正比，而在空气电弧中，触头材料的损耗与负荷电流的平方成正比，所以触头的电寿命长。真空断路器触头的电寿命，满容量开断达 30～50 次，额定电流开断达 5000 次以上。

3. 触头开距小、机械寿命长

由于触头开距小，操动机构的操作功就小，机械传动部分行程也小，其机械寿命自然就长，真空断路器的机械寿命已达 10000 次以上。

4. 结构简单、维修方便

触头完全封闭在真空灭弧室内，所以不需要检修，只需定期对断路器表面除尘，检查连接件的松动情况并给以紧固；定期检查灭弧室的真空度。若触头磨损超过规定或真空度降低，则应更换真空灭弧室。

（三）真空灭弧室结构原理

真空灭弧室的基本结构如图 1-1-5 所示，它包括以下几部分：

1. 气密绝缘系统

由玻璃、陶瓷或微晶玻璃制成的气密绝缘筒、动端盖板、定端盖板、不锈钢波纹管组成气密绝缘系统，为了保证气密性，除了在封接时要有严格的操作工艺外，还要求材料本身透气性和内部放气量小。

波纹管的作用不仅能将真空灭弧室内的真空状态与外部的大气状态隔离开来，而且能使动触头连同导电杆在规定范围内运动。波纹管的种类很多，但用在真空开关管中则只采用液压成形波纹管和薄片焊接波纹管。

2. 导电系统

定导电杆、定跑弧面、定触头、动触头、动跑弧面、动导电杆构成了灭弧室的导电系统。

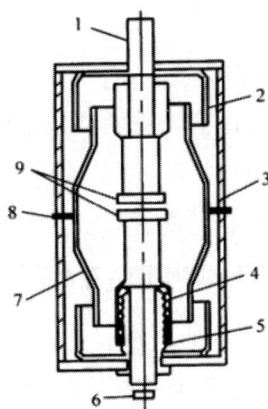

图 1-1-5 真空灭弧室的基本结构图
1—静电极；2—屏蔽；3—绝缘外壳；4—波纹管屏蔽；5—波纹管；
6—动电极；7—屏蔽罩；8—屏蔽罩法兰；9—电极

其中定导电杆、定跑弧面、定触头合称定电极。动导电杆、动跑弧面、动触头合称动电极。

3. 屏蔽系统

屏蔽罩是真空灭弧室中不可缺少的部件，并且有围绕触头的主屏蔽罩、波纹管屏蔽罩和均压用屏蔽罩等多种。主屏蔽罩的主要作用是：

（1）防止燃弧过程中电弧生成物喷溅到绝缘外壳的内壁，从而降低外壳的绝缘强度；

（2）改善灭弧室内部电场分布的均匀性，有利于降低局部场强，促进真空灭弧室小型化；

（3）冷凝电弧生成物，吸收一部分电弧能量，有助于弧后间隙介质强度的恢复。

4. 波纹管

（1）波纹管的作用。波纹管主要担负保证动电极在一定范围内运动和长期保持高真空功能，要求具有高的机械寿命，是真空灭弧室的一个重要的结构零件。

（2）波纹管的结构。波纹管是薄壁元件，其厚度大约为 0.1～0.2mm。选用材料的种类、壁厚的均匀性、结晶状态、材料本身的缺陷（夹杂、微裂纹、划伤）等都影响其寿命。

（3）真空灭弧室的机械寿命。

1）真空断路器 1 万～8 万次（特殊的要求 10 万次）；

2）负荷开关 10 万～30 万次；

3）真空接触器 100 万～500 万次。

这是灭弧室在整体装配上必须满足的寿命，它主要依靠波纹管来保证。

5. 其他零部件

（1）导电杆。真空灭弧室的导电杆除了考虑在运行中通过额定电流和短路电流外，还要考虑真空断路器在分、合操作时的机械撞击中不发生弯曲和形变，即要有一定的导电能力和机械强度。真空灭弧室导电杆在通导电流时会发热，但发热情况和其他灭弧室略有不同。因为触头和导电杆一部分在真空中，其产生的热量不可能依靠对流散出去，热辐射也只能散去很少。热量主要是通过热传导传到伸出灭弧室外面部分的导电杆，然后以对流方式传递到空气中去，因此在其他情况相同时，真空灭弧室导电杆比其他介质灭弧室导电杆的温度要高一些。因此，真空灭弧室导电杆的电流密度取的较低，一般为 1～2A/mm^2。

（2）固定元件。为了将真空灭弧室固定在真空断路器整机的框架上，并满足一定的机械强度，在真空灭弧室的两端都设置有加强盖板，加强盖板随着整机结构的不同要求，有三种固定方式：静触头端固定在框架上、动触头端固定在框架上和将真空灭弧室夹在框架之间。

（3）导向套。导向套的作用是保证真空断路器在分、合闸过程中动导电杆沿灭弧室轴线作直线运动。导向套通常装在动导电杆处，固定在真空灭弧室的动端盖板上，也有装在真空断路器的支架上的。导向套的设计和安装质量，直接影响真空断路器的使用寿命和分、合闸速度。

第四节 操 作 机 构

一、高压断路器操动机构的基本要求和分类

（一）基本要求

断路器的分、合闸动作是通过操动机构来实现的。因此，操动机构的工作性能和质量的优劣，对断路器的工作性能和可靠性起着极为重要的作用。对高压断路器操动机构的主要要求如下。

1. 合闸

正常工作时，用操动机构使断路器合闸，这时电路中流过的是工作电流，关合是比较容易的。但在电网事故情况下，断路器要合到有故障的电路上时，出现短路电流，受到阻碍断路器合闸的电动力，有可能出现不能可靠合闸，即触头合不足，从而引起触头严重烧伤，甚至会发生断路器爆炸等严重事故。因此，操动机构必须具有克服短路电动力的阻碍能力，即具有关合短路故障的能力。

对于液压、弹簧、碟簧等操动机构，还应考虑到合闸电源电压和液压在一定范围内变化时，仍能可靠工作。当电压、气压和液压在下限值（规定为额定值的 80%或 85%）时，操动机构仍应使断路器具有关合短路故障的能力。而当电压、气压和液压在上限值（规定为额定值的 110%）时，操动机构不应出现由于操作力、冲击力过大等原因使断路器的零部件损坏。

2. 保持合闸

在合闸过程中，合闸命令的持续时间很短，而且操动机构的操作功也只在短时间内提供。因此，操动机构中必须有保持合闸的部分，以保证在合闸命令和操作功消失后，断路器保持在合闸位置。

3. 分闸

操动机构应具有电动和手动分闸功能。当接到分闸指令后，为满足灭弧性能要求，断路器能快速分闸，分断时间尽可能缩短，以减少短路故障存在的时间。为了达到快速分闸和减少分闸功，在操动机构中应有分闸省力机构。

对于液压、弹簧、碟簧等操动机构，还应考虑到分闸电源电压和液压在一定范围内变化时，仍能可靠工作。当电压、气压和液压在下限值（规定为额定

值的 30%～65%）时，操动机构仍应使断路器正确分闸，而当电压和液压在上限值（规定为额定值的 110%）时，操动机构不应出现操作力过大，损坏断路器零件。

4. 自由脱扣

自由脱扣的含义是在断路器合闸过程中，如操动机构又接到分闸命令，则操动机构不应继续执行合闸命令而应立即分闸。

（二）操动机构分类

按操动机构所用操作能源的能量形式不同，操动机构可分为以下几种：弹簧操动机构、液压操动机构、气动操动机构和电动操动机构。其中，弹簧操动机构适用于中低压断路器，液压和气动操动机构适用于高压断路器。

（1）弹簧操动机构（CT）。指事先用人力或电动机使弹簧储能实现合闸的弹簧合闸操动机构。

（2）液压操动机构（CY）。指以高压油推动活塞实现合闸与分闸的操动机构。

（3）碟簧操动机构。指以碟簧压缩储能，液压传动实现分合闸动作的操动机构。

二、液压操作机构

（一）液压操动机构的特点

由于液压操动机构利用液体不可压缩的原理，以液压油作为传递介质，将高压油送入工作缸两侧来实现断路器分、合闸操作，因此，它具有以下特点：

1. 主要优点

（1）体积小，输出功率大，需要的控制能量小；液压机械的工作压力高，一般在 200～300atm。

（2）时延小、动作快。

（3）负载特性配合好，噪声小。

（4）速度易调变。

（5）可靠性高。

（6）维修方便等。

2. 主要缺点

（1）加工工艺要求高，如果制造或装配不良，容易渗漏油等；

（2）速度特性易受环境温度的影响。

（二）液压操动机构的分类

液压操动机构可按照下列不同的方法进行分类：

（1）按储能方式，可分为非储能式和储能式两种。一般地，非储能式用于隔离开关；储能式用于 35kV 及以上的少油断路器和 110kV 及以上的单压式 SF_6 断路器。

（2）按液压作用方向，可分为单向传动式和双向传动式两种。

（3）按液压传动方式，可分为间接（机械—液压混合）传动和直接（全液压）传动两种。

（4）按充压方式，可分为瞬时充压式、常高压保持式、瞬时失压—常高压保持式三种。

常高压保持式液压操动机构是目前世界各国采用较为普遍的一种结构形式。

瞬时失压—常高压保持式液压操动机构的最大优点是结构简单、制造维修方便，合闸结束后不需任何连锁装置，由高压油直接保持。由于分闸时只需失压即可动作，因此，固有分闸时间短而稳定。但是，它的工作缸利用率低，对密封元件的质量要求较为严格。

（三）液压操动机构的结构原理

液压操动机构有多种型号，但其主要构成元件有：储能元件、控制元件、操动（执行）元件、辅助元件、电气元件等五个部分，常高压保持式液压操动机构系统的工作原理如图 1-1-6 所示。

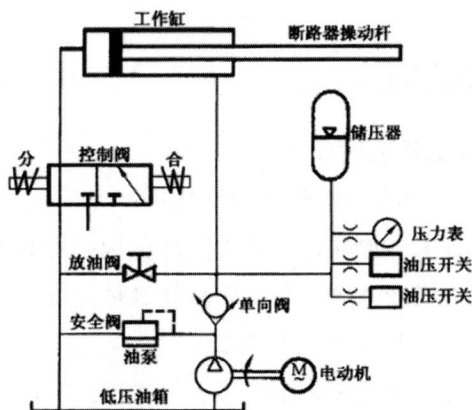

图 1-1-6　常高压保持式液压操作机构系统工作原理图

表 1-1-1   液压操动机构主要元件构成及主要功能

主要元件	元件构成	主要功能
储能元件	储压器	由活塞分开，上部一般充入氮气。当电动机驱动油泵时，油从油箱抽出打压送入储压器，压缩氮气储存能量。当操作时，气体膨胀对外做功，通过液压油传递给工作缸，转变成机械能，实现断路器分、合闸操作
	滤油器	保证进入高压油路的油无杂质
	油泵	将油从油箱送至储压器及工作缸合闸腔，储存能量
控制元件	阀系统	作为储能元件与操动元件的中间连接，给出分、合闸动作的液压脉冲信号，去控制操动元件
操动元件	工作缸	借助连接件与断路器本体连接，受控制元件控制，驱动断路器实现分、合闸动作
	压力开关	控制微动开关
	安全阀	释放故障情况引起的过高压力，以免损坏液压元件
	放油阀	调试和检修时，用以释放油压
辅助元件	信号缸	带动辅助开关切换电气控制回路，有的还带动分、合闸指示器及计数器
	油箱	作为储油容器，平时与大气相通，操作时因工作缸排油，将会使它的内部压力瞬时升高
	排气阀	在液压系统压力建立之前，用以排尽工作缸、管道内气体，以免影响动作时间和速度特性
	压力检测器	测量液压系统压力值
	辅助储油器	为了充分利用液压能量，减小工作缸分闸排油时的阻力，提高分闸速度
电气元件	分合闸线圈	分别用以操作分、合闸电磁阀（一级阀）
	加热器	在外界低温时，用以保持机构箱内的温度，分为手动和自动两种
	微动开关	作为分、合闸闭锁触点和油泵起动、停止用触点，同时给主控室转换信号，以便起到监控作用

三、弹簧操作机构

（一）弹簧式操动机构的特点

利用已储能的弹簧为动力使断路器动作的操动机构，称为弹簧式操动机构。弹簧式操动机构有多种形式，弹簧式操动机构同样具备闭锁、重合闸等其他功能。弹簧操动机构成套性强，不需要配置其他附属设备，性能稳定，运行可靠。但是，结构复杂，加工工艺要求高。

随着 SF_6 断路器近年来大量采用"自能"式灭弧室，对操动机构输出功率的需求大大减小，在 252kV 及以下电压等级的 SF_6 断路器中，采用弹簧式操动机构越来越多。

（二）弹簧式操动机构的组成

弹簧式操动机构通常由以下主要部件组成：

（1）储能机构。包括交、直流两用的储能电动机，蜗轮、蜗杆、齿轮、链轮、离合器或皮带轮组成的传动机构，合闸弹簧和连锁装置等。在传动轮的轴上可以套装储能的手柄和储能指示器。全套储能机构用钢板外罩保护或装配在同一铁箱里面。

（2）电磁系统。包括合闸线圈、分闸线圈、辅助开关、连锁开关和接线板等。

（3）机械系统。包括合、分闸机构和输出轴（拐臂）等。

操动机构箱上装有手动操作的合闸按钮、分闸按钮和位置指示器。在操动机构的底座或箱的侧面备有接地螺钉。

（三）电动储能式弹簧操动机构的一般工作原理

弹簧操动机构组成原理框图如下图 1-1-7 所示，电动机通过减速装置和储能机构的动作，使合闸弹簧储存机械能，储存完毕后通过闭锁使弹簧保持在储能状态，然后切断电动机电源。当接收到合闸信号时，将解脱合闸闭锁装置以释放合闸弹簧的储能。这部分能量中一部分通过传动机构使断路器的动触头动作，进行合闸操作；另一部分则通过传动机构使分闸弹簧储能，为分闸做准备。当合闸动作完成后，电动机立即接通电源动作，通过储能机构使合闸弹簧重新储能，以便为下一次合闸动作做准备。当接收到分闸信号时，将解脱自由脱扣装置以释放分闸弹簧储存的能量，并使触头进行分闸动作。

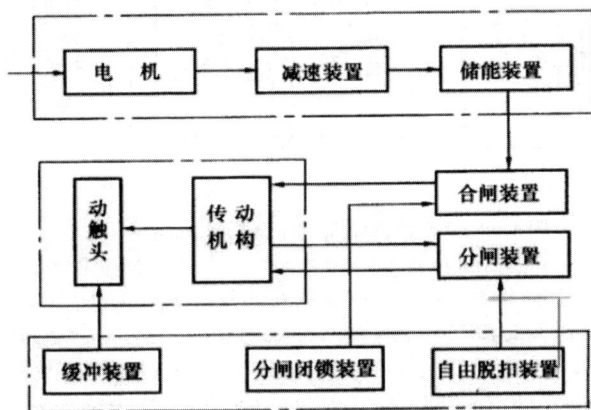

图 1-1-7　弹簧操动机构组成原理框图

四、碟簧操作机构

（一）弹簧储能液压式操动机构的特点

弹簧储能液压机构采用差动式工作缸，弹簧储能液压—连杆混合传动方式，控制部分只用了一个主控阀和一个合闸控制阀、两个分闸控制阀。弹簧储能液压机构组合了弹簧储能和液压机构的优点，储能弹簧由盘形弹簧钢板组成，使用寿命长，稳定性、可靠性好，不受温度变化影响；结构简单，又可将液压元件集中在一起，无液压管道；液压回路与外界完全密封，从而保证液压系统不会渗漏。

（二）碟簧操作机构的组成

液压弹簧储能操动机构主要由蝶形储能弹簧、高压筒、液压泵、电动机、安全阀、低压油箱、高压油储压腔、机构外壳、辅助开关及各种阀、活塞等组成。如图1-1-8所示。

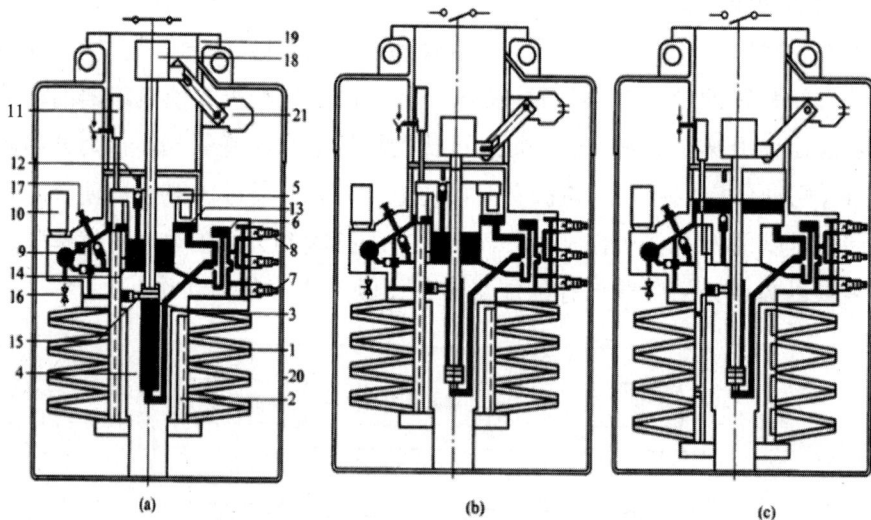

图1-1-8　弹簧储能液压式操动机构结构原理

（a）合闸位置；（b）分闸位置；（c）分闸释能位置

1—盘形储能弹簧；2—拉紧弹簧；3—工作缸活塞；4—高压筒；5—储能活塞；6—主控阀；
7—合闸电磁铁；8—分闸电磁铁；9—液压泵；10—电动机；11—压力开关控制连杆；12—安全阀；
13—低压油箱；14—高压油储压腔；15—合闸位置闭锁；16—低压放油阀；17—高压油释放阀；
18—联轴器；19—连接法兰；20—机构外壳；21—辅助开关

（三）碟簧操作机构动作原理

1. 液压储能

电动机 10 接通电源，液压泵 9 将低压油箱 13 内液压油打入高压油储压腔 14，将储能活塞 5 向上推动，通过储能活塞 5 上的拉紧螺栓 2，使盘形储能弹簧 1 压缩储能。由储能活塞上的压力开关连杆 11 切换行程开关，切断电动机 10 电源，液压泵 9 停止。当高压油储压腔 14 内油压过高，安全阀 12 自动打开，高压油释放到低压油箱 13 内。储能结束后，如图 1-1-8（b）所示，工作缸活塞 3 连杆的一侧常充高压油，而另一侧与低压油箱接通，断路器在分闸位置。

2. 合闸操作

合闸电磁铁通电，合闸电磁阀 7 打开，主控制阀 6 向上动作，隔断工作缸活塞 3 下面与低压油箱 13 的通路，同时通过主控阀 6，将高压油储压腔 14 与工作缸活塞 3 下面合闸侧接通。从而工作缸活塞下两侧都接入高压系统。由于工作缸活塞合闸侧面积大于分闸侧面积，于是差动式工作缸活塞 3 向上运动，断路器合闸。由辅助开关 21 切断合闸电磁铁电源，合闸电磁阀关闭，盘形储能弹簧释放能量，由液压泵补充。机构处于如图 1-1-8（a）所示合闸位置。

3. 分闸操作

分闸电磁铁通电，分闸电磁阀 8 打开，主控阀 6 向下动作，接通了工作缸活塞 3 下面合闸腔与低压油箱道路，工作缸活塞 3 合闸腔高压油被排放，工作缸活塞向下运动，断路器分闸。辅助开关 21 切断分闸电磁铁电源，分闸电磁阀关闭。机构处于如图 1-1-8（b）所示分闸位置。

分、合闸速度调整：主要调节进入主控阀 6 的高压或低压油路中的节流阀，借助节流阀，改变管道通流截面积。

4. 防慢分

断路器在合闸位置时，由于某种原因，使液压系统发生渗漏，可能使高压油压力降到零。此时油泵启动打压，断路器应仍能保持在合闸位置，不应发生慢分。

　　此液压机构采用合闸位置闭锁装置 15 防断路器慢分。该闭锁装置利用压力油来控制，当液压油释放低于工作压力，合闸位置闭锁装置在弹簧作用下，活塞杆插入工作缸活塞槽内，使断路器保持在合闸位置。此时油泵打压，断路器不会慢分。当油压建立起来后，到工作压力时，合闸闭锁装置活塞杆复位，从而起到了防慢分的作用。

第二章 技 能 实 践

第一节 断路器运行维护

一、运行的基本要求

对设备的定期巡视、维护是随时掌握设备运行、变化情况、发现设备异常情况、确保设备连续安全运行的主要措施，因此要开展设备巡视及维护。

有权巡视设备的变电运维人员或有关管理人员周期性、且利用一定的辅助设备（如望远镜）对变电设备外观进行巡视检查并以此发现设备问题或潜在性缺陷的工作。属于设备运行维护的范畴，当前除了现场人工维护和巡视外，还实施机器人巡视、图像视频遥视等方法。

断路器红外测温：检测断路器本体、SF_6气体系统、操作机构及其他（套管、引接线、绝缘子等），红外热像图显示应无异常温升、温差、相对温差。判断时，应考虑测量时及前三小时负荷电流变化情况。测量和分析方法参考 DL/T 664《带电设备红外诊断应用规范》。

二、巡视维护的基本要求

（一）断路器巡视种类为例行巡视、全面巡视、熄灯巡视、特殊巡视（专业巡视）

1. 例行巡视

指对断路器外观、异常声响、设备渗漏、监控系统、二次装置及辅助设施异常告警、运行环境、缺陷和隐患跟踪检查等方面的常规性巡查，具体巡视项目按照现场运行通用规程和专用规程执行。

巡视周期：一类变电站每 2 天不少于 1 次；二类变电站每 3 天不少于 1 次；

三类变电站每周不少于 1 次；四类变电站每 2 周不少于 1 次。

配置机器人巡检系统的变电站，机器人可巡视的设备可由机器人巡视代替人工例行巡视。

2. 全面巡视

指在例行巡视项目基础上，对站内设备开启箱门检查，记录设备运行数据，检查设备污秽情况，检查防火、防小动物、防误闭锁等有无漏洞，检查接地引下线是否完好，对断路器各方面的详细巡查。

巡视周期：一类变电站每周不少于 1 次；二类变电站每 15 天不少于 1 次；三类变电站每月不少于 1 次；四类变电站每 2 月不少于 1 次。

需要解除防误闭锁装置才能进行巡视的，巡视周期由各运维单位根据变电站运行环境及设备情况在现场运行专用规程中明确。

3. 熄灯巡视

指夜间熄灯开展的巡视，重点检查断路器有无电晕、放电，接头有无过热现象。

巡视周期：熄灯巡视每月不少于 1 次。

4. 特殊巡视

指因设备运行环境、方式变化而开展的巡视。遇有以下情况，应进行特殊巡视。

（1）大风后；

（2）雷雨后；

（3）冰雪、冰雹后、雾霾过程中；

（4）新设备投入运行后；

（5）设备经过检修、改造或长期停运后重新投入系统运行后；

（6）设备缺陷有发展时；

（7）设备发生过负载或负载剧增、超温、发热、系统冲击、跳闸等异常情况；

（8）法定节假日、上级通知有重要保供电任务时；

（9）电网供电可靠性下降或存在发生较大电网事故（事件）风险时段。

5. 专业巡视

指为深入掌握设备状态，由运维、检修、设备状态评价人员联合开展对设备的集中巡查和检测。

巡视周期：一类变电站每月不少于 1 次；二类变电站每季不少于 1 次；三类变电站每半年不少于 1 次；四类变电站每年不少于 1 次。

（二）设备巡视、维护检查内容

（1）设备运行工况。

（2）充油设备有无渗油、漏油现象，油位、油压、油温是否正常；补充：油位过高可能为设备过负荷、内部接头发热或故障、散热环境不良或气温高等原因。油位过低可能为注油设备外部漏油或内部漏油以及气温突变等因素；

（3）充气设备有无漏气、气压是否正常；

（4）设备接头、接点有无发热、烧红现象，金具有无变形、螺丝有无脱落以及电晕、放电等情况；

（5）设备绝缘子、瓷套有无破损和灰尘污染；

（6）断路器操作指示器的计数器、指示器的动作和变化指示情况；

（7）检查设备的接地螺栓是否紧固、焊点有无锈蚀；

（8）检查信号指示正常，装置运行正常；

（9）综自系统上各设备的运行参数和各类信号是否与正常现场设备一致。

（三）设备巡视、维护方法

（1）目测检查法：用眼睛来检查看得见的设备部位，通过设备外观的变化来发现异常情况。

（2）耳听判断法：即用耳朵或借助听音器械，判断设备运行时发出的声音是否正常，有无异常声音。

（3）鼻嗅判断法：即用鼻子判别是否油电气设备的绝缘材料因过热而产生特殊气味。

（4）触摸检查法：即用手触试设备的非带电部分以检查设备的温度是否有异常升高。

（四）设备巡视、维护注意事项

（1）为确保夜间巡视安全，变电站应具备完善的照明。

（2）设备巡视、维护工器具应合格、齐备。

（3）确定巡视路线，按照巡视路线图进行巡视，以防漏巡。

（4）设备巡视、维护完毕以后要在 PMS 做好巡视记录。

（5）设备巡视、维护发现缺陷及时分析，在设备缺陷记录簿和 PMS 上做好设备缺陷记录，并按照缺陷管理制度及时向当值值长和上级汇报，若问题严重危及系统正常运行时，还须立即向相应的当值调度员和集控中心当班值班员汇报，采取相应的措施后并通知维修人员进行处理。

（6）雷雨天气，需要巡视室外高压设备时，应穿绝缘靴，并不准靠近避雷器和避雷针。

（7）经本单位批准允许单独巡视高压设备的人员巡视高压设备时，不准进行其他工作，不准移开或越过遮栏。

（8）火灾、地震、台风、冰雪、洪水、泥石流、沙尘暴等灾害天气发生时，如需要对设备进行巡视时，应制定必要的安全措施，得到设备运行单位分管领导批准，并至少两人一组，巡视人员应与派出部门之间保持通信联络。

（9）高压设备发生接地时，室内不得接近故障点 4m 以内，室外不准接近故障点 8m 以内。进入上述范围人员应穿绝缘靴，接触设备的外壳和构架时，应戴绝缘手套。

（10）高压室的钥匙至少应有 3 把，由运行人员负责保管，按值移交。1把专供紧急时使用，1 把专供运行人员使用，其他可以借给经批准的巡视高压设备人员和经批准的检修、施工队伍的工作负责人使用，但应登记签名，巡视或当日工作结束后交还。

（11）针对运行异常且可能造成人身伤害的设备应开展远方巡视，应尽量缩短在瓷质、充油设备附近的滞留时间。

（12）巡视室内设备，应随手关门。

（13）对于巡视盲区，建议多方位对一台设备进行巡视，使用望远镜对设备近距离观察；使用红外测温对电气连接点及设备油位进行判断；采用无人机对设备顶部或高处巡视。

三、断路器巡视检查项目

（一）本体

（1）外观清洁、无异物、无异常声响，各部件连接牢固。

（2）本体油位正常，无渗漏油现象，油位计清洁，油色正常。

（3）套管无异常声响、外壳无变形、密封条无脱落。

（4）分闸、合闸指示正确，与实际位置相符。

（5）SF_6密度继电器（压力表）指示正常、外观无破损或渗漏，防雨罩完好。

（6）外绝缘无裂纹、破损及放电现象，增爬伞裙黏接牢固、无变形，防污涂料完好、无脱落、起皮现象。

断路器本体如图1-2-1～图1-2-3所示。

图1-2-1　断路器本体图

图1-2-2　断路器本体图

图1-2-3　断路器本体图

（7）引线弧垂满足要求，无散股、断股，两端线夹无松动、裂纹、变色现象。

（8）均压环安装牢固，无锈蚀、变形、破损。

（9）套管防雨帽无异物堵塞，无鸟巢、蜂窝等。

（10）金属法兰无裂痕，防水胶完好，连接螺栓无锈蚀、松动、脱落。

（11）传动部分无明显变形、锈蚀，轴销齐全。

（二）操作机构

（1）液压、气动操动机构压力表指示正常。

（2）液压操动机构油位、油色正常。

（3）弹簧储能操动机构储能正常。

断路器操作机构如图1-2-4所示。

图1-2-4 断路器操作机构图

（三）其他

（1）设备名称、编号、铭牌齐全、清晰，相序标志明显。

（2）机构箱、汇控柜箱门平整，无变形、锈蚀，机构箱锁具完好。

（3）基础构架无破损、开裂、下沉，支架无锈蚀、松动或变形，无鸟巢、蜂窝等异物。

（4）接地引下线标志无脱落，接地引下线可见部分连接完整可靠，接地螺栓紧固，无放电痕迹，无锈蚀、变形现象。

（5）存在的设备缺陷是否有发展。

断路器如图 1－2－5 所示。

图 1－2－5　断路器图

（四）断路器全面巡视项目

在断路器本体、操作机构、其他基础上增加以下巡视项目，并抄录断路器油位、SF$_6$ 气体压力、液压（气动）操动机构压力、断路器动作次数、操动机构电机动作次数等运行数据。

（1）断路器动作次数计数器和电机运转计数器指示正确。

（2）气动操动机构空压机运转正常、无异常声音，油位、油色 正常，机油未乳化变质，接头、管路、阀门无漏气现象；气水分离器工作正常，无渗漏油、无锈蚀。

（3）液压操动机构油位正常，无渗漏，油泵及各储压元件无锈蚀。

（4）弹簧操动机构弹簧无锈蚀、裂纹或断裂。

（5）电磁操动机构合闸保险完好。

（6）SF$_6$ 气体管道阀门及液压、气动操动机构管道阀门位置正确。

（7）线夹无裂纹、无明显发热发红迹象，400mm 线径及以上导线设备线夹应钻排水孔，无排水孔设备线夹应加强巡视，应无鼓包、开裂现象。

（8）指示灯正常，压板投退、远方/就地切换把手位置正确。

（9）空气断路器位置正确，二次元件外观完好、标志、电缆标牌齐全清晰，电缆槽板齐全。

（10）端子排无锈蚀、裂纹、放电痕迹；二次接线压接良好无过热、变色、松动、脱落，绝缘无破损、老化现象；二次元器件接线端子无严重的铜绿或铁锈，备用芯绝缘护套完备；电缆孔洞封堵完好。

（11）照明、加热驱潮装置工作正常，投退正确。加热驱潮装置线缆的隔热护套完好，附近线缆无过热灼烧现象。

（12）机构箱透气口滤网无破损，箱内清洁无异物，无凝露、积水现象，箱内照明完好。

（13）箱门开启灵活，关闭严密，密封条无脱落、老化现象。

（14）五防锁具无锈蚀、变形现象，锁具芯片无脱落损坏现象。

（15）高寒地区应检查罐式断路器罐体、气动操动机构及其连接管路加热带工作正常。

（五）断路器熄灯巡视项目

（1）引线、接头、触头无放电、发红迹象。

（2）瓷瓶无闪络、放电。

第二节　断路器检修

一、检修分类及要求

检修工作分为四类：A类检修、B类检修、C类检修、D类检修。

（一）A类检修

A类检修指整体性检修。

1. 检修项目

包含整体更换、解体检修。

2. 检修周期

按照设备状态评价决策进行，应符合厂家说明书要求。

（二）B 类检修

B 类检修指局部性检修。

1. 检修项目

包含部件的解体检查、维修及更换。

2. 检修周期

按照设备状态评价决策进行，应符合厂家说明书要求。

（三）C 类检修

C 类检修指例行检查及试验。

1. 检修项目

包含本体检查维护、操动机构检查维护及整体调试。

2. 检修周期

（1）基准周期 35kV 及以下 4 年、110（66）kV 及以上 3 年。

（2）可依据设备状态、地域环境、电网结构等特点，在基准周期的基础上酌情延长或缩短检修周期，调整后的检修周期一般不小于 1 年，也不大于基准周期的 2 倍。

（3）对于未开展带电检测设备，检修周期不大于基准周期的 1.4 倍；未开展带电检测老旧设备（大于 20 年运龄），检修周期不大于基准周期。

（4）110（66）kV 及以上新设备投运满 1 至 2 年，以及停运 6 个月以上重新投运前的设备，应进行例行检查。对核心部件或主体进行解体性检修后重新投运的设备，可参照新设备要求执行。

（5）现场备用设备应视同运行设备进行检修；备用设备投运前应进行检修。

（6）符合以下各项条件的设备，检修可以在周期调整后的基础上最多延迟 1 个年度：

1）巡视中未见可能危及该设备安全运行的任何异常；

2）带电检测（如有）显示设备状态良好；

3）上次试验与其前次（或交接）试验结果相比无明显差异；

4）没有任何可能危及设备安全运行的家族缺陷；

5）上次检修以来，没有经受严重的不良工况。

（四）D 类检修

D 类检修指在不停电状态下进行的检修。

1. 检修项目

包含专业巡视、可不停电进行的 SF_6 气体补充、液压油补充、空压机润滑油更换、密度继电器校验及更换、压力表校验及更换、辅助二次元器件更换、金属部件防腐处理、传动部件润滑处理、箱体维护等工作。

2. 检修周期

依据设备运行工况，及时安排，保证设备正常功能。

二、SF_6 断路器例行检修

（一）修前试验

（1）测量主副分、合闸线圈电阻，与出厂值相比差值小于±5%。

（2）低电压试验：分闸电磁铁额定电压 30%不动作，65%～110%可靠动作，合闸电磁铁额定电压 30%不动作，85%～110%可靠动作，见图 1－2－6。

图 1－2－6　电磁铁间隙调整

（二）SF_6 密度继电器及压力值检查

（1）检查 SF_6 管路、接头紧固，无渗漏，压力表/密度继电器防雨罩完好。如需更换，更换 SF_6 表计前需确认与本体之间是否有截止阀，或截止阀是否将本体与 SF_6 表计间管路连接可靠隔断。SF_6 表计拆卸后应更换密封垫，密封垫不得重复使用。更换 SF_6 表计后采用检漏仪检漏。

（2）对 SF_6 密度继电器信号、控制回路进行绝缘电阻测试。

（3）对内部注油的压力表应检查是否存在渗漏油，见图 1－2－7。

图1-2-7 SF$_6$密度继电器压力值检查

（三）传动部位（含相间连杆等）检查

（1）检查轴、销、锁扣、挡圈、拐臂、连杆等传动部件无松动、变形、串位、严重磨损。

（2）转动部位进行润滑处理。

（3）紧固螺栓力矩校核，严重锈蚀螺栓更换。

（4）检查分合闸弹簧及缓冲器，无渗漏油、无锈蚀。

（四）液压系统检查

（1）检查高低压管路、储压器等压力元器件无渗漏油，元件无外观损坏，见图1-2-8。

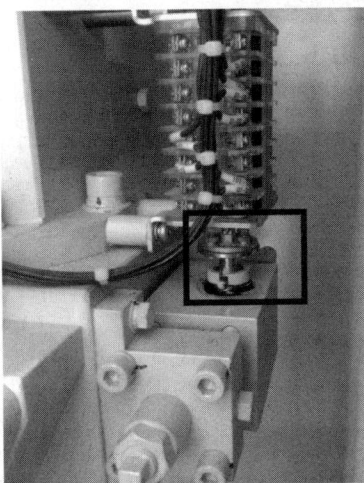

图1-2-8 压力组件漏油

（2）油箱及过滤器清洁，液压油过滤处理，进水或脏污的应更换新油（#10航空液压油），补充至额定油位。

（3）检查液压机构储能，进行油泵和液压系统排气。

（4）检查压力组件顶杆止位螺钉无松动，防尘罩无松动、掉落。

（5）压力表和安全阀固定良好、校验合格，运行 10 年以上的压力表应校验，必要时更换，见图 1-2-9。

图 1-2-9　压力表检查

（五）合、分闸电磁铁检查

（1）电磁铁、掣子动作灵活，无锈蚀。

（2）对电磁铁、扣板、掣子表面污物进行清理，检查磨损情况。

（3）用塞尺检查机构合、分闸电磁铁撞杆与掣子配合间隙及铁心行程。

（4）检查合闸机械防跳跃装置正常。

（六）二次回路检查

（1）二次接线连接紧固，接线端子无严重锈蚀、过热，端子内插入截面不同的线头或三个以上线头应改造，备用芯线套防尘帽。

（2）测量控制回路及辅助回路绝缘电阻。

（3）测量电机回路绝缘电阻。

（4）二次电缆电缆吊牌是否缺失和号码筒是否清晰无老化褪色。

（5）检查二次接线盒、电缆护管孔洞封堵严实，见图1-2-10。

图1-2-10 二次回路检查

（七）机构元器件检查

（1）快分开关、接触器、继电器、转换开关、按钮、微动开关、计数器、二次端子排等电气元件固定良好，外观无损伤，清扫浮尘，检查动静触点的完好，按二次元器件差异化检修要求更换运行10年以上或严重锈蚀的二次元器件，见图1-2-11。

图1-2-11 二次元器件检查

（2）更换存在接点腐蚀、松动变位、接点转换不灵活、切换不可靠现象的辅助开关。

（3）检查温湿度控制器、加热板、照明等工作正常。

（4）电机转动应灵活，无异常声响，直流电机整流子磨损深度不超过规定值。

（5）检查是否存在交直流空开混用情况。

（八）机构箱外观检查

（1）机构箱内清扫、除尘。

（2）机构箱密封检查，恢复脱落密封条，封堵电缆孔洞，处理通风窗、密度表安装过孔、门密封、机构与瓷套法兰、构架结合面渗漏等问题，见图1-2-12。

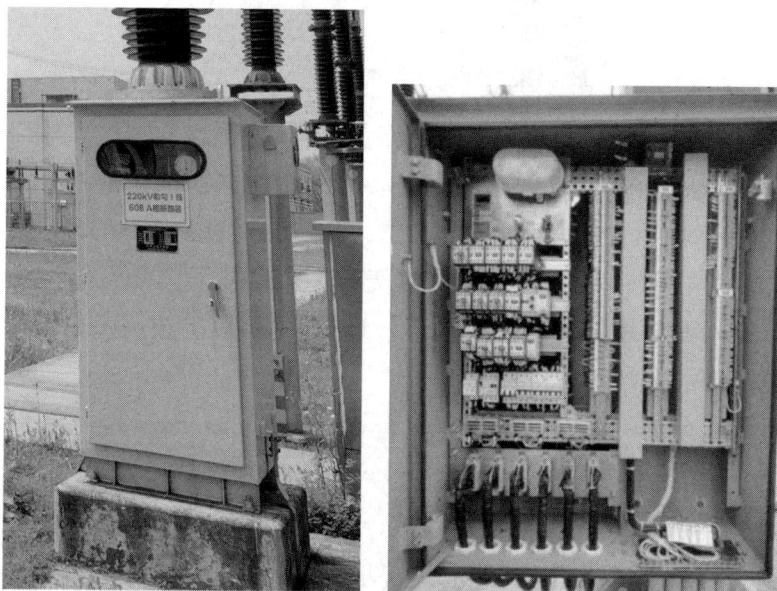

图1-2-12 机构箱检查

（3）箱门及机构箱外壳接地完好。

（九）液压机构操作机构压力值调整、核对

恢复电机电源、操作电源，并进行以下油压值核对测量。

（1）预充氮气压力规定值、实测值；

（2）油泵启动油压规定值、实测值；

（3）油泵停止油压规定值、实测值；

（4）安全阀开启油压规定值；

（5）安全阀关闭油压规定值；

（6）重合闸闭锁油压规定值、实测值；

（7）重合闸闭锁解除油压规定值、实测值；

（8）合闸闭锁油压规定值、实测值；

（9）合闸闭锁解除油压规定值、实测值；

（10）主分闸闭锁油压规定值、实测值；

（11）主分闸闭锁解除油压规定值、实测值；

（12）副分闸闭锁油压规定值、实测值；

（13）副分闸闭锁解除油压规定值、实测值；

（14）零压闭锁油压规定值、实测值；

（15）零压闭锁解除油压规定值、实测值；

（16）单合一次压降规定值、实测值；

（17）单分一次压降规定值、实测值；

（18）合分一次压降规定值、实测值；

（19）每一次操作前后，检查动作计数器的动作情况。

（十）液压（弹簧）机构保压试验

（1）额定油压时，分别检查合闸、分闸位置历时 12h 的压降值。

（2）对液压弹簧机构在额定压力状态下分别检查合闸、分闸位置历时 12h 的弹簧行程值。

（3）检查机构充油部件外观无渗漏。

（十一）低电压动作试验（检修前低电压动作特性合格的可以不做）

（1）拆除机构分、合闸防动销，合上控制电源、储能电源。

（2）测量主副分、合闸线圈电阻，与出厂值相比差值小于±5%。

（3）测量主副分、合闸线圈绝缘电阻，1000V 电压下测量绝缘电阻应≥10MΩ。

（4）分闸电磁铁额定电压 30%不动作，65%～110%可靠动作（至少 3 次）。

（5）合闸电磁铁额定电压 30%不动作，85%～110%可靠动作（至少 3 次）。

（6）对双分闸线圈采取叠装方式的应核实其极性正确，见图 1－2－13。

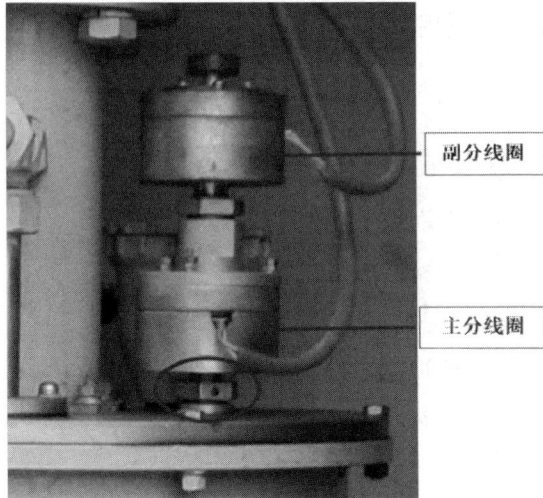

图 1-2-13 双分闸线圈极性检查

（十二）一次引线、线夹、接线桩检查

（1）软导线弧垂不满足要求、严重散股、断股等缺陷应予以消除。

（2）硬母线的固定型线夹应仅有一处，活动型线夹处应能自由伸缩，管母伸缩线夹、软连接应留有自由伸缩长度（如有），见图 1-2-14。

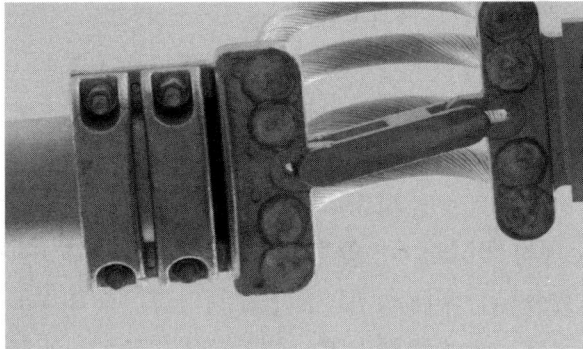

图 1-2-14 管母伸缩线夹检查

（3）线夹无裂纹，进行接触电阻测试，单个接触面接触电阻大于 30 微欧应进行接触面处理，装复前清洁、涂薄层导电脂。

（4）400mm² 及以上的铝设备线夹导线朝上 30°～90° 安装时，以及管母线最底部，应配钻 ϕ6～ϕ8 的滴水孔（如有）。

（5）铜铝对接线夹更换为铝线夹＋铜铝复合片过渡形式、主回路螺栓线夹更换为压接式线夹（如有）。

（6）严重锈蚀螺栓更换为不锈钢螺栓（M8 以下）或热镀锌高强度螺栓（M8 及以上），紧固力矩校核。

（十三）断路器本体检查

（1）瓷套清抹，表面无污垢，无裂纹、无闪络痕迹、缺损面积≤40mm²，见图 1－2－15。

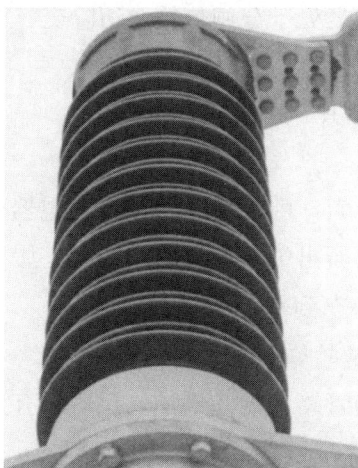

图 1－2－15　断路器本体检查

（2）法兰无裂纹，法兰和瓷套胶合面、三/五联箱与法兰对接面（双断口）清洁并补涂防水密封胶，并联电容无渗漏油（双断口）。

（3）紧固螺栓力矩校核，严重锈蚀螺栓更换。

（4）外绝缘参数测量、记录，包括支撑瓷套干弧距离、总爬电距离、伞间距、灭弧室干弧距离、总爬电距离、伞间距；合闸电阻干弧距离、总爬电距离、伞间距（双断口）；并联电容干弧距离、总爬电距离、伞间距（双断口）。

（5）按防污治理工作要求进行防污治理，防污闪涂料应无起皮、龟裂、憎水性丧失，不合格者应补涂或重新喷涂；复合伞裙（辅助伞裙）应无脱胶、脆化、粉化、破裂、漏电起痕、蚀损、电弧灼伤、憎水性丧失，不合格者应处理或更换（如有）。

（6）均压环外表面应光滑，各独立封闭部分应在安装后的下方位置开排水孔；严重锈蚀、变形、炸裂者应更换；局部尖角毛刺、变形或裂纹应修复（如有均压环者）。

（7）对有气体泄漏的本体进行检漏，查出具体泄漏位置，制定针对性处理方案。

三、LW10B 液压机构检修

（一）每 1～2 年的检查和维护

1. 维护前的准备工作

断路器退出运行，使之处于分闸位置，切除交、直流等电源。将液压机构油压释放到零。

2. 断路器检查维修项目

（1）外观检查；

（2）检查 SF_6 气体压力：由于指针式密度继电器的指示值带有温度补偿，因此，从指示值可直接判断出气体压力降低情况；如果 SF_6 气体压力已降到接近补气报警压力，则应补充到额定值。

3. 液压机构检查、维护项目

（1）检查液压机构的管路有无渗漏油、元器件有无损坏，应区别不同情况分别进行擦拭、拧紧管接头、更换密封圈或修理；

（2）油箱油位应符合规定，如果油量低于运行时所要求的最低油位，应补充足量液压油；

（3）检查贮压器预压力。

机构处于零压时，用油泵打压，开始时油压上升迅速，当压力升到某一值时，上升速度突然减缓，该值即为贮压器的预压力；如发现该值低于规定值 2MPa 时，应查明氮气泄漏原因并予以修理或更换，以免影响断路器的动作特性。

注意：预压力值与温度有关，按 $P_t = P（15℃）+ 0.075 ×（t℃ - 15℃）$ 折算。

4. 试验

将液压机构电源、操作电源恢复。

（1）检查油泵启动、停止油压值、分、合闸闭锁油压值、安全阀开启、关闭油压值。

1）用高压放油阀把机构油压放至低于电机启动压力值，然后关闭高压放油阀，电机应启动并能输出打压信号，打压结束，信号解除；如果不关闭高压放油阀，则油泵电机不会停止，时间继电器在油泵电机打压超过 2～2.5min 时，应能自动切除电机电源，并给输出打压超时信号。

2）关闭电机电源，打开高压放油阀缓慢放压，当压力放至重合闸闭锁值、合闸闭锁值、分闸闭锁值时，应能分别发出闭锁信号；然后关闭高压放油阀并启动电机打压，当油压升至分闸闭锁解除值、合闸闭锁解除值、重合闸闭锁解除值时，闭锁信号应相继解除。

（2）检查电气控制部分动作是否正常；

（3）机构经排气后打压至额定油压，电操作断路器应动作正常；

（4）检查分、合闸操作油压降，见表 1-2-1。

表 1-2-1　　　　　　　　　　　分、合闸操作油压降

项目	规定值（MPa）	
	LW10B-252/3150-40	LW10B-252/3150-50
贮压器预充氮气压力（15℃）	$17^{+1.0}_{0}$	15 ± 0.5
额定油压	28.0 ± 1	26.0 ± 1
油泵启动油压 P_1	27.0 ± 1 ↓	25.0 ± 1 ↓
油泵停止油压 P_2	28.0 ± 1 ↑	26.0 ± 1 ↑
安全阀开启油压	32 ± 2 ↑	30 ± 2 ↑
安全阀关闭油压	≥28.0 ↓	≥26.0 ↓
重合闸闭锁油压 P_3	25.5 ± 0.5 ↓	23.5 ± 0.5 ↓
重合闸闭锁解除油压	≤27.0 ↑	≤25.0 ↑
合闸闭锁油压 P_4	24 ± 0.5 ↑	21.5 ± 0.5 ↑
合闸闭锁解除油压	≤26 ↑	≤23.5 ↑
分闸闭锁油压 P_5	22 ± 0.5 ↓	19.5 ± 0.5 ↓
分闸闭锁解除油压	≤24 ↑	≤21.5 ↑

注：↑表示压力上升时测量，↓表示压力下降时测量。

（二）每 5 年检查维护

（1）按（一）中项目进行检查。

（2）检查指针式密度控制器的动作值。

指针式密度控制器，把指针式密度控制器罩取下，关闭与三通接头相连的

球阀阀门，把密度控制器从三通接头上取下（多通体上也带有自封接头）进行充、放气来检查其第一报警值及第二报警值；如确认确有问题，应更换新指针式密度控制器。指针式密度控制器的动作值见表1-2-2。

表1-2-2　　　　　　　　SF$_6$气体报警和闭锁压力（20℃）　　　　　　　MPa

额定气压	报警值 P_1	闭锁值 P_2	P_1-P_2
0.6	0.52±0.015	0.5±0.015	0.018～0.022
0.4	0.32±0.015	0.3±0.015	0.018～0.022

（3）将液压油全部放出，拆下油箱进行清理。放油步骤如下：准备一个30L左右的容器和一根约1m长、内径为φ18的耐油软管，将该软管套在油箱底部的低压放油阀上，打开放油阀，通过软管将油箱中的油全部放至容器中，拧紧低压放油阀，去掉软管，然后拆掉油箱和油箱里边的过滤器，分别进行清洗，清洗好后装上过滤器和油箱。

（4）将新液压油注入油箱至规定油位。

（5）做排气操作后打压至额定油压。

（6）试验。

1）在额定SF$_6$气体压力、额定油压、额定操作电压下进行20次单分、单合操作和2次分-0.3s-合分操作；每次操作之间要有1～1.5min的时间间隔。

2）测量断路器动作时间、同期性及分、合闸速度，结果应符合厂家要求。

第三节　断路器试验

一、例行试验

（一）SF$_6$断路器

1. 红外热像检测

（1）检测周期

330～750kV：1月；

220kV：3月；

110（66）kV：半年；

35kV 及以下：1 年。

（2）检测方法

红外热像检测原理是基于物体辐射的热量特性，通过红外辐射的测量来确定物体的温度。其检测方法如图 1-2-16 所示。

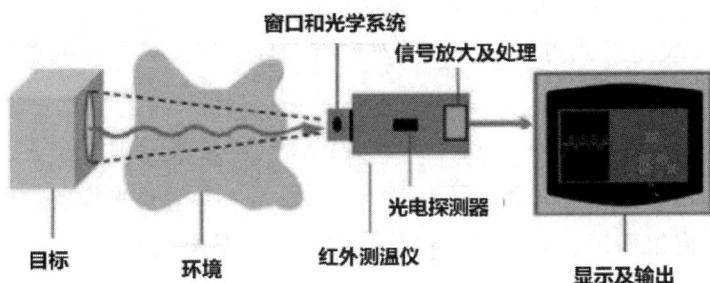

图 1-2-16 红外热像检测

（3）检测步骤

1）一般检测。

a）仪器开机，进行内部温度校准，待图像稳定后对仪器的参数进行设置。

b）根据被测设备的材料设置辐射率，作为一般检测，被测设备的辐射率一般取 0.9 左右。

c）设置仪器的色标温度量程，一般宜设置在环境温度加 10～20K 的温升范围。

d）开始测温，远距离对所有被测设备进行全面扫描，宜选择彩色显示方式，调节图像使其具有清晰的温度层次显示，并结合数值测温手段，如热点跟踪、区域温度跟踪等手段进行检测。

e）环境温度发生较大变化时，应对仪器重新进行内部温度校准。

f）发现异常后，再有针对性地对异常部位和重点被测设备进行精确检测。

g）测温时，应确保现场实际测量距离满足设备最小安全距离及仪器有效测量距离的要求。

2）精确检测。

a）为了准确测温或方便跟踪，应事先设置几个不同的方向和角度，确定最佳检测位置，并可做上标记，以供今后的复测用，提高互比性和工作效率。

b）将大气温度、相对湿度、测量距离等补偿参数输入，进行必要修正，并选择适当的测温范围。

c）正确选择被测设备的辐射率，特别要考虑金属材料表面氧化对选取辐射率的影响。

d）检测温升所用的环境温度参照物体应尽可能选择与被测试设备类似的物体，且最好能在同一方向或同一视场中选择。

e）测量设备发热点、正常相的对应点及环境温度参照体的温度值时，应使用同一仪器相继测量。

f）在安全距离允许的条件下，红外仪器宜尽量靠近被测设备，使被测设备（或目标）尽量充满整个仪器的视场，以提高仪器对被测设备表面细节的分辨能力及测温准确度，必要时，可使用中、长焦距镜头。

g）记录被检设备的实际负荷电流、额定电流、运行电压，被检物体温度及环境参照体的温度值。

（4）检测标准及分析

检测断口及断口并联元件、引线接头、绝缘子等，红外热像图显示应无异常温升、温差和/或相对温差。分析方法参考 DL/T 664《带电设备红外诊断应用规范》。判断时，应该考虑测量时及前 3h 负荷电流的变化情况。

如果红外热线结果显示设备存在发热，应判断缺陷的等级、分析可能的原因，并有针对性的消缺。

2．回路电阻测试

（1）检测周期

1）110（66）～750kV：3 年；

35kV 及以下：4 年。

2）自上次试验之后又有 100 次以上分、合闸操作时。

（2）检测方法

如图 1－2－17 所示，将电流线接到对应的 I+、I－接线柱，电压线接到 V+、V－接线柱，两把夹钳夹住被测试品的两端，若电压线和电流线是分开接线的，则电压线要接在测试品的内侧，电流线应接在电压线的外侧。

（3）检测步骤

1）测试前拆除测量回路的接地线或拉开接地刀闸；

2）对被试设备进行放电，正确记录环境温度；

3）检查确认被试设备处于导通状态；

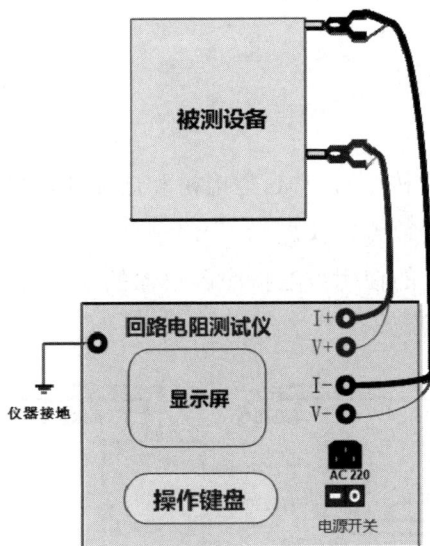

图 1-2-17　回路电阻测试仪接线图

4）清除被试设备接线端子接触面的油漆及金属氧化层，进行检测接线，检查测试接线是否正确、牢固；

5）接通仪器电源，测试电流应调整到大于等于 100A，进行测试，电流稳定后读出检测数据，并做好记录；

6）关闭检测电源，拆除检测测试线，将被试设备恢复到测试前状态。

（4）检测标准及分析

测量电流可取 100A 到额定电流之间的任一值，测试数据应不大于制造商规定值的要求。

将测试结果与规程要求进行比较，当测试结果出现异常时，应与同类设备、同设备的不同相间进行比较，作出诊断结论；如发现测试结果超标，可将被试设备进行分、合操作若干次，重新测量，若仍偏大，可分段查找以确定接触不良的部位，进行处理。

经验表明，仅凭主回路电阻增大不能认为是触头或联结不好的可靠证据。此时，应该使用更大的电流（尽可能接近额定电流）重复进行检测；当明确回路电阻较大的部位后，应对接触部位解体进行检查，对于断路器灭弧室内部回路电阻超标的，应按照厂家工艺解体检查，必要时更换动静触头。

3. 断口间并联电容器电容量和介质损耗因数

（1）检测周期

3 年或解体检修后。

（2）检测方法

介损测试主要有西林电桥、M 型电桥和电流比较型电桥，目前应用较多的是数字式介质损耗因数测试仪。

数字式介损测量仪的使用方法按照各仪器的使用说明书进行，其基本原理接线图如图 1-2-18 所示。

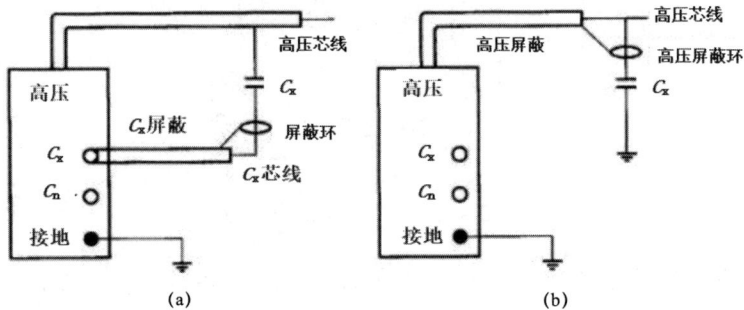

图 1-2-18　数字式介损测量仪正接法、反接法原理接线图
（a）正接线；（b）反接线

（3）检测步骤

1）将被试品断电，先充分放电后有效接地。

2）检查电容量及介质损耗测试仪是否正常。

3）根据被试品类型及内部结构选择相应的接线方式，被试品试验接线并检查确认接线正确。

4）设置试验仪器参数（试验电压值、接线方式），升压至试验电压后读取电容值和介损值。

5）降压至零，然后断开电源，充分放电后拆除接线，恢复被试设备试验前接线状态，结束试验。

（4）检测标准及分析

1）在分闸状态下测量。

2）对于瓷柱式断路器，与断口一起测量。对于罐式断路器（包括 GIS 中的断路器），按设备技术文件规定进行。

3）电容量初值差不超过±5%（警示值）。

4）介质损耗因数：

油浸纸≤0.005；

膜纸复合≤0.0025。

测试结果不符合要求时，可将电容器拆下独立进行测量，如 10kV 电压下测得的介质损耗数据偏大，可通过绝缘电阻、交流耐压、高压介损试验来验证，如果高压介损仍不合格，则表明电容器内部可能存在故障。

4. 合闸电阻阻值和合闸电阻的投入时间测量

（1）检测周期

3 年或解体检修后。

（2）检测方法

断路器进行合闸操作时，通过测量断路器两端电压和通过电流的波形，可计算出合闸电阻值；再结合线圈电流曲线，可分析出合闸电阻的投入时间和主触头的动作时间。

对于主断口与合闸电阻并联连接的断路器，合闸电阻辅助断口先合闸，电阻断口的合闸时间为 T1，主断口的合闸时间为 T2，那么合闸电阻的投入时间：$T = T2$（主断口合闸时间）$- T1$（电阻断口合闸时间）；电阻投入这一段时间的电阻值，为这一段时间的电压 U1 与电流 I 的比值，即：合闸电阻阻值 $R2 = U1/I$。

对于主断口与合闸电阻串联连接的断路器，主断口先合闸，因此主断口的合闸时间为 T1，电阻断口的合闸时间为 T2，那么合闸电阻的投入时间：$T = T2$（电阻断口合闸时间）$- T1$（主断口合闸时间）；电阻测量方法不变。

（3）检测步骤

1）检查被测断路器处于分闸状态；

2）检查被测断路器断口的一端通过接地刀闸或者地线接地，另一端不接地；

3）将使用仪器的接地端接地；

4）按接线图接好测试线，测试线的一端接到测试仪的测试端子上，另一端连接被测断路器断口的非接地端，接线前，应确保测试仪已经可靠接地，拆接线前应先关掉仪器的工作电源；

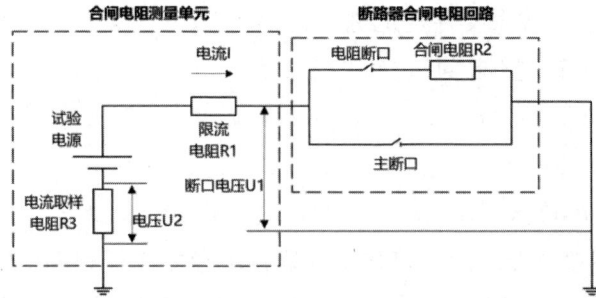

(a)

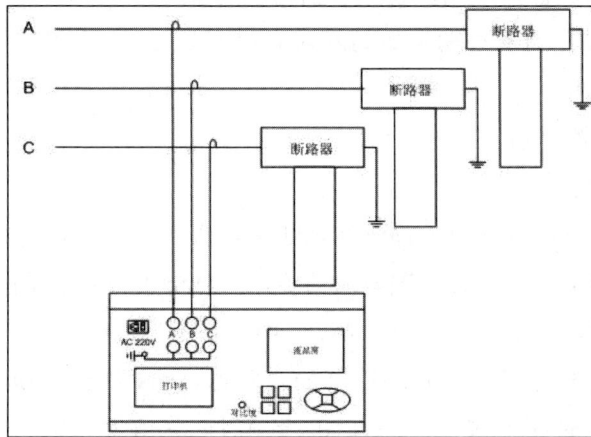

(b)

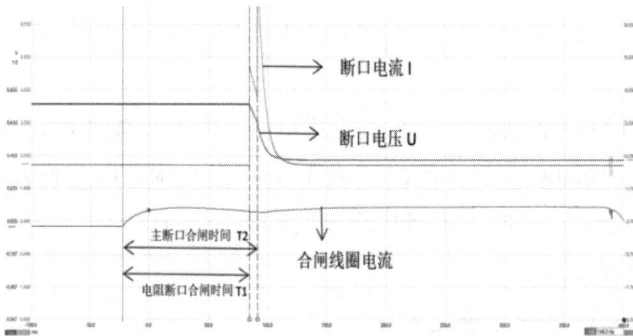

(c)

图 1-2-19　合闸电阻阻值与预接入时间测量方法图

（a）测量原理图；（b）典型接线图；（c）合闸过程中的波形曲线

5）将仪器的控制触发输出线接入断路器合闸回路中；

6）给仪器通电并预热 30s，开机，进入测量等待页面；

7）使用仪器的触发将断路器合闸；

8）记录检测数据并分析。

（4）检测标准及分析

1）合闸电阻阻值初值差不超过±5%；

2）合闸电阻的预接入时间符合设备技术文件要求；

3）对于不解体无法测量的情况，只在解体性检修时进行。

合闸电阻阻值不合格可能是电阻片裂痕、烧痕或破损等原因导致；若预接入时间超过标准及分析规定，对于瓷柱式断路器，应检查五联箱的拐臂位置，通过调整五联箱中合闸电阻传动拐臂来调整预接入时间，直至调整合格；对于GIS、HGIS 或罐式断路器，若测试结果超标，应解体检修。

5. 分、合闸线圈的直流电阻及绝缘电阻试验

（1）检测周期

110（66）～750kV：3 年；

35kV 及以下：4 年。

（2）检测实施

1）拆除机构分、合闸防动销，合上控制电源、储能电源；

2）测量主副分、合闸线圈电阻，与初值相比差值小于±5%；

3）测量主副分、合闸线圈绝缘电阻，1000V 电压下测量绝缘电阻应≥10MΩ；

（3）检测标准及分析

1）分、合闸线圈电阻初值差不超过±5%或符合设备技术文件要求。

2）分、合闸线圈绝缘电阻不小于 10MΩ。

分、合闸线圈电阻不合格可能是分、合闸线圈引线断线或者线圈烧坏导致。分、合闸线圈绝缘电阻不合格可能是线圈内部击穿、引线受潮导致。

6. 断路器的时间特性

（1）检测周期

110（66）～750kV：3 年；

35kV 及以下：4 年。

（2）检测方法

1）测试前先将仪器可靠接地，其次将断路器一侧三相短路接地，最后进

行其他接线，以防感应电损坏测试仪器；

2）测试前根据被试断路器控制电源的类型和额定电压，选择合适的触发方式并调节好控制电源电压；

3）测速时，根据被试断路器的制造厂不同，断路器型号不同，需要进行相应的"行程设置""速度定义设置"，并根据断路器现场实际情况选择合适的测速传感器。

断路器机械特性测试接线如图1-2-20所示：

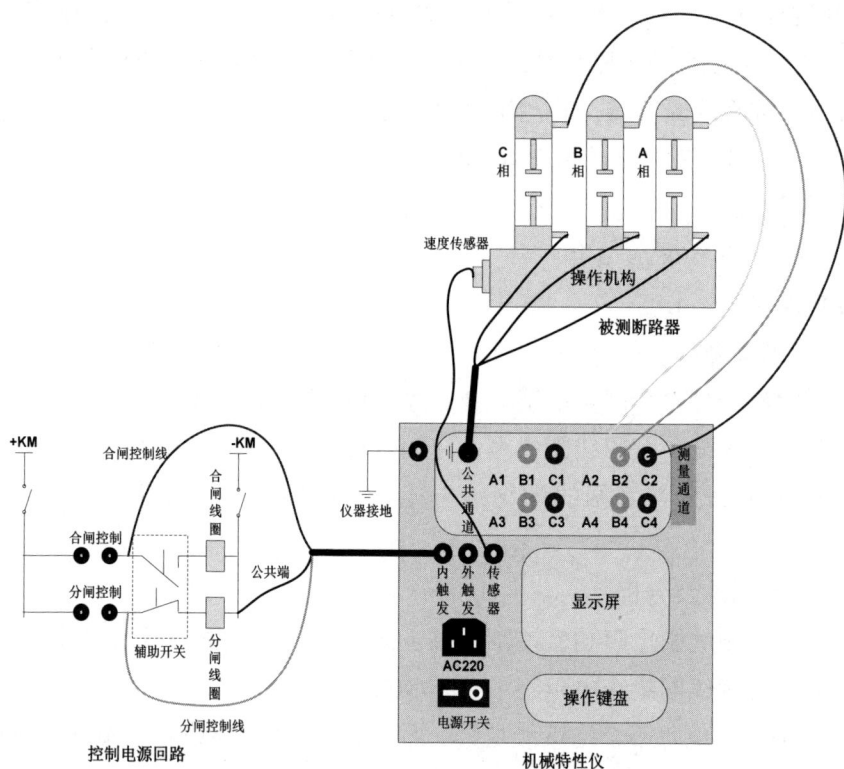

图1-2-20　断路器机械特性测试接线图

（3）检测步骤

1）断开断路器控制及储能电源，将断路器操动机构能量完全释放；

2）确定断路器的"远方/就地"转换开关处于"就地"位置；

3）先将仪器可靠接地，然后进行测试接线，并检查确认接线正确；

4）拆除断路器两侧引线或断路器两侧无直接接地点；

5）接通电源，根据被试断路器型号进行相应参数设置，尤其注意根据各厂家参数设置开距及行程；

6）将仪器相应极性的输出端子接到断路器操作回路中，测量分、合闸电磁铁的动作电压；

7）对断路器进行测试，并对照厂家及历史数据进行分析；

8）对于测试数据不符合厂家标准及分析的，应按照厂家要求及检修工艺进行调整，调整后应重新进行测试；

9）测试完毕，记录并打印测试数据；

10）关闭仪器电源，恢复断路器两侧引线，最后拆除测试接线。

（4）检测标准及分析

1）并联合闸脱扣器在合闸装置额定电源电压的 85%～110% 范围内，应可靠动作；并联分闸脱扣器在分闸装置额定电源电压的 65%～110%（直流）或 85%～110%（交流）范围内，应可靠动作；当电源电压低于额定电压的 30% 时，脱扣器不应脱扣。

2）合、分闸时间，合、分闸不同期，合－分时间满足技术文件要求且没有明显变化，必要时，测量行程特性曲线做进一步分析。

3）分、合闸同期性应满足下列要求：

——相间合闸不同期不大于 5ms；

——相间分闸不同期不大于 3ms；

——同相各断口合闸不同期不大于 3ms；

——同相分闸不同期不大于 2ms。

当合闸时间、合闸速度不满足规范要求时，可能造成的原因有：一是合闸电磁铁顶杆与合闸掣子位置不合适，二是合闸弹簧疲劳，三是分闸弹簧拉紧力过大，四是开距或超程不满足要求。应综合分析上述原因，按照厂家技术要求，对合闸电磁铁、分合闸弹簧、机构连杆进行调整。

当分闸时间、分闸速度不满足规范要求时，可能造成的原因有：一是分闸电磁铁顶杆与分闸掣子位置不合适，二是分闸弹簧疲劳，三是开距或超程不满足要求。应综合分析上述原因，按照厂家技术要求，对分闸电磁铁、分合闸弹簧、机构连杆进行调整。

当合分时间不满足规范要求时，可能造成的原因有：一是单分、单合时间不满足规范要求，二是断路器操动机构的脱扣器性能存在问题，应综合分析上述原因，按照厂家技术要求，对单分、单合时间进行调整或者对脱扣器进行调节。

当不同期值不满足规范要求时，可能造成的原因有：一是三相开距不一致，二是分相机构的电磁铁动作时间不一致，应综合分析上述原因，按照厂家技术要求，对分闸电磁铁、分合闸弹簧、机构连杆进行调整。

当行程特性曲线不满足规范要求时，可能造成的原因有：一是断路器对中调整的不好，二是断路器触头存在卡涩。应综合分析上述原因，按照厂家技术要求对断路器分合闸弹簧、拐臂、连杆、缓冲器进行调整。

分合闸电磁铁动作电压不满足规范要求，宜检查动静铁芯之间的距离，检查电磁铁芯是否灵活，有无卡涩情况，或者通过调整分合闸电磁铁与动铁芯间隙的大小来调整动作电压，缩短间隙，动作电压升高，反之降低；当调整了间隙后，应进行断路器分合闸时间测试，防止间隙调整影响机械特性。

7. SF_6 气体湿度测试

（1）检测周期

110（66）～750kV：3 年；

35kV 及以下：4 年。

（2）检测方法

SF_6 气体湿度可以用冷凝露点式、电阻电容式湿度计和电解式湿度计测量，现场常采用露点法。采用导入式的取样方法，取样点必须设置在足以获得代表性气体的位置并就近取样。测量时将湿度计与待检测设备用气路接口连接，连接方法如图 1-2-21 所示。

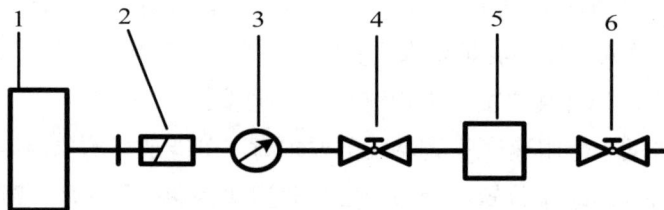

图 1-2-21　SF_6 气体湿度检测连接图

1—待测电气设备；2—气路接口（连接设备与仪器）；3—压力表；4—仪器入口阀门；

5—测试仪器；6—仪器出口阀门

（3）检测步骤

1）冷凝式露点仪采用导入式的取样方法。取样点必须设置在足以获得代表性气样的位置并就近取样；

2）取样阀选用死体积小的针阀。取样管道不宜过长，管道内壁应光滑清洁；管道无渗漏，管道壁厚应满足要求；

3）当测量准确度较低或测量时间较长时，可以适当增大取样总流量，在气样进入仪器之前设置旁通分道；

4）环境温度应高于气样露点温度至少 3℃，否则要对整个取样系统以及仪器排气口的气路系统采取升温措施，以免因冷壁效应而改变气样的湿度或造成冷凝堵塞；

5）采用 SF_6 气体检漏仪对仪器气路系统进行试漏；

6）根据取样系统的结构、气体湿度的大小用被测气体对气路系统分别进行不同流量、不同时间的吹洗，以保证测量结果的准确性；

7）测量时缓慢开启调节阀，仔细调节气体压力和流速。测量过程中保持测量流量稳定，并从仪器直接读取露点值。检测过程中随时监测被测设备的气体压力，防止气体压力异常下降。

（4）检测标准及分析

运行中的断路器 SF_6 气体湿度应不大于 300μL/L。

由于环境温度对设备中气体湿度有明显的影响，测量结果应折算到 20℃ 时的数值。湿度不合格可能是存在泄露或者吸附剂失效导致。

8. SF_6 断路器的其他试验项目

SF_6 断路器的其他例行试验项目、周期和标准如表 1－2－3 所示。

表 1－2－3　　　　　　SF_6 断路器例行试验项目、周期和标准

序号	试验项目	周期	标准	说明
1	储能电动机工作电流及储能时间	110（66）～750kV：3 年；35kV 及以下：4 年	符合设备技术文件要求。储能电动机在 85%～110% 的额定电压下可靠工作	
2	辅助回路和控制回路绝缘电阻	110（66）～750kV：3 年；35kV 及以下：4 年	用 1000V 兆欧表，绝缘电阻无显著下降	

序号	试验项目	周期	标准	说明
3	防跳跃装置检查	110（66）～750kV：3 年；35kV 及以下：4 年	符合技术条件规定，技术条件未明确时，符合制造厂规定	
4	联锁和闭锁装置检查	110（66）～750kV：3 年；35kV 及以下：4 年	动作准确可靠，符合技术条件要求	
5	机构压力表、机构操作压力（气压、液压）整定值校验和机械安全阀校验	110（66）～750kV：3 年；35kV 及以下：4 年	符合设备技术条件规定	
6	操动机构在分闸、合闸及重合闸下的操作压力下降值	110（66）～750kV：3 年；35kV 及以下：4 年	符合技术条件规定	
7	液（气）压操动机构的泄漏试验	110（66）～750kV：3 年；35kV 及以下：4 年	符合技术条件规定	
8	液压机构及气动机构的防失压慢分试验和非全相合闸试验	110（66）～750kV：3 年；35kV 及以下：4 年	符合技术条件规定	

（二）真空断路器

1. 绝缘电阻测试

（1）检测周期

4 年。

（2）检测方法

测试接线图如图 1-2-22 所示。测量时，绝缘电阻表的接线端子"L"接于被试设备的高压导体上，接地端子"E"接于被试设备的外壳或接地点上，屏蔽端子"G"接于设备的屏蔽环上，以消除表面泄漏电流的影响。

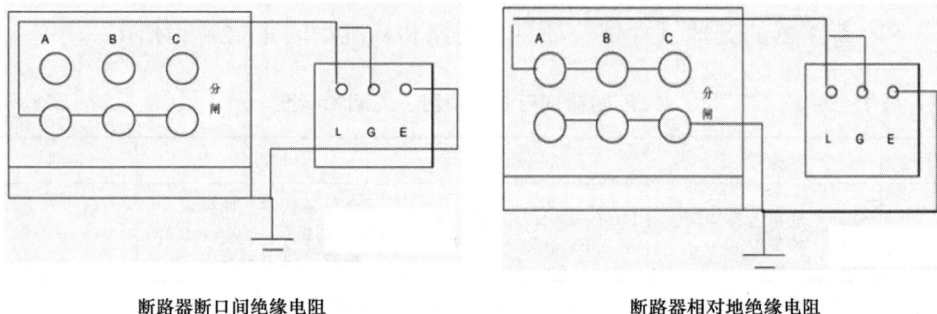

断路器断口间绝缘电阻　　　　　　　　断路器相对地绝缘电阻

图 1-2-22　断路器绝缘电阻测试接线图

（3）检测步骤

1）将被试品断电，充分放电并有效接地；

2）采用 2500V 电压检查绝缘电阻表是否正常；

3）按不同的测试项目要求进行接线，注意由绝缘电阻表到被试品的连线应尽量短；

4）经检查确认无误，绝缘电阻表到达额定输出电压后，待读数稳定或 60s 时，读取绝缘电阻值，并记录；

5）读取绝缘电阻值后，如使用仪表为手摇式兆欧表应先断开接至被试品高压端的连接线，然后将绝缘电阻表停止运转；如使用仪表为全自动式兆欧表应等待仪表自动完成所有工作流程后，断开接至被试品高压端的连接线，然后将绝缘电阻表停止工作；

6）测量结束时，被试品还应对地进行充分放电。

（4）检测标准及分析

测量分、合闸状态下绝缘电阻，测试结果≥3000MΩ且没有显著下降。测量时，注意外绝缘表面泄漏的影响。

2. 回路电阻测试

（1）检测周期

4 年。

（2）检测方法

同 SF_6 断路器。

（3）检测步骤

同 SF_6 断路器。

（4）检测标准及分析

真空断路器主回路电阻的初值差应小于 30%。

如发现测试结果超标，可将被试设备进行分、合操作若干次，重新测量，若仍偏大，可分段查找以确定接触不良的部位，进行处理；

经验表明，仅凭主回路电阻增大不能认为是触头或联结不好的可靠证据。此时，应该使用更大的电流（尽可能接近额定电流）重复进行检测；当明确回路电阻较大的部位后，应对接触部位解体进行检查，对于断路器灭弧室内部回路电阻超标的，应按照厂家工艺解体检查，必要时更换动静触头。

3. 分、合闸线圈的直流电阻及绝缘电阻试验

（1）检测周期

4 年。

（2）检测实施

1）拆除机构分、合闸防动销，合上控制电源、储能电源；

2）测量主副分、合闸线圈电阻，与初值相比差值小于±5%；

3）测量主副分、合闸线圈绝缘电阻，1000V 电压下测量绝缘电阻应≥10MΩ。

（3）检测标准及分析

1）分、合闸线圈电阻初值差不超过±5%或符合设备技术文件要求；

2）分、合闸线圈绝缘电阻不小于 10MΩ。

分、合闸线圈电阻不合格可能是分、合闸线圈引线断线或者线圈烧坏导致。分、合闸线圈绝缘电阻不合格可能是线圈内部击穿、引线受潮导致。

4. 断路器的时间特性

（1）检测周期

4 年。

（2）检测方法

1）测试前先将仪器可靠接地，其次将断路器一侧三相短路接地，最后进行其他接线，以防感应电损坏测试仪器；

2）测试前根据被试断路器控制电源的类型和额定电压，选择合适的触发方式并调节好控制电源电压；

3）测速时，根据被试断路器的制造厂不同，断路器型号不同，需要进行相应的"行程设置""速度定义设置"，并根据断路器现场实际情况选择合适的测速传感器。

断路器机械特性测试接线如图 1-2-23 所示：

（3）检测步骤

1）断开断路器控制及储能电源，将断路器操动机构能量完全释放；

2）确定断路器的"远方/就地"转换开关处于"就地"位置；

3）先将仪器可靠接地，然后进行测试接线，并检查确认接线正确；

4）拆除断路器两侧引线或断路器两侧无直接接地点；

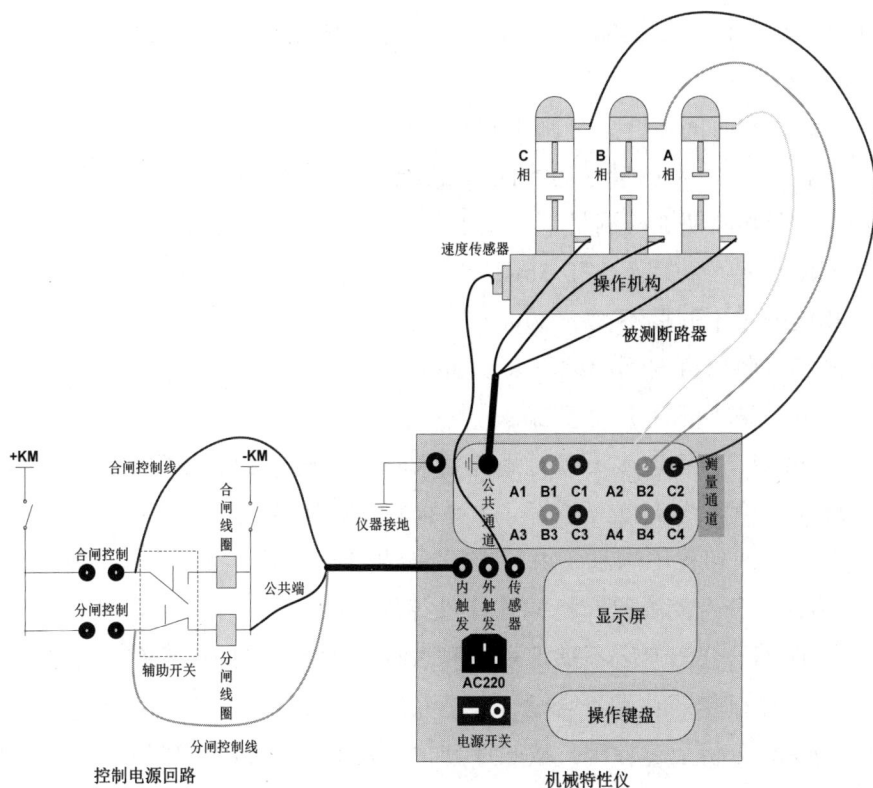

图 1-2-23　断路器机械特性测试接线图

5）接通电源，根据被试断路器型号进行相应参数设置，尤其注意根据各厂家参数设置开距及行程；

6）将仪器相应极性的输出端子接到断路器操作回路中，测量分、合闸电磁铁的动作电压；

7）对断路器进行测试，并对照厂家及历史数据进行分析；

8）对于测试数据不符合厂家标准及分析的，应按照厂家要求及检修工艺进行调整，调整后应重新进行测试；

9）测试完毕，记录并打印测试数据；

10）关闭仪器电源，恢复断路器两侧引线，最后拆除测试接线。

（4）检测标准及分析

1）并联合闸脱扣器在合闸装置额定电源电压的 85%～110% 范围内，应可靠动作；并联分闸脱扣器在分闸装置额定电源电压的 65%～110%（直流）或

85%～110%（交流）范围内，应可靠动作；当电源电压低于额定电压的 30% 时，脱扣器不应脱扣。

2）合、分闸时间，合、分闸不同期，合—分时间满足技术文件要求且没有明显变化，必要时，测量行程特性曲线做进一步分析。

3）分、合闸同期性应满足下列要求：

——相间合闸不同期不大于 5ms；

——相间分闸不同期不大于 3ms；

——同相各断口合闸不同期不大于 3ms；

——同相分闸不同期不大于 2ms。

当合闸时间、合闸速度不满足规范要求时，可能造成的原因有：一是合闸电磁铁顶杆与合闸掣子位置不合适，二是合闸弹簧疲劳，三是分闸弹簧拉紧力过大，四是开距或超程不满足要求。应综合分析上述原因，按照厂家技术要求，对合闸电磁铁、分合闸弹簧、机构连杆进行调整；

当分闸时间、分闸速度不满足规范要求时，可能造成的原因有：一是分闸电磁铁顶杆与分闸掣子位置不合适，二是分闸弹簧疲劳，三是开距或超程不满足要求。应综合分析上述原因，按照厂家技术要求，对分闸电磁铁、分合闸弹簧、机构连杆进行调整；

当合分时间不满足规范要求时，可能造成的原因有：一是单分、单合时间不满足规范要求，二是断路器操动机构的脱扣器性能存在问题，应综合分析上述原因，按照厂家技术要求，对单分、单合时间进行调整或者对脱扣器进行调节；

当不同期值不满足规范要求时，可能造成的原因有：一是三相开距不一致，二是分相机构的电磁铁动作时间不一致，应综合分析上述原因，按照厂家技术要求，对分闸电磁铁、分合闸弹簧、机构连杆进行调整；

当行程特性曲线不满足规范要求时，可能造成的原因有：一是断路器对中调整的不好，二是断路器触头存在卡涩。应综合分析上述原因，按照厂家技术要求对断路器分合闸弹簧、拐臂、连杆、缓冲器进行调整；

分合闸电磁铁动作电压不满足规范要求，宜检查动静铁芯之间的距离，检查电磁铁芯是否灵活，有无卡涩情况，或者通过调整分合闸电磁铁与动铁芯间隙的大小来调整动作电压，缩短间隙，动作电压升高，反之降低；当调整了间隙后，应进行断路器分合闸时间测试，防止间隙调整影响机械特性。

5. 真空断路器的其他试验项目

真空断路器的其他例行试验项目、周期和标准见表 1-2-4。

表 1-2-4　　　　　　真空断路器其他例行试验项目、周期和标准

序号	试验项目	周期	标准	说明
1	储能电动机工作电流及储能时间	4 年	符合设备技术文件要求。储能电动机在 85%～110% 的额定电压下可靠工作	
2	辅助回路和控制回路绝缘电阻	4 年	无显著下降	用 1000V 兆欧表
3	防跳跃装置检查	4 年	符合技术条件规定，技术条件未明确时，符合制造厂规定	
4	联锁和闭锁装置检查	4 年	动作准确可靠，符合技术条件要求	

二、诊断性试验

（一）SF₆ 断路器诊断性试验

1. 气体密封性检测

（1）检测前提

1）气体密度表显示密度下降时。

2）定性检测发现气体泄漏时进行。

（2）检测方法

1）定性检漏。

采用 SF_6 气体定性检漏仪，沿被测面以大约 25mm/s 的速度移动，无泄漏点，则认为密封良好。设备解体检修时也可以通过抽真空检漏进行检测，或利用肥皂水（泡）对被测面进行密封性检测。

2）定性检漏。

① 局部包扎法。

局部包扎法一般用于组装单元和大型产品的检测，包扎部位如图 1-2-24 所示的 1～15 处，其检测步骤如下：

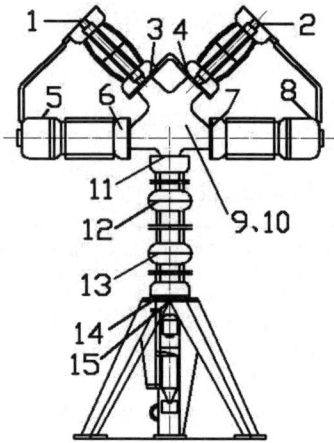

图 1-2-24　包扎法包扎部位

a）包扎时可采用密封用 0.1mm 厚的塑料薄膜按被检部位的几何形状围一圈半，使接缝向上，包扎时尽可能构成圆形或方形。

b）经整形后，边缘用白布带扎紧或用胶带沿边缘粘贴密封。

c）塑料薄膜与被试品间应保持一定的空隙，一般为 5mm。

d）包扎一段时间后（一般为 24h）后，用定量检漏仪测量包扎腔内 SF_6 气体的浓度。

e）根据测得的浓度计算漏气率等指标。

② 压力降法。

压力降法适用于设备气室漏气量较大的设备检漏，以及在运行中用于监督设备漏气情况，其检测步骤如下：

a）先测定压降前的 SF_6 气体压力 p_1'。

b）根据 p_1' 和当时的温度 T_1 换算标准及分析大气条件下 SF_6 气体压力 p_1。

c）经过一段较长的时间间隔，如 2～3 个月或半年，再测定压降后的 SF_6 气体压力 p_2'。

d）根据 p_2' 和当时的温度 T_2 换算标准及分析大气条件下 SF_6 气体压力 p_2。

e）根据 SF_6 气体在一定时间间隔内压力的改变计算漏气率。

3）漏气量的计算方法。

局部包扎法和压力降法检测的漏气量计算方法可参考 GB/T 11023。

（3）检测标准及分析

定量检漏：年漏气率≤0.5%/年或符合设备技术文件要求。

漏气严重的设备，应于补气 24h 后测试设备中 SF_6 气体湿度。

2. 气体密度表（继电器）校验

（1）校验前提

1）数据显示异常时。

2）达到制造商推荐的校验周期时。

（2）校验方法

现场校验 SF_6 密度表（继电器）连接示意图如图 1-2-25 所示。

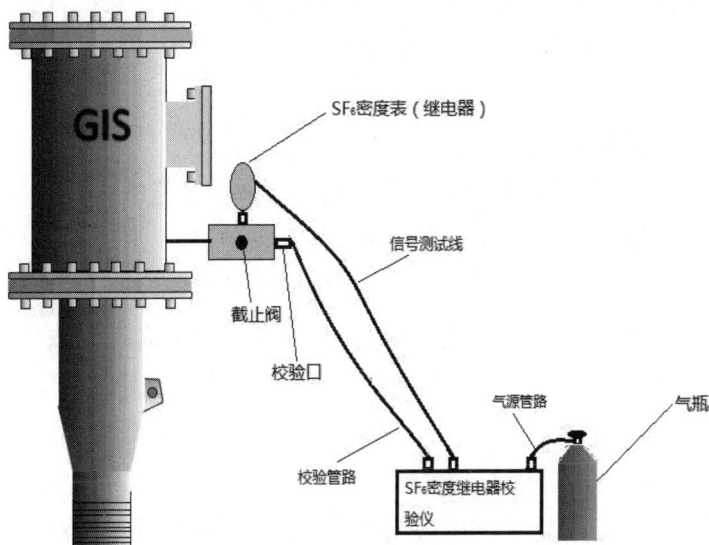

图 1-2-25　现场校验 SF_6 密度表（继电器）连接示意图

（3）校验项目及步骤

SF_6 密度表（继电器）校验流程如下图所示。

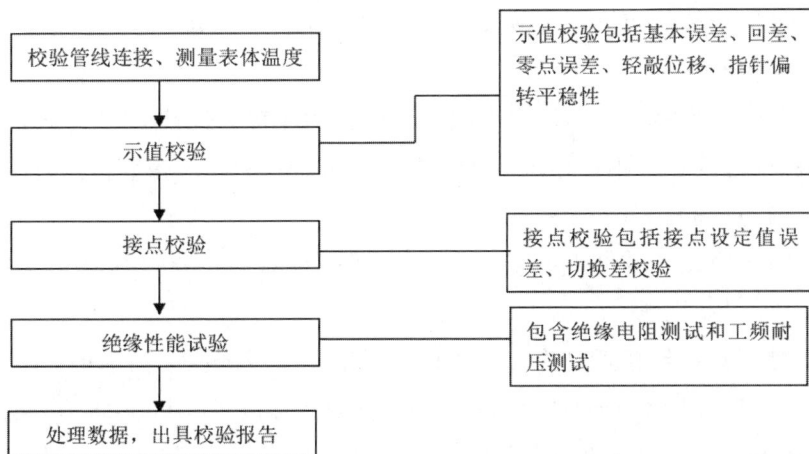

1）管路及信号线连接。

2）测量表体温度。

a）使用红外测温仪对准表体，选择表体深色区域作为测量点，测量三次取中间值。

b）如使用接触式测温探头测量表体温度，应将探头尽可能靠近或紧密接触 SF_6 密度表（继电器），温度平衡时间一般不小于 0.5h，温度稳定后方可读取表体温度。

3）示值校验。

a）SF_6 密度表（继电器）的示值数据应按分度值的 1/5 估读。

b）首次校验和诊断性校验应进行全量程示值误差校验，全量程示值误差校验应在（20±2）℃境温度（表体温度）下进行。校验点按标有数字的分度线选取（包括额定压力，设定点除外）。逐渐平稳地升压，依次校验各点，记录轻敲表壳后的被校表示值。当指针达到测量上限后，切断压力源，耐压 3min，然后按原校验点平稳地降压倒序回检。

c）例行校验，示值误差校验仅进行额定压力示值误差校验。升压至额定压力进行校验，记录轻敲表壳后的被校表示值。继续升压至测量上限后切断压力源，耐压 3min，然后降压回检额定压力示值误差。

d）在升压和降压行程进行示值误差校验时，均应检查轻敲表壳前、后的被校表示值与标准及分析器示值之差是否合格。还应检查被校表轻敲表壳后引起的示值变动量是否合格。

e）取同一校验点升压、降压示值（均为轻敲后读取）之差的绝对值作为仪表的回程误差。

f）在示值校验过程中，用肉眼观测指针的偏转，指针偏转应平稳，无明显跳动和卡涩现象，指针经过低压闭锁、报警接点和超压报警接点时除外。

4）接点校验。

a）每一个动作接点均应在升压和降压两种状态下进行接点设定值误差校验。

b）使指示指针接近动作点，平稳缓慢地升压或降压（指示指针接近接点设定值时速度每秒不大于量程的 0.5%），直到信号接通或断开为止。在信号发生变化的瞬间，读取标准及分析器上对应的压力值，升压动作值为上切换值，降压动作值为下切换值。

c）接点上切换值与下切换值之差的绝对值为切换差。

5）绝缘电阻。

使用直流工作电压为 500V 的绝缘电阻表在正常工作条件下测量，各对接点之间、接点与外壳之间的绝缘电阻不低于20MΩ。

6）工频耐压。

接点与外壳之间的绝缘强度应能承受 50Hz 的 2kV 正弦波电压，历时 1min 的耐压试验，试验中漏电电流应不大于 0.5mA。

（4）检验标准及分析

校验结果应符合设备技术文件要求。

校验时被校表及 SF_6 密度继电器校验仪出现指示异常、打压不上、无接点信号、压力失控等明显异常时，应立即停止校验，检查设备及管路、信号线连接。

3．交流耐压试验

（1）试验前提

1）核心部件或主体进行解体性检修之后进行。

2）怀疑断路器本体绝缘性能不良时。

（2）试验方法

交流耐压试验接线，应按被试设备的电压、容量和现场实际试验设备条件来决定。对于高压断路器，110kV 及以下电压等级断路器可采用外施工频耐压方法，220kV 及以上电压等级断路器一般采用串联谐振耐压方法。

外施工频耐压方法接线如图 1-2-26 所示。

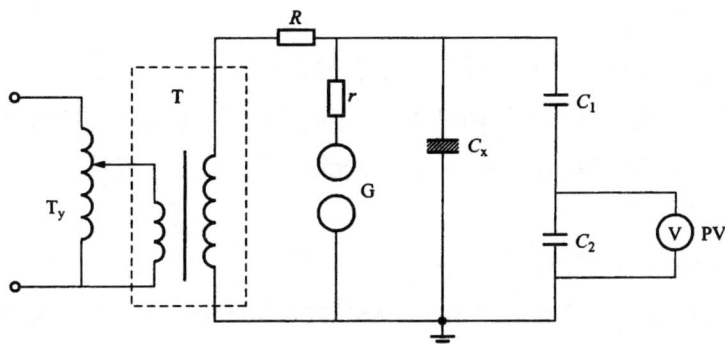

图 1-2-26　外施工频交流耐压试验原理接线图

Ty—调压器；T—试验变压器；R—限流电阻；*r*—球隙保护电阻；G—球间隙；Cx—被试品电容；

C_1、C_2—电容分压器高、低压臂；PV—电压表串联谐振耐压试验接线如图 1-2-27 所示。

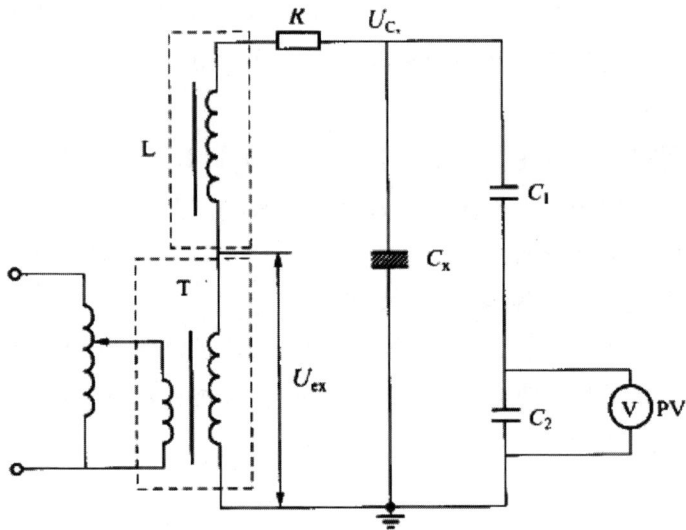

图 1-2-27　串联谐振耐压试验原理接线图

T—励磁变压器；U_{ex}—励磁电压；L—电感；R—限流电阻；U_{Cx}—被试品上的电压；

C_x—被试品电容；C_1、C_2—电容分压器高、低压臂；PV—电压表

（3）试验步骤

a）被试品在耐压试验前，应先进行其他常规试验，合格后再进行耐压试验。被试品试验接线并检查确认接线正确。

b）接通试验电源，开始升压进行试验，升压过程中应密切监视高压回路，监听被试品有何异响。

c）升至试验电压，开始计时并读取试验电压。

d）计时结束，降压然后断开电源。并将被试设备放电并短路接地。

e）耐压试验结束后，进行被试品绝缘试验检查，判断耐压试验是否对试品绝缘造成破坏。

（4）试验标准及分析

试验电压为出厂试验值的 80%，耐压时间为 60s，试验中如无破坏性放电发生，且耐压前后的绝缘电阻无明显变化，则认为耐压试验通过。

在升压和耐压过程中，如发现电压表指示变化很大，电流表指示急剧增加，调压器往上升方向调节，电流上升、电压基本不变甚至有下降趋势，被试品冒

烟、出气、焦臭、闪络、燃烧或发出击穿响声（或断续放电声），应立即停止升压，降压、停电后查明原因。这些现象如查明是绝缘部分出现的，则认为被试品交流耐压试验不合格。如确定被试品的表面闪络是由于空气湿度或表面脏污等所致，应将被试品清洁干燥处理后，再进行试验。

4. 超声波局放检测

（1）检测前提

罐式断路器存在内部放电可能时进行。

（2）检测方法

检测原理如图1-2-28所示。

（3）检测步骤

1）检查仪器完整性，按照仪器说明书连接检测仪器各部件，将检测仪器正确接地后开机。

2）开机后，运行检测软件，检查界面显示、模式切换是否正常稳定。

3）进行仪器自检，确认超声波传感器和检测通道工作正常。

4）若具备该功能，设置变电站名称、设备名称、检测位置并做好标注。

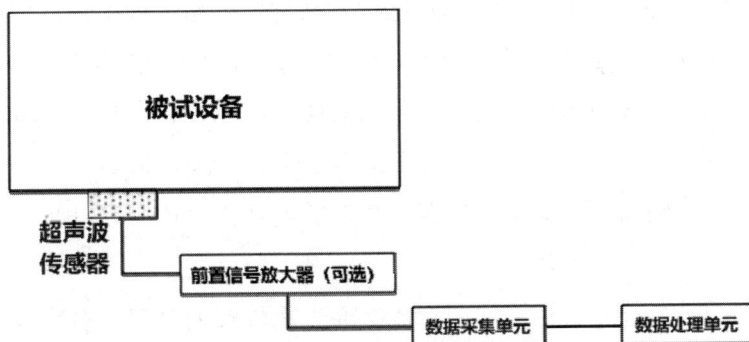

图1-2-28 超声波局部放电检测原理图

5）将检测仪器调至适当量程，传感器悬浮于空气中，测量空间背景噪声并记录，根据现场噪声水平设定信号检测阈值。

6）将检测点选取于断路器断口处、隔离开关、接地开关、电流互感器、电压互感器、避雷器、导体连接部件以及水平布置盆式绝缘子上方部位，检测前应将传感器贴合的壳体外表面擦拭干净，检测点间隔应小于检测仪器的有效检测范围，测量时测点应选取于气室侧下方。

7）在超声波传感器检测面均匀涂抹专用检测耦合剂，施加适当压力紧贴于壳体外表面以尽量减小信号衰减，检测时传感器应与被试壳体保持相对静止，对于高处设备，例如某些 GIS 母线气室，可用配套绝缘支撑杆支撑传感器紧贴壳体外表面进行检测，但须确保传感器与设备带电部位有足够的安全距离。

8）在显示界面观察检测到的信号，观察时间不低于 15s，如果发现信号有效值/峰值无异常，50Hz/100Hz 频率相关性较低，则保存数据，继续下一点检测。

9）如果发现信号异常，则在该气室进行多点检测，延长检测时间不少于 30s 并记录多组数据进行幅值对比和趋势分析，为准确进行相位相关性分析，可利用具有与运行设备相同相位关系的电源引出同步信号至检测仪器进行相位同步。也可用耳机监听异常信号的声音特性，根据声音特性的持续性、频率高低等进行初步判断，并通过按压可能震动的部件，初步排除干扰。

（4）检测标准及分析

检测结果应无无异常。

根据连续图谱、时域图谱、相位图谱和特征指数图谱判断测量信号是否具备 50Hz/100Hz 相关性。若是，说明可能存在局部放电，继续如下分析和处理：

a）同一类设备局部放电信号的横向对比，相似设备在相似环境下检测得到的局部放电信号，其测试幅值和测试图谱应比较相似，例如对同一 GIS 间隔 A、B、C 三相断路器气室同一位置的局部放电图谱对比，可以帮助判断是否有放电。

b）同一设备历史数据的纵向对比，通过在较长的时间内多次测量同一设备的局部放电信号，可以跟踪设备的绝缘状态劣化趋势，如果测量值有明显增大，或出现典型局部放电图谱，可判断此测试部位。

c）若检测到异常信号，可借助其他检测仪器（如特高频局部放电检测仪、示波器、频谱分析仪以及 SF_6 分解物检测分析仪），对异常信号进行综合分析，并判断放电的类型，根据不同的判据对被测设备进行危险性评估。在条件具备时，利用声声定位/声电定位等方法，根据不同布置位置传感器检测信号的强度变化规律和时延规律来确定缺陷部位，以 GIS 检测为例，一般先确定缺陷位于的气室，再精确定位到高压导体/壳体等部位。同时进行缺陷类型识别，可以根据超声波检测信号的 50Hz/100Hz 频率相关性、信号幅值水平以及信号的相位关系，进行缺陷类型识别。

5. SF_6 气体成分分析及纯度检测

（1）检测前提

怀疑 SF_6 气体质量存在问题或配合事故分析时。

（2）检测方法

检测方法包括三种：一是电化学法传感器检测法，二是气体检测管检测法，三是气相色谱检测法。三种方法的检测原理和试验步骤各不相同。

（3）电化学法传感器检测法

1）检测原理。

根据被测气体中的不同组分改变电化学传感器输出电信号，从而确定被测气体中的组分及其含量。现场检测连接图如图 1-2-29 所示。

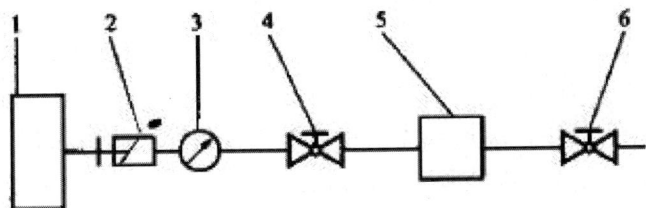

图 1-2-29　电化学法传感器检测连接图

1—待测电气设备；2—气路接口（连接设备与仪器）；3—压力表；4—仪器入口阀门；5—测试仪器；
6—仪器出口阀门（可选）

2）检测步骤。

a）仪器开机进行自检；

b）检测前，应检查测量仪器电量，若电量不足应及时充电，用高纯度 SF_6 气体冲洗检测仪器，直至仪器示值稳定在零点漂移值以下，对有软件置零功能的仪器进行清零；

c）用气体管路接口连接检测仪与设备，采用导入式取样方法测量 SF_6 气体分解产物的组分及其含量。检测用气体管路不宜超过 5m，保证接头匹配、

密封性好。不得发生气体泄漏现象;

d)检测仪气体出口应接试验尾气回收装置或气体收集袋,对测量尾气进行回收。若仪器本身带有回收功能,则启用其自带功能回收;

e)根据检测仪操作说明书调节气体流量进行检测,根据取样气体管路的长度,先用设备中的气体充分吹扫取样管路的气体。检测过程中应保持检测流量的稳定,并随时注意观察设备气体压力,防止气体压力异常下降;

f)根据检测仪操作说明书的要求判定检测结束时间,记录检测结果,重复检测两次;

g)检测过程中,若检测到 SO_2 或 H_2S 气体含量大于 $10\mu L/L$ 时,应在本次检测结束后立即用 SF_6 新气对检测仪进行吹扫,至仪器示值为零;

h)检测完毕后,关闭设备的取气阀门,恢复设备至检测前状态。

(4)气体检测管检测法

1)检测原理。

被测气体与检测管内填充的化学试剂发生反应生成特定的化合物,引起指示剂颜色变化,根据颜色变化指示长度得到备测气体所测组分的含量。

2)检测步骤。

气体采集装置检测方法:

a)用气体管路接口连接气体采集装置与设备取气阀门,按检测管使用说明书要求连接气体采集装置与气体检测管;

b)打开设备取气阀门,按照检测管使用说明书,通过气体采集装置调节气体流量,先冲洗气体管路约30s后开始检测,达到检测时间后,关闭设备阀门,取下检测管;

c)从检测管色柱所指示的刻度上,读取被测气体中所测组分指示刻度的最大值;

d)检测完毕后,恢复设备至检测前状态。用 SF_6 气体检漏仪进行检漏,如发生气体泄漏,应及时维护处理。

气体采样容器检测方法:

a)气体取样。

b)按照采样器使用说明书,将气体检测管与气体采样容器和采样器连接,按照检测管使用说明书要求对采样容器中的气体进行检测,达到检测时间后,取下检测管，关闭采样容器的出气口；

c）从检测管色柱所指示的刻度上，读取被测气体中所测组分指示刻度的最大值；

d）检测完毕后，恢复设备至检测前状态。用 SF_6 气体检漏仪进行检漏，如发生气体泄漏，应及时维护处理。

（5）气相色谱检测法

1）检测原理。

气相色谱是以惰性气体（载气）为流动相，以固体吸附剂或涂渍有固定液的固体载体为固定相的柱色谱分离技术，配合热导检测器（TCD），检测出被测气体中的 CF_4 含量。

2）检测步骤。

a）色谱仪标定。

采用外标法，在色谱仪工作条件下，用 CF_4 标准及分析气体进样标定。

b）检测前准备工作。

先打开载气阀门，接通主机电源，连接色谱仪主机与工作站。调节合适的载气流量，设置色谱仪工作参数（热导检测器温度和色谱柱温度等）。待温度稳定后，加桥流，观察色谱工作站显示基线，确定色谱仪性能处于稳定待用状态。

c）气体的定量采集。

将色谱仪六通阀置于取样位置，连接设备取气阀门与色谱仪取样口。按照色谱仪使用条件，打开设备阀门，控制流量，冲洗定量管及取样气体管路约 1min 后，关闭设备取气阀门。

d）检测分析。

在色谱仪稳定工作状态下，旋转六通阀至进样位置，直至工作站输出显示 CF_4 峰（记录 CF_4 峰面积或峰高），分析完毕，将六通阀转至取样位置；检测完毕后，恢复设备至检测前状态。用 SF_6 气体检漏仪进行检漏，如发生气体泄漏，应及时维护处理。

（6）检测标准及分析

$SO_2 \leqslant 1\mu L/L$

$H_2S \leqslant 1\mu L/L$

纯度 $\geqslant 99.5\%$

若检出 SO_2 或 H_2S 等杂质组分含量异常，应结合 CO、CF_4 含量及其他检测结果、设备电气特性、运行工况等进行综合分析。

（二）真空断路器诊断性试验

1. 灭弧室真空度测量

（1）检测前提

1）按设备技术文件要求需要测量时。

2）受家族缺陷警示需要测量时。

（2）检测方法

真空灭弧室内部气体压力检测推荐采用磁控法，将灭弧室两触头拉开一定的开距，施加脉冲高压，将励磁线圈绕于灭弧室外侧，向线圈通以大电流，从而在灭弧室内产生与高压同步的脉冲磁场，在脉冲磁场的作用下，灭弧室中的电子作螺旋运动，并与残余气体分子发生碰撞电离，所产生的离子电流与残余气体密度即真空度近似成比例关系。对于直径不同的灭弧室，在同等真空度条件下，离子电流的大小也不相同。通过实验可以标定出各种灭弧室的真空度与离子电流的对应关系曲线。当测知离子电流后，就可以通过查询离子电流—真空度曲线获得该灭弧室的真空度，其典型的检测接线图如图 1-2-30 所示。

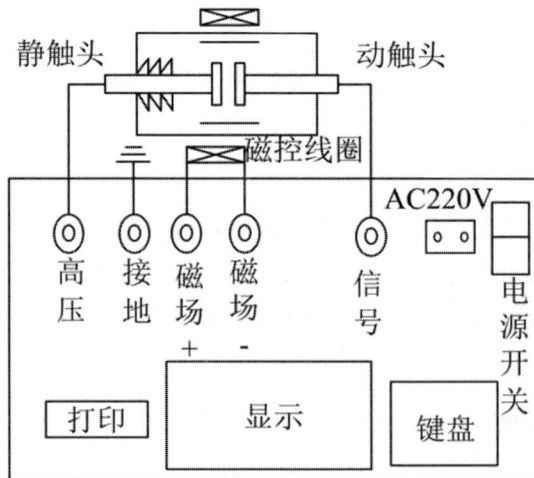

图 1-2-30　灭弧室真空度测量接线图

（3）检测步骤

1）将灭弧室内触头处于正常的断开状态，灭弧室两端有明显断开点；

2）若单独测试未进行组装的真空灭弧室，应将其置于绝缘良好的支撑架上，并采取措施使动静触头处于正常开距状态；

3）将仪器接地，再将磁控线圈通过磁场电流线连接仪器的磁场电压正、负端，将高压输出端用高压电缆连接到灭弧室的静触头上，将离子电流信号输入端通过离子电流线（屏蔽线）接至灭弧室的动触头上；

4）检查确认接线正确；

5）接线完毕后打开仪器电源，根据被试真空灭弧室的型号进行参数设置，然后进行真空度检测；

6）检测结束后，记录测试数据，关闭仪器电源，对检测回路放电后拆除检测接线。

（4）检测标准及分析

依据设备技术文件要求，判断检测结果是否合格。

灭弧室表面脏污可能引起泄漏电流值大于电离电流值，这样检测值减去泄漏电流值后小于零，仪器检测值显示为零。发生此种情况，应将灭弧室表面擦拭干净，再做测试。

2. 交流耐压试验

（1）试验前提

1）核心部件或主体进行解体性检修之后进行。

2）怀疑断路器本体绝缘性能不良时。

（2）试验方法

对于真空断路器，可采用外施工频耐压方法。

外施工频耐压方法接线如图 1-2-31 所示。

（3）试验步骤

1）被试品在耐压试验前，应先进行其他常规试验，合格后再进行耐压试验。被试品试验接线并检查确认接线正确。

2）接通试验电源，开始升压进行试验，升压过程中应密切监视高压回路，监听被试品有何异响。

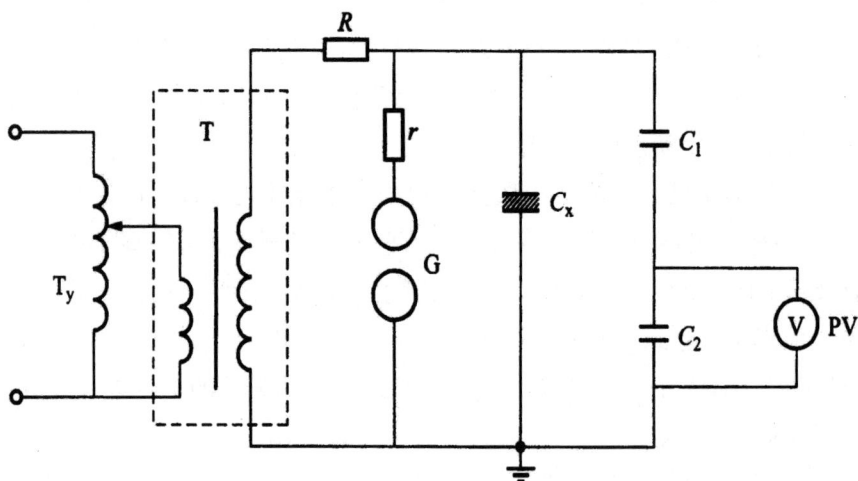

图 1-2-31　外施工频交流耐压试验原理接线图

T_y—调压器；T—试验变压器；R—限流电阻；r—球隙保护电阻；G—球间隙；
C_x—被试品电容；C_1、C_2—电容分压器高、低压臂；PV—电压表

3）升至试验电压，开始计时并读取试验电压。

4）计时结束，降压然后断开电源。并将被试设备放电并短路接地。

5）耐压试验结束后，进行被试品绝缘试验检查，判断耐压试验是否对试品绝缘造成破坏。

（4）试验标准及分析

在相对地（合闸状态）、断口间（分闸状态）和相间三种方式进行，试验电压为出厂试验值的 80%，耐压时间为 60s，试验中如无破坏性放电发生，且耐压前后的绝缘电阻无明显变化，则认为耐压试验通过。

在升压和耐压过程中，如发现电压表指示变化很大，电流表指示急剧增加，调压器往上升方向调节，电流上升、电压基本不变甚至有下降趋势，被试品冒烟、出气、焦臭、闪络、燃烧或发出击穿响声（或断续放电声），应立即停止升压，降压、停电后查明原因。这些现象如查明是绝缘部分出现的，则认为被试品交流耐压试验不合格。如确定被试品的表面闪络是由于空气湿度或表面脏污等所致，应将被试品清洁干燥处理后，再进行试验。

第四节　断路器典型故障及案例

一、±800kV 某某换流站 5623 交流开关三相不一致跳闸故障

（一）故障概述

2022 年 07 月 14 日 20 时 57 分，某某换流站 5623 交流滤波器开关在合闸后 2.5s 因三相不一致保护动作跳闸，故障未对直流系统造成影响。故障原因为 C 相合闸控制二次回路导线从接线鼻脱出，导致 C 相开关应合未合，三相不一致保护正确动作。重新制作接线鼻后，并对其他接线端子排查无误后，07 月 15 日 07 时 40 分，5623 交流滤波器恢复正常运行。

（二）故障检查

1. 后台检查

现场运维人员第一时间开展 OWS 后台报文检查，如表 1-2-5 所示。

表 1-2-5　　　　　　　　故障发生时序报文

时间	主/从	事件来源	事件描述	事件等级	状态
2022-07-14，20:56:10:368	主	自动功率控制	接收到调度下发自动功率调节点曲线	轻微	产生
2022-07-14，20:57:45:619	主	自动功率控制	计划曲线（复奉直流功率曲线）	正常	产生
2022-07-14，20:57:56:588	从	AFI22-CB1（5623）	控制回路 OK	正常	产生
2022-07-14，20:57:56:592	主	AFI22-CB1（5623）	三相不一致跳闸	紧急/故障	产生
2022-07-14，20:57:56:592	主	AFI22-CB1（5623）	控制回路 OK	紧急/故障	产生
2022-07-14，20:57:56:611	主	AFI22-CB1（5623）	三相不一致跳闸	紧急/故障	产生
2022-07-14，20:57:57:187	主	AFI22-CB1（5623）	同步单元报警	报警	产生
2022-07-14，20:57:57:192	主	AFI22-CB1（5623）	同步单元报警	报警	产生
2022-07-14，20:57:57:287	主	无功控制	以 U 或 Q 控制方式连接交流滤波器	正常	产生

续表

时间	主/从	事件来源	事件描述	事件等级	状态
2022 – 07 – 14, 20:57:57:497	主	无功控制	以 U 或 Q 控制方式 OFF 交 流滤波器	正常	产生
2022 – 07 – 14, 20:57:58:299	从	交流滤波器开关场	WA．Z2．Q3（5623）运行 故障	报警	产生
2022 – 07 – 14, 20:57:58:304	主	交流滤波器开关场	WA．Z2．Q3（5623）运行 故障	报警	产生
2022 – 07 – 14, 20:57:59:088	主	AFI22 – CB1（5623）	三相不一致复归	正常	产生
2022 – 07 – 14, 20:57:59:088	从	AFI22 – CB1（5623）	控制回路断线	报警	产生
2022 – 07 – 14, 20:57:59:104	从	交流滤波器开关 WA．Z2．Q3（5623）	分	正常	产生
2022 – 07 – 14, 20:57:59:106	从	交流滤波器开关 WA．Z2．Q3（5623）	分	正常	产生
2022 – 07 – 14, 20:57:59:107	主	AFI22 – CB1（5623）	三相不一致复归	正常	产生

2. 现场设备检查

检查 5623 开关本体外观无明显异常，三相弹簧储能、SF_6 压力均正常，三相均处于分位。

开关就地汇控箱内三相不一致动作指示灯常亮，其余无明显异常。

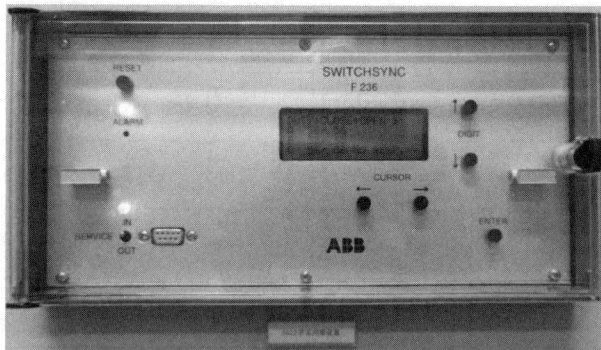

图 1 – 2 – 32　选相分合闸装置（5623 开关）

在 51 继电器室检查 AFI22 屏内设备，5623 对应的选相分合闸装置报警灯亮，报文显示 C 相"NO RESP"，表示没有采集到 C 相外部电流信号。

3. 保护动作分析

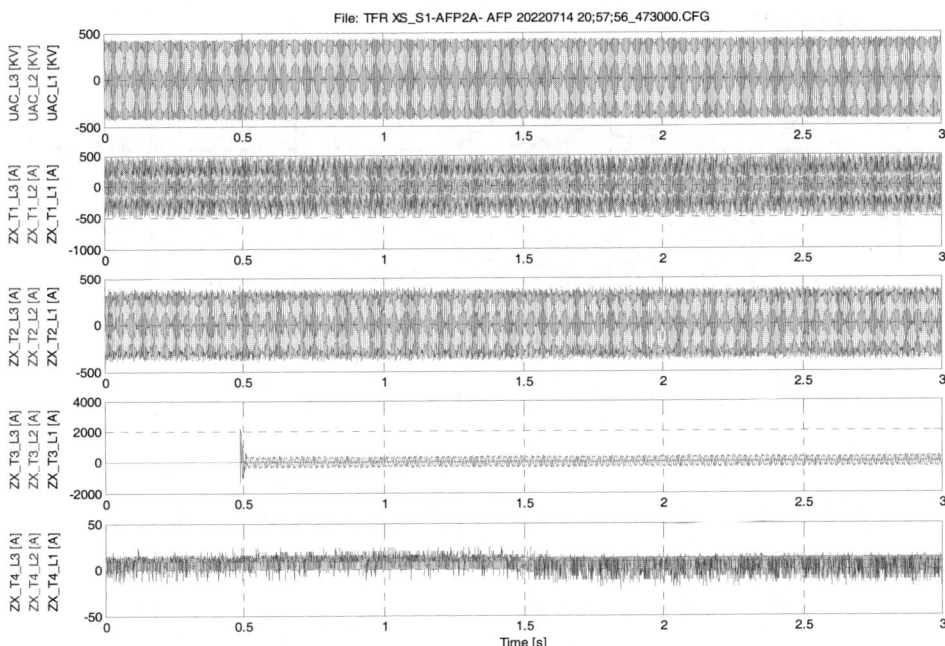

图 1-2-33 故障时刻录波波形

通过故障录波可以看出，5623 小组滤波器进线电流量（ZX_T3_L1/2/3），A、B 两相有电流，C 相无电流，说明 5623 开关 A、B 相合闸正常，C 相应合未合，2.5s 后三相不一致保护动作跳闸。

三相不一致保护动作原理：当开关三相分/合位不同步，延时 2.5s，三相不一致继电器动作跳开三相开关。结合电流波形和后台事件时序，确定三相不一致保护正确动作。

（三）故障处理

22 时 59 分，国调许可某某换流站 5623 交流滤波器开关三相不一致跳闸故障检查处理工作开工，现场开展检查处理。

5623 开关的合闸指令由 AFC2B 值班主机 H15.3 层 RS850E 板卡开出，F236 装置在收到该合闸指令后，经相位计算后，通过 3 副节点分别开出 A/B/C 相合闸指令到开关本体合闸线圈，开关合闸。

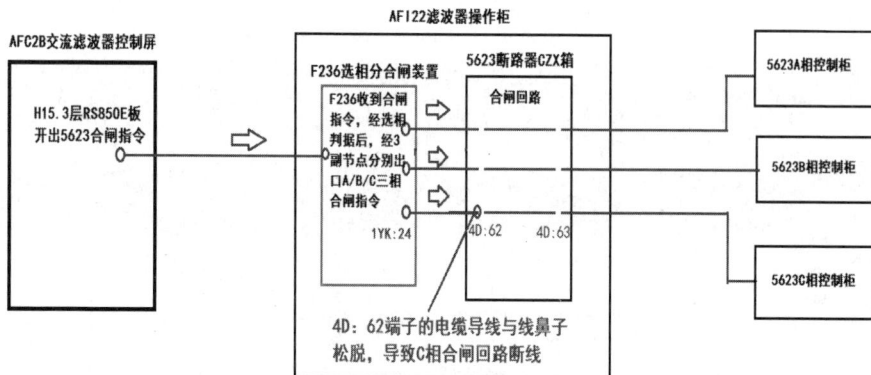

图 1-2-34 5623 开关合闸回路

　　试操作，5623C 相开关无法远方合闸，可就地合闸，排除因开关机构故障所致。在交流滤波器操作柜（AFI23）内对 5623 开关 C 相合闸回路逐段开展电位测量，发现正电电位在 4D：62 端子厂家配线侧中断。解开该芯线进一步排查发现，多股软铜线未完全抵进接线鼻子，接线鼻子压接不牢固，在导线槽盒的拉力下芯线从线鼻脱出明显，C 相合闸回路断开。

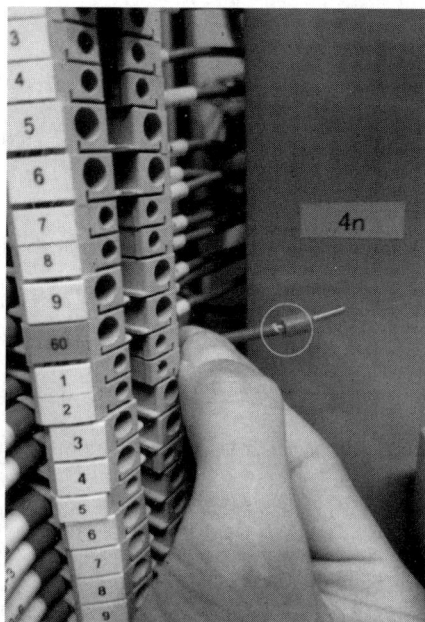

图 1-2-35 C 相合闸回路 4D：62 端子芯线

现场重新制作接线头，使铜线充分抵近接线鼻子并压接牢固。线头制作完毕后，恢复 4D：62 端子接线，再次模拟 5623 开关远方合闸，合闸命令正确执行，5623 三相合闸正常。

（四）故障原因分析

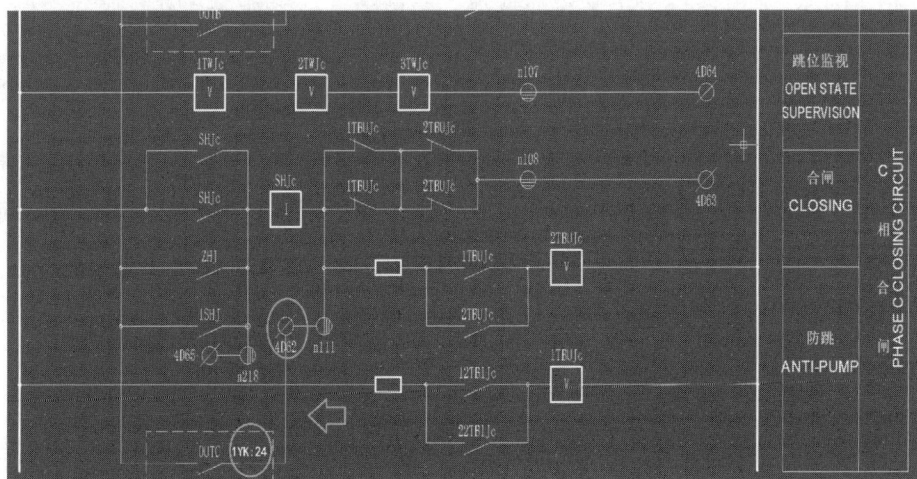

图 1-2-36　AFI22 操作柜内部接线图

AFI22 操作柜内 1YK：24 至 4D：62 的连接线，作为厂家内部配线，接线鼻子压接工艺不到位，铜线未完全抵进接线鼻子。某某换流站 2022 年年度检修后，5623 小组滤波器开关已正常分合 80 余次，因此判断该接线在屏柜槽盒内长期受力，铜线从接线鼻子处松脱，最终导致合闸回路断线。

（五）整改措施

（1）立即对其余开关分合闸回路接线鼻子进行外观排查，重点关注线鼻处有无铜线外露或其他外观异常现象。

（2）年度检修期间，重点针对开关分合闸回路接线鼻子、接线端子开展全面排查和整改。

二、某某站单元Ⅰ3603 断路器故障

（一）故障概述

2022 年 03 月 27 日 22 时 10 分 53 秒，某某站单元Ⅰ功率由 321MW 下降至 283MW 过程中，330kV 侧无功功率控制将 3603SC 并联电容器切除，3603

断路器 B、C 相分闸，A 相分闸失败；22 时 10 分 59 秒，3603SC 并联电容器保护双套零序过流保护 Ⅱ、Ⅲ 段动作跳闸，但 A 相仍无法分闸，失灵保护启动，因不满足复压闭锁条件，失灵保护未出口，母线未跳闸。

现场检查发现，3603 断路器 A 相机构箱内金属拉杆断裂，断路器无法分闸，因某某站直流单元 Ⅰ 为单母线接线，需停运直流系统进行故障隔离。向国调申请并将某某站直流单元 Ⅰ 停运后，23 时 27 分完成 3603 断路器故障隔离并转检修。28 日 01 时 45 分，某某站单元 Ⅰ 直流系统恢复运行。

结合断路器液压机构、三联箱等设备检查分析，现场对 3603 断路器 A 相灭弧室、绝缘支柱、液压机构等进行了更换，并完成常规时间及断路器耐压试验。31 日 02 时 30 分，完成现场传动及验收工作，3603 断路器具备投运条件。05 时 05 分，3603 断路器恢复正常运行。

（二）故障检查

1. 保护动作检查情况

22:10:53:610，后台 330kV 侧无功控制发出自动切除 3603SC 并联电容器指令，3603 断路器 B、C 相分闸，A 相分闸失败，6s 后，3603SC 并联电容器保护双套零序过流保护 Ⅱ、Ⅲ 段动作跳闸，A 相仍未分闸，失灵保护启动未出口。经装置检查与波形分析，双套保护装置均正确动作。

（1）零序保护动作分析

22:10:53:610，330kV 侧无功控制发出自动切除电容器 3603SC 指令后，3603 断路器 B、C 相分闸，A 相分闸失败，产生零序电流，电流值为 0.311A（见图 1－2－37），达到零序过流保护三段动作值（Ⅰ段定值：0.1A，Ⅱ段定值：0.16A，Ⅲ段定值：0.24A）。

1）6s 后，3603SC 并联电容器保护双套零序过流保护 Ⅱ、Ⅲ 段动作，保护装置跳闸出口，A 相仍未分闸（见图 1－2－38）。

2）10s 后，3603SC 并联电容器保护双套零序过流保护 Ⅰ 段报警。

（2）失灵保护动作分析

断路器失灵保护由保护装置提供的保护跳闸接点启动。若该支路电流满足定值（$I_N > 0.5A$ 或 $I_0 > 0.05A$ 或 $I_2 > 0.05A$）和复压闭锁逻辑（$U_N < 46V$ 或 $U_2 > 6V$ 或 $U_0 > 4V$），失灵保护出口动作。若任一支路失灵开入保持 10S 不返回，装置报"失灵长期启动"，同时将该支路失灵保护闭锁。

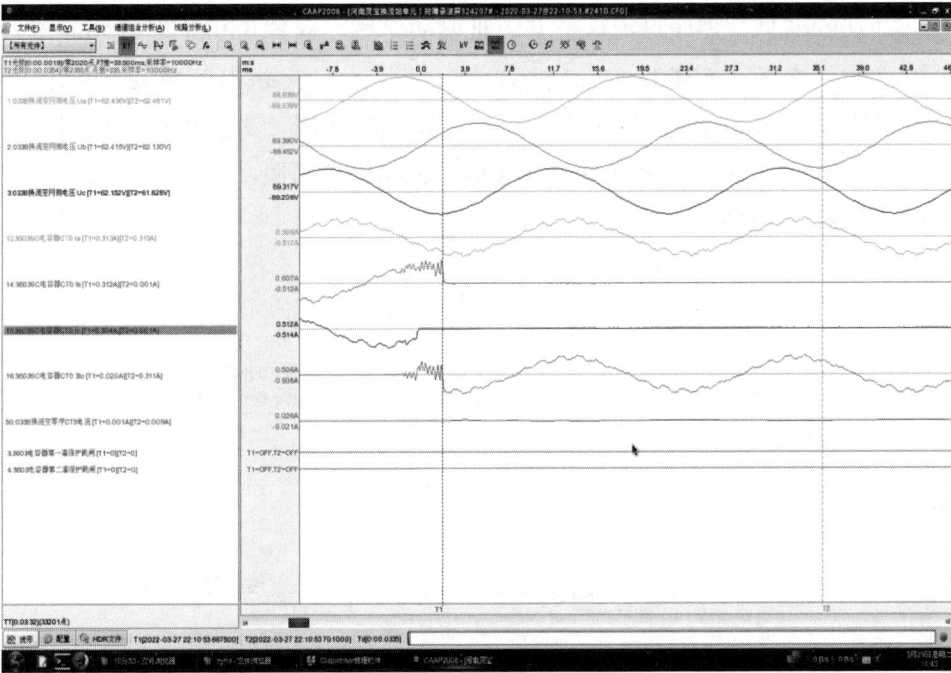

图 1-2-37　3603SC 切除时刻录波

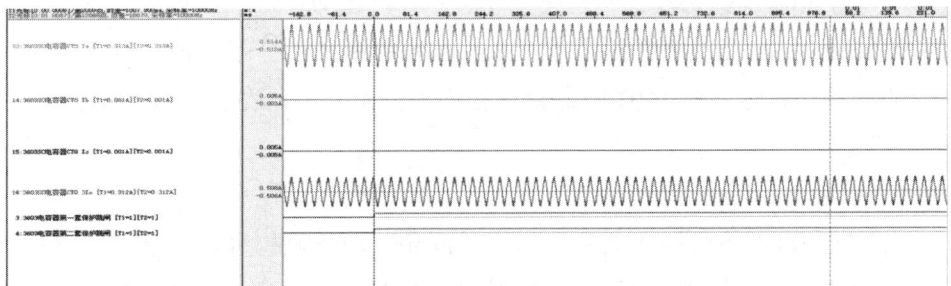

图 1-2-38　3603SC 电容器保护装置跳闸时刻录波

编号	定值名称	定值	备注
1	零序Ⅰ段定值	0.1A	CT:300/1
2	零序Ⅰ段延时	10S	
3	零序Ⅰ段跳闸控制字	2	报警
4	零序Ⅱ段定值	0.16A	CT:300/1
5	零序Ⅱ段延时	6S	
6	零序Ⅱ段跳闸控制字	75	跳闸
7	零序Ⅲ段定值	0.24A	CT:200/1
8	零序Ⅲ段延时	6S	
9	零序Ⅲ段跳闸控制字	75	跳闸

图 1-2-39　3603SC 零序过流保护定值

22:10:59:711，零序过流保护Ⅱ、Ⅲ段动作后，双套 330kV #1M 母差失灵保护启动，支路 7（3603）_三相启动失灵开入，支路电流满足失灵保护电流定值（I0＞0.05A），但不满足母线复压闭锁逻辑，失灵保护未出口（见图 1－2－40）。支路失灵开入保持 10s 后，失灵保护闭锁，支路 7（3603）_三相启动失灵开入复归。

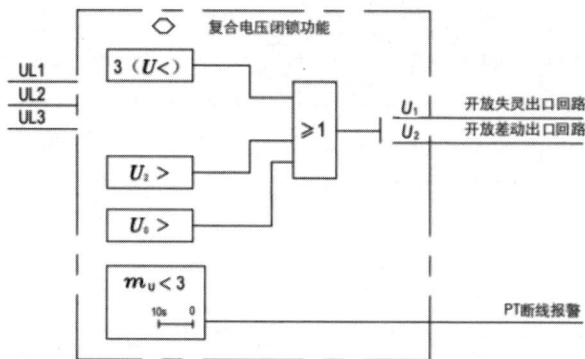

图 1－2－40　复压闭锁逻辑

（3）三相不一致分析

现场开关 A 相分闸失败，但下部机构连接座到达分闸位置，带动辅助开关接点转换，后台显示 3603 断路器三相均为分闸状态，故三相不一致未动作，逻辑正确。

2. 一次设备检查

分别对 3603 断路器 A 相灭弧室、三联箱、液压机构进行检查，发现三联箱内北侧灭弧室合闸指示不到位，机构箱内连接座受力变形，其他部位未见异常，具体检查情况如下：

（1）红外测温：断路器转检修前，对 3603 断路器进行精确红外测温，三相灭弧室温度均为 10.4℃，无异常发热点（见图 1－2－41）。

（2）SF_6 气体检查：断路器转检修后，对 3603 断路器 A 相灭弧室进行 SF_6 气体组分分析及微水试验，水分含量 52.26μL/L（标准：≤300μL/L），未发现 SO_2、H_2S 杂质气体（见图 1－2－42）。

（3）液压机构检查：检查发现连接座受力变形，套环与下法兰无法匹配，其他部位未见异常（见图 1－2－43）。

图 1-2-41　3603 断路器 A 相
红外谱图

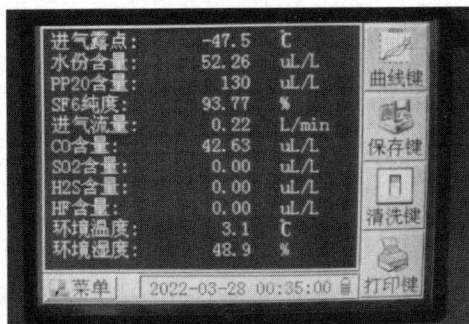

图 1-2-42　3603 断路器 A 相灭弧室 SF$_6$ 气体
试验数据

（4）灭弧室拆除及三联箱检查：SF$_6$ 回收后，完成 3603 断路器 A 相灭弧室拆除，打开灭弧室三联箱，手动操作灭弧室分合闸，其中三联箱拐臂、轴承动作流畅未见异常，两侧拐臂行程不一致（南侧高，北侧低，见图 1-2-44），北侧灭弧室行程较南侧短，初步判断北侧灭弧室内部卡涩，具体异常原因需待返厂解体检查。对灭弧室两侧并联电容进行介损及电容量测试，试验结果均满足要求。

图 1-2-43　3603 断路器 A 相连接座
受力变形

图 1-2-44　3603 断路器 A 相灭弧室
三联箱

（三）故障处理

结合现场检查情况，对 3603A 相断路器两侧灭弧室、绝缘支柱、连接座、工作缸及油箱进行更换。

（1）绝缘支柱拆除及更换：将拉杆故障的绝缘支柱拆除，完成新的绝缘支柱起吊、安装，支柱与机构箱顶部通过连接螺栓固定牢靠，进行力矩检查并划线标记，支柱下部充气接头与 SF_6 密度继电器气管连接。

（2）更换液压机构：因液压机构可能受到冲击力而造成损伤，现场使用备件对其进行了更换。

（3）灭弧室更换：使用备件对出现异常的三联箱两侧灭弧室进行更换并抽真空。

（4）SF_6 气体充装：检查确认新 SF_6 气体合格，将灭弧室 SF_6 气体压力应充装至 0.64MPa，三联箱压力与灭弧室相同。充装完毕后，进行静置并开展密封性检查。

（5）试验：

1）静置结束后，对 3603 断路器 A 相灭弧室进行 SF_6 气体微水试验，水分含量 63.4μL/L（标准：≤150μL/L），纯度 99.92%（标准：≥99.8%），均合格。

2）完成 3603 三相断路器机械特性测试及 A 相低电压动作、速度试验，结果合格。

3）完成 3602 断路器 A 相并联电容电容量及介损测量，灭弧室回路电阻试验，均满足试验要求。

4）开展 3603 断路器 A 相耐压试验，加压 408kV（出厂值的 80%），维持1min，电压无跌落，试验合格。

5）开展 3603 断路器 A 相静置 24h 后 SF_6 气体组分和微水试验，均合格。31 日 02 时 30 分，3603 断路器 A 相完成现场传动及相应验收工作，具备投运条件。05 时 05 分，3603 断路器转运行，通过图像监控系统检查 3603 断路器三相，均无异常。现场检查 3603 断路器操作机构、油压、SF_6 压力，均无异常，对开关灭弧室、断复引接头红外测温，结果均正常。目前，3603 断路器运行正常。

（四）故障原因分析

3603 断路器采用河南平高电气股份有限公司生产的 LW10B-363/3150-40 型三联箱双断口断路器。该断路器三联箱、连接座及支柱结构图如下。连接座由上法兰、滑环及下法兰组成，其中上法兰与支柱为一体连接断路器本体，滑环连接辅助开关拐臂，下法兰与工作缸连杆通过厌氧胶连接紧密，上下法兰通过螺栓固定，将机构箱的动力传递给断路器本体（见图 1-2-45～图 1-2-47）。

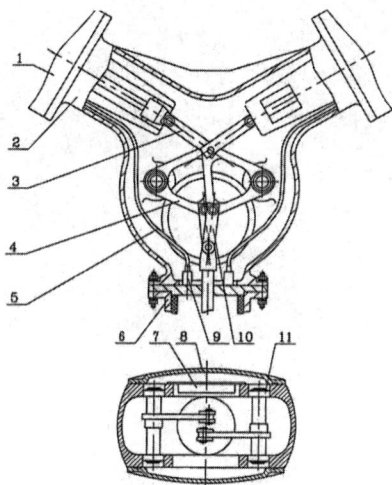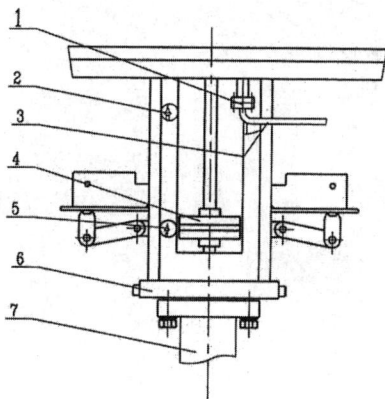

图1-2-45 3603断路器三联箱结构图

1—灭弧室；2—三联箱体；3—连板；4—拐臂；
5—充气管路；6—支柱；7—分子筛；8—手孔盖；
9—自动接头；10—连板；11—轴承

图1-2-46 3603断路器连接座结构图

1—自动充气接头；2—合闸指示牌；3—充气管路；4—上、
下法兰；5—分闸指示牌；6—联接座；7—工作缸

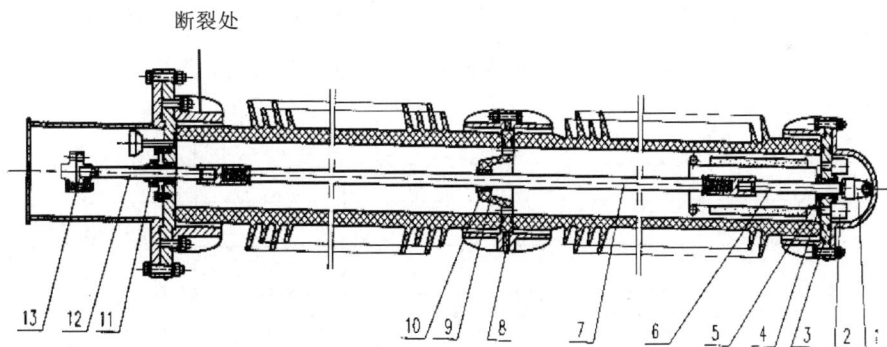

图1-2-47 3603断路器支柱结构图

1—接头；2—自动接头；3—连接法兰；4—密封圈；5—复合轴套；6—杆；7—绝缘拉杆；8—膈环；
9—导向量；10—导向套；11—密封座；12—拉杆；13—连接座；14—接头

连接座通过拐臂带动辅助开关动作，因3602断路器A相连接座到达分闸位置，辅助开关Q2的1-3、13-15、17-19接点闭合，后台显示A相分闸状态；辅助开关Q1的1-3、5-7接点断开，断路器跳闸回路断开，远方就地均无法操作分闸（见图1-2-48～图1-2-51）。

图 1-2-48　断路器连接座分闸位置　　　　图 1-2-49　断路器连接座合闸位置

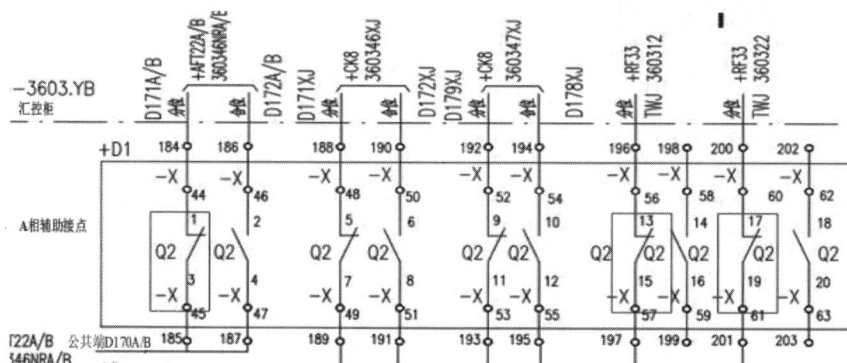

图 1-2-50　断路器分合闸状态上传回路图

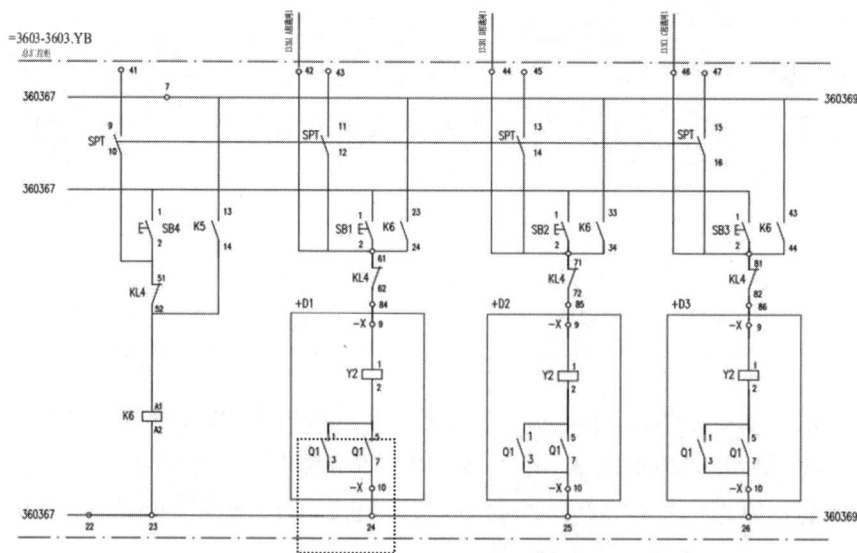

图 1-2-51　断路器操作机构跳闸回路图

分闸时，液压机构带动连接座，连接座带动拉杆向下运动，推动三联箱内下连板，通过拐臂转动带动上连板，再推动灭弧室的操作杆完成分闸。因拉杆断裂，液压机构动力无法传递给断路器本体，无法通过就地分闸线圈励磁使断路器分闸。

（五）整改措施

（1）现场已完成单元I断路器液压机构工作缸与金属拉杆连接部位排查，未发现异常。后续将加强差异化运维措施，加大滤波器投退波形检查、断路器打压次数统计及断路器液压机构缺陷分析力度，每周开展断路器专业巡视，并建立设备差异化检修台账，结合年度检修开展针对性检查及试验。

（2）积极与国调中心沟通，建议优化某某站直流功率调整策略，降低某某站直流单元Ⅰ功率调整幅度及频次，以减少交流滤波器投退次数。

（3）做好单元Ⅰ断路器换型改造前期准备并与国网直流技术中心保持积极沟通，推动改造工作落地实施。

三、某某换流站#63M 交流滤波器跳闸

（一）故障概述

2022 年 09 月 11 日 09 时 54 分，某某换流站 500kV 第一大组（#63M）交流滤波器保护 A/B 报"大组母线差动保护 C 相跳闸_启动、动作"，500kV 第一大组交流滤波器大组进线断路器 5152、5153 断路器三相跳开并锁定，小组断路器 5631、5632、5633、5634、5635 锁定，现场检查 5633 开关 C 相外观破损。

故障发生时，某某换流站双极四换流器全压大地回线方式运行，输送功率 4000MW。故障前站内无操作，500kV 第一大组交流滤波器#63M 小组滤波器均处于热备用状态，系统无异常告警，故障后 5633 开关报 SF$_6$ 低气压报警和低气压分闸闭锁信号。

5633 断路器生产厂家为北京 ABB 高压开关有限公司，设备型号为 HPL550B2，出厂日期为 2016 年 10 月，投运日期为 2017 年 10 月，上次检修日期为 2022 年 6 月 12 日，上次投入时间 9 月 5 日 09 时 22 分，退出时间 9 月 8 日 16 时 07 分。

（二）故障检查

1. 保护动作检查情况

检查故障时的保护 A 系统内置故障录波波形，如图 1-2-52 所示，09:54:41:898，5152、5153 开关 C 相产生故障电流，C 相母线电压突变为 0（对应 5633 断路器 C 相靠母线侧引线脱落接地），该时刻前，5152、5153 开关及 5633 小组 CT 电流均无故障电流（63M 热备用）。

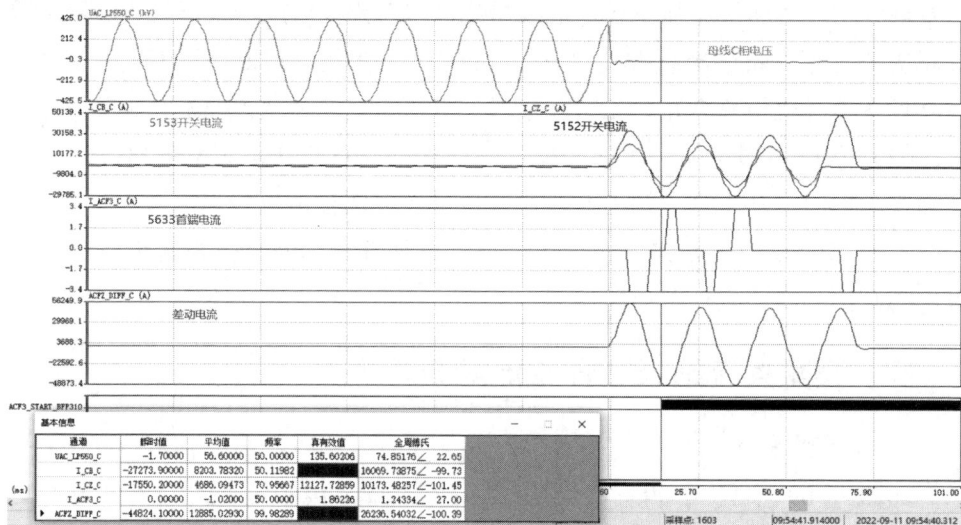

图 1-2-52　大组母线差动保护动作时内置故障录波波形

故障时，C 相制动电流取各个支路有效值约为 19343A，此时 C 相差动电流有效值为 31454A，满足保护动作条件，保护 B 系统内置录波波形大体相似，两套保护均正确动作。

2. 现场检查情况

（1）某某站 500kV 滤波器场 5633 开关 C 相故障前处于分闸状态，该间隔处于热备用状态，现场天气晴，无大风和降雨。现场检查 500kV 第 1 大组交流滤波器保护 A/B 系统装置检查无异常，5152、5153 断路器操作箱均显示三相跳开，开关分位。现场检查实际开关位置，5152、5153 开关均在分位。

（2）利用工业视频查看故障时刻前后 500kV 第 1 大组交流滤波器区域，发现 5633 断路器 C 相灭弧室突然出现白烟，断路器灭弧室发生爆炸（未发现弧光），碎裂瓷瓶向四周炸裂开；断路器静触头侧及引线掉落至隔离开关接地刀闸处发生接地，产生电弧，如图 1 − 2 − 53 所示。

断路器本体突然冒烟

断路器本体瓷套炸裂

断路器引线接地发生电弧

图 1 − 2 − 53　工业视频检查情况

（3）现场检查 5633 开关 C 相带电侧灭弧室、并联电容断裂，地面散落外

壳碎片（如图 1-2-54 和图 1-2-55 所示），最远的碎片距离故障断路器约
30m。

图 1-2-54 5633 断路器 C 相灭弧室、并联电容断裂

图 1-2-55 5633 断路器 C 相均压电容芯子散落

3. 5633 开关运行情况检查

5633 开关在 2022 年 6 月年度检修期间开展了例行检修试验，检查 5633 开关机械特性正常，SF_6 气体组分分析正常，并联均压电容介损试验正常，具体检修试验记录详见附件 1。

据统计，5633 开关投运至今累计动作 384 次，年度检修后 5633 开关共投切 15 次，5633 开关采用选相合闸方式，检查开关历次分合闸电压电流波形均正常。

5633 开关气室额定压力 0.85MPa，报警压力 0.77MPa，闭锁压力 0.75MPa。查看智能巡检记录，故障前 5633 开关气室表计压力为 0.85MPa（如图 1-2-56 所示），在线监测压力值稳定，故障后降低为 0.1MPa（如图 1-2-57 所示）。

（三）故障原因分析

结合开关运行情况及现场各部件检查情况，初步判断本次故障直接原因为 5633 开关 C 相灭弧室在热备用状态下突然炸裂，碎片造成均压电容瓷套损伤后断裂，同时静触头及连接导线不再受瓷瓶支撑而下坠，接触到本相接地开关发生放电。

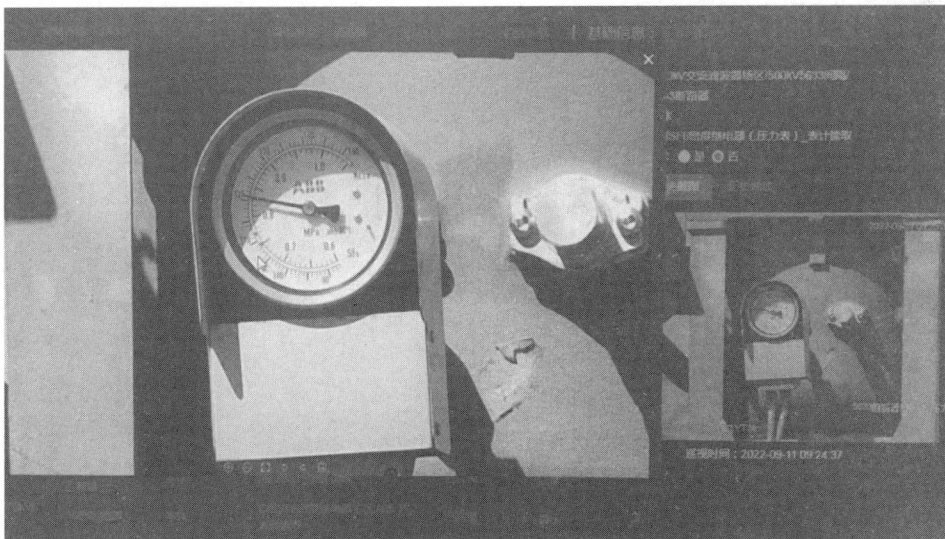

图 1-2-56　5633 开关故障前智能巡检结果

图 1-2-57 5633 开关气室压力在线监测结果

　　鉴于 5633 开关 C 相灭弧室炸裂前气压未见异常，炸裂时刻无明显弧光及电流，且灭弧室的动静主触头、动静弧触头及屏蔽罩没有异常烧蚀痕迹，保持完好，分析其炸裂原因可能为断路器瓷瓶自身存在缺陷，在长期运行和操作过程中受局部应力影响逐步劣化，最终无法承受压力造成炸裂，炸裂过程中灭弧室内气压下降、绝缘降低，局部瓷套因电位差出现爬电痕迹（瓷套厂家为抚顺高科），最终根本原因待故障开关返厂分析后进一步明确。

第二篇

直流断路器

第一章 理 论 知 识

第一节 概 述

为了故障的保护切除、运行方式的转换以及检修的隔离等目的，在换流站的直流侧和交流侧均装设了断路器装置。与交流断路器不同，换流站直流侧断路器所涉及的是直流电流的转换或遮断。在运换流站直流断路器操作机构大部分采用 ABB 公司的机械弹簧机构型式产品，部分换流站采用西安西电高压断路器、西门子、平高等厂家产品。

一、直流断路器分类

特高压换流站直流断路器主要包括中性母线断路器、中性母线接地断路器、金属回路转换断路器、大地回路转换断路器。在直流系统中，其主要技术性能体现在绝缘强度、开断转 换电流能力、环境耐受能力等方面。

（一）中性母线断路器（NBS）

NBS 安装于每一极的中性母线上，NBS 应满足开断在换流站极内和直流输电线上所发生的任何故障的直流电流。当单极计划停运时，换流阀闭锁，将该极直流电流降为零，NBS 在无电流情况下分闸，将该极设备与另外一极隔离。如果换流阀内部发生接地故障，NBS 应立即切断故障电流，但如果故障电流超过其额定开断能力，NBS 可能无法可靠分闸，导致故障持续。

（二）中性母线接地断路器（NBGS）

NBGS 安装于中性线和换流站接地网之间。当接地极线路断开时，利用 NBGS 的合闸来建立中性母线与大地的连接，以保持双极继续运行。NBGS 相对与其他直流断路器有一个显著的特点，当接地极线路故障时它必须能够迅速合闸，使中性线与站内接地极连接，从而确保中性线电压不会急剧增加，因此

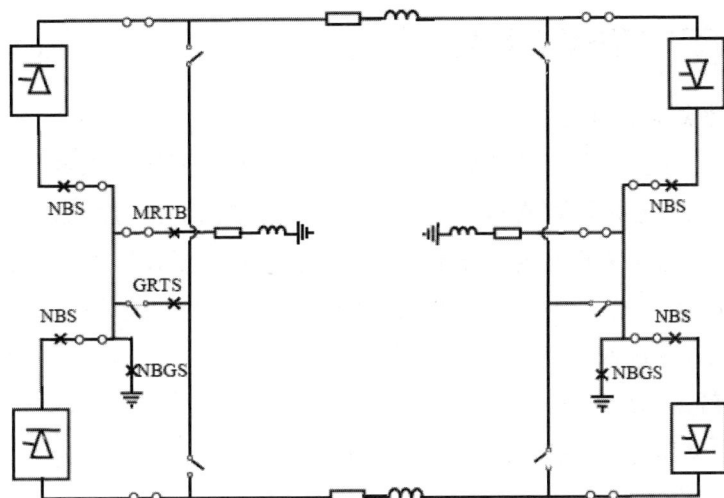

图 2-1-1　特高压换流站直流断路器布置图

NBGS 除了包含有一个带振荡回路的直流断路器外，还有一个高速隔刀（SF_6断路器）。正常运行时，高速隔刀处于断开位置，而带振荡回路的直流断路器位于合闸位置。一旦接地极线路故障，高速隔刀立即合闸。当故障消除后，带振荡回路的直流断路器拉开流入站内接地网的直流电流，振荡过程结束后，高速隔离断路器拉开，带振荡回路的直流断路器合闸。

（三）金属回路转换断路器（MRTB）

MRTB 安装于接地极线路回路上，其功能是实现直流运行电流从大地回路向金属回路转移，以保证转换过程中不中断直流功率输送。MRTB 需要一个反向的高压（100～150kV）用于换向过程，因此需要一个专门的转换回路（有源辅助回路）。

（四）大地回路转换断路器（GRTS）

GRTS 安装于接地极线与极线之间，用于在不停运的情况下，将直流电流从单极金属回线转换至单极大地回线，GRTS 与 MRTB 配合使用。

（五）换流器的旁路断路器（BPS）

BPS 安装于阀组旁，用于将阀组从运行方式隔离。通过 BPS 和相关隔离断路器的操作完成阀组的投退操作。根据投退策略，BPS 开断过程中直流电流的过零点由阀组产生的反向电流叠加生产，不需要外加振荡回路产生直流过零点。无特殊情况下，直流断路器的研究不包含旁路断路器。

二、直流断路器参数定义

（一）额定运行电压

额定运行电压是指直流断路器在规定的正常使用和性能条件下，能够连续运行的电压。直流转换断路器一般都位于直流系统的中性母线侧，额定运行电压都不高，因此转换断路器的额定运行电压由安装位置及绝缘配合等决定，一般在 6、10、20、25、35、50、100、160、200、320、400、500kV 电压等级电压等级中进行选取。

（二）额定运行电流

直流断路器的额定运行电流由直流工程的额定运行电流确定。

（三）绝缘水平

直流断路器绝缘水平及绝缘强度的考核指标包括额定短时耐受电压以及额定冲击耐受电压，常见电压等级的直流断路器的绝缘水平参考表 2-1-1 中数据。

表 2-1-1　　　　　　　　直流断路器额定绝缘水平

额定直流电压（kV）	直流耐受电压（kV）	额定冲击耐受电压（kV）	
		对地	断口间
10	15	145	145
25	38	250	250
50	75	450	450
100	150	450	450
		550	550
160	240	—	—
200	300	—	—
320	480	—	—
400	600	903	903
		1175	1175
500	750	1425	1425

（四）电流转换能力

直流断路器的转换电流是指经过分流后，在直流转换断路器分闸时刻，流经直流断路器的直流电流。一般选取直流系统带备用冷却连续过负荷电流为系统最大转换电流值。各直流转换断路器由于功能和所处位置不同，对其转换电流能力的要求也不同。

（1）金属回线转换断路器（MRTB）。MRTB 位于接地极引线电路中，将单极大地回线运行时的电流转换到单极金属回线中。在转换过程中，首先闭合 GRTS，当单极运行系统重新达到稳态时，断开 MRTB，也就是说，电流由接地极引线和极线两路分流状态转为只从极线流过的单路状态。

（2）大地回线转换断路器（GRTS）。GRTS 接在接地极引线和极线之间，将单极金属回线运行时的电流转换到单极大地回线运行回线。在转换过程中，先闭合 MRTB，当单极运行系统重新达到稳态时，断开 GRTS，也就是说，电流由接地极引线和极线两路分流状态转为只从接地极引线流过的单路状态。

（3）中性母线断路器（NBS）。双极运行方式下，发生单极换流器内部接地故障时，故障极在投入旁通对情况下闭锁。这时 NBS 的作用是将由正常运行极产生的、流经短路点和闭锁极的直流电流转换到接地极引线。

（4）中性母线接地断路器（NBGS）。使用 NBGS 的主要目的是防止双极停运闭锁以提高高压直流传输系统的可靠性。在接地极引线断开的情况下，不平衡电流将使得中性母线上的电压增加，NBGS 合闸为换流站提供临时接地，通过站内的接地系统重新连接到大地回线，这样就可以继续双极运行。当接地极引线可以重新使用时，NBGS 要能够将电流从站接地转换为接地极引线接地。

（五）操作顺序

直流断路器的额定操作顺序为：

（1）MRTB：分—t—合，$t<$电弧耐受能力。

（2）GRTS：分—t—合，$1<$电弧耐受能力。

（3）NBS：合—0.1s—分—t—合，$t<$电弧耐受能力。

（4）NBGS：分—t—合，$t<$电弧耐受能力。

开断最大直流电流时的电弧耐受能力按 150ms 考虑。

第二节　直流断路器原理

在高压直流输电系统中，某些运行方式的转换或故障的切除要采用直流断路器。MRTB、GRTS 等用于运行方式的转换，无需开断故障电流。而用于切除故障的直流断路器需要切断巨大的直流故障电流,直流电流的开断不像交流电流那样可以利用交流电流的过零点,因此开断直流电流需要通过叠加振荡电流方式创造过零点。按叠加振荡电流方式,可将直流断路器分为无源型和有源型两种,无源型直流断路器,适用于转换中等幅值的直流电流;而有源型直流断路器适用于转换较大幅值的直流电流。

无源型直流断路器的结构一般包括 1 台 SF_6 断路器、1 台电容器 C、有时还有 1 台电抗器 L(组成 LC 振荡电路)、1 台避雷器 R。其中,SF_6 断路器用于电路开断,在工程中一般用交流断路器代替;LC 振荡电路主要用于形成电流过零点;避雷器只用于吸收直流回路中储存的能量。无源型直流断路器的工作原理为:当 SF_6 断路器断口 S 触点分开时,电弧电压在 SF_6 断路器与 LC 支路构成的环路中激起振荡电流,当振荡电流反向峰值等于直流电流时,流过 SF_6 断路器的电流过零,电弧熄灭。当电弧熄灭后,流过 SF_6 断路器的直流电流被转移到 LC 支路中,并向电容器 C 充电,当充电电压达到避雷器 R 的动作电压后,回路中储存的能量通过避雷器 R 泄放。

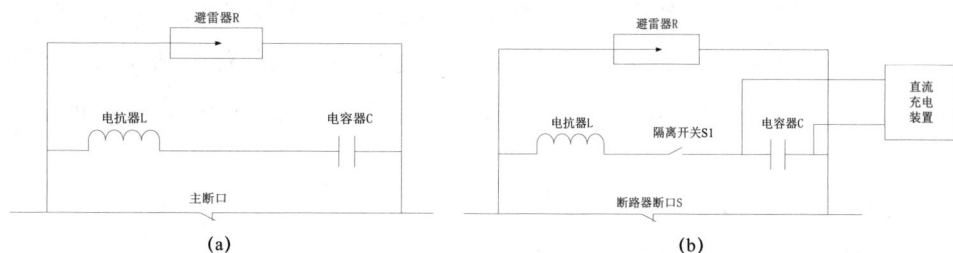

图 2-1-2 直流断路器工作原理图
(a)无源型;(b)有源型

有源型直流断路器与无源型断路器相比,增加了 1 台隔离断路器 S1 和 1 台直流充电装置 U_{dc},U_{dc} 主要用于断路器开断前向电容器 C 预充电。有源型直流断路器的工作原理为:断路器动作前,通过充电装置将电容器预充电到一定的电压。当 SF_6 断路器断口触点分开时,投入隔离断路器 S1,电容 C 通过电抗器 L 向 SF_6 断路器断口 S 电弧间隙放电,产生振荡电流叠加在断路器电弧电流上,形成强迫电流。当电流降为零后,电弧熄灭,随后直流回路中的能量通过避雷器 R 泄放,此后工作原理与无源型直流断路器相同。

根据这类断路器的工作原理可知,有源型直流断路器是通过充电电容的电压迫使流过断路器触头电流降为零，而无源型直流断路器是通过振荡回路形成的振荡电压使流过断路器触头电流降为零。

第三节　直流断路器结构

高压直流断路器由转换开关、转换电路和吸能器三部分组成，断路器分闸时，电流先从转换开关转到转换电路，然后转入吸能器，以耗散直流系统里的残余能量，最后才使得路断开。在特高压直流系统中，由于每一种直流断路器的转换电流大小不同，故其组成结构也有一定差异，下面对各种直流断路器进行具体介绍。

（1）MRTB：其转换电流较大，在转换过程中需要 100～150kV 的反向电压，因此需要一个特殊的有源辅助回路支持，一般采用有源型直流转换断路器。

MRTB（含有源辅助回路）组成：

1）两个用作转换开关的 SF_6 断口。

2）一组换向电容器。

3）一组非线性电阻。

4）两个绝缘平台，用于除断口外其他部件的安装。

（2）ERTB：结构和工作方式都与 MRTB 类似，但转换电流和转换中所需反向电压（小于 50kV）相对较低，故使用无源辅助回路。

ERTB 组成：

1）断路器（包括一个用作转换开关的 SF_6 断口）。

2）一个电抗器。

3）一组换向电容器。

4）一组非线性电阻。

5）一个绝缘平台，用于除断口外其他部件的安装。

（3）NBGS 和 NBS：由于通过直流系统的闭锁功能可以将其转换电流和转换过程中所需反向电压分别限制到 2500A 以下和 20～50kV 的范围内，所以其结构与 ERTB 类似，也使用无源辅助回路，但特殊的是，NBGS 需要在接地极开路且中性母线电压上升失控时迅速合闸，提供临时接地，所以其第一个断路器支路实际由一个转换断路器和一个高速隔离断路器串联组成。通常情况下转换断路器闭合而高速隔离断路器打开；在接地极开路故障时高速隔离断路器闭合；在故障清除后，操作顺序为转换断路器打开高速隔离断路器打开，最后转换断路器再闭合。

NBGS（含有源辅助回路）组成：

1）一个作为转换开关的 SF_6 断口。

2）一个作为高速隔刀的 SF_6 断口。

3）一个换向电容器。

4）一个非线性电阻。

5）一个绝缘平台，用于除断口外其他部件的安装。

NBS（含有源辅助回路）组成：

1）断路器（包括两个用作转换开关的 SF_6 断口，两个操动机构箱）。

2）一组换向电容器。

3）一组非线性电阻。

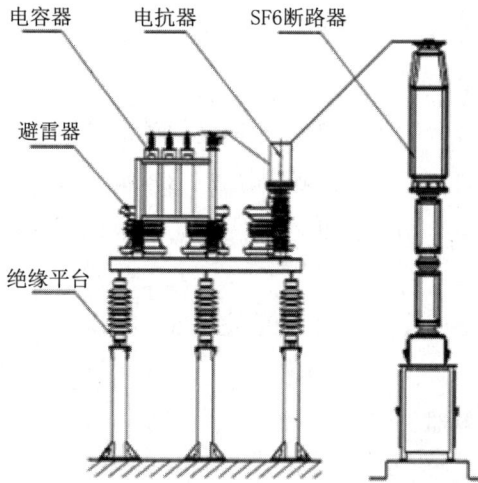

图 2-1-3　无源型直流断路器示意图

第二章 技 能 实 践

第一节 断路器运行维护

下面针对直流断路器不同结构分别在例行巡视、全面巡视、熄灯巡视、特殊巡视检查的项目及标准进行介绍。

一、例行巡视

1. 直流断路器本体

（1）直流断路器各部件无异常振动声响；

（2）各部件无渗漏油情况，机构箱应关严密封良好；

（3）机构箱外观无变形，金属件无锈蚀；

（4）构架和基础无松动、沉降；

（5）SF_6 压力正常，防雨罩完好；

（6）弹簧储能情况正常；

（7）机构箱内照明正常，加热器正常投退，温湿度控制器、接触器、继电器等二次器件无异常；

（8）分、合闸指示正确，与实际位置相符。

2. 振荡回路非线性电阻

（1）振荡回路非线性电阻无吹弧痕迹；

（2）引流线无松股、断股和弛度过紧及过松现象；接头无松动、发热或变色等现象；

（3）瓷套部分无裂纹、破损、无放电现象，防污闪涂层无破裂、起皱、鼓泡、脱落；硅橡胶复合绝缘外套伞裙无破损、变形；

（4）密封结构金属件和法兰盘无裂纹、锈蚀；

（5）压力释放装置封闭完好且无异物；

（6）设备基础完好、无塌陷；底座固定牢固、整体无倾斜；绝缘底座表面无破损、积污；

（7）接地引下线连接可靠，无锈蚀、断裂；

（8）运行时无异常声响；

（9）设备铭牌、设备标识牌应齐全清晰。

3．电容器

（1）设备铭牌标识齐全、清晰；

（2）母线及引线无过紧过松、散股、断股、无异物缠绕，各连接头无发热现象；

（3）无异常振动或响声；

（4）电容器壳体无变色、膨胀变形、渗漏油；

（5）设备的接地良好，接地引下线无锈蚀、断裂且标识完好；

（6）套管及支柱绝缘子完好，无破损裂纹及放电痕迹。

4．电抗器

（1）设备铭牌标识齐全、清晰；

（2）包封表面无裂纹、无爬电，无油漆脱落现象，防雨帽、防鸟罩完好，螺栓紧固；

（3）空心电抗器撑条无松动、位移、缺失等情况；

（4）引线无散股、断股、扭曲，松弛度适中；连接金具接触良好，无裂纹、发热变色、变形；

（5）瓷瓶无破损，金具完整；支柱绝缘子金属部位无锈蚀，支架牢固，无倾斜变形；

（6）运行中无过热，无异常声响、震动及放电声；

（7）电抗器本体及支架上无鸟窝、漂浮物等异物；

（8）设备基础构架无倾斜、下沉。

5．充电装置

（1）无异响；

（2）设备连接处无松动、过热。

二、全面巡视

全面巡视是在例行巡视基础上增加以下巡视项目：

（1）直流断路器动作计数器指示正常；

（2）液压、气动操动机构管道阀门位置正确；

（3）指示灯正常，远方/就地切换把手位置正确；

（4）空气开关位置正确，二次元件外观完好、标识、电缆标牌齐全清晰；

（5）端子排无锈蚀、裂纹、放电痕迹；二次接线无松动、脱落，绝缘无破损、老化现象；备用芯绝缘护套完备；电缆孔洞封堵完好；

（6）照明、加热驱潮装置工作正常。加热驱潮装置线缆的隔热护套完好，附近线缆无过热灼烧现象。加热驱潮装置投退正确；

（7）机构箱透气口滤网无破损，箱内清洁无异物，无凝露、积水现象；

（8）箱门开启灵活，关闭严密，密封条无脱落、老化现象；

（9）高寒地区应检查直流断路器本体、气动机构及其联接管路加热带工作正常。

三、熄灯巡视

（1）检查引线、接头有无放电、过热迹象；

（2）检查电容器套管、支柱绝缘子有无电晕、闪络、放电痕迹。

四、特殊巡视

设备新投入运行、设备变动、设备经过检修、改造或长期停运后重新投入运行后，应增加巡视频次。

第二节　直流断路器检修

一、检修前准备

1. 资料准备

检修前应收集拟检修直流转换开关的下列资料，对设备的安装情况、运行情况、故障情况、缺陷情况及转换开关近期的试验检测等方面进行详细、全面的调查分析，以判定转换开关的综合状况，为现场具体的检修方案和检修作业指导书的制定打好基础。资料准备应包括以下内容：

（1）使用说明书；

（2）图样；

（3）安装记录；

（4）运行记录；

（5）故障记录；

（6）缺陷记录；

（7）检测、试验记录；

（8）技改、反措、家族性缺陷信息；

（9）其他资料。

2. 检修方案的确定

通过对设备资料的分析、评估，制定出转换开关具体的检修方案。检修方案应包含组织措施、技术措施、安全措施及检修的具体内容、标准、工期、流程等。

3. 检修工器具、备件及材料准备

应根据被检修直流转换开关的检修方案及检修作业指导书，准备必要的检修工器具、试验仪器、备件及材料等。如：检修专用支架、起重设备、吸尘器、气体回收装置、储气罐、万用表、兆欧表、断路器机械特性测试仪、回路电阻测试仪等，还应按制造厂说明准备相应的辅助材料，如：导电硅脂、密封胶、砂布等。另外，还应准备专用工具，如：手力操作杆、专用拆装扳手、专用测速工具等。

4. 检修环境要求

（1）环境温度：应5℃以上；

（2）相对湿度：不低于80%；

（3）解体性检修应避免在风沙、雨雪天气条件下进行，并应采取防尘措施；

（4）重要部件分解检修工作尽量在检修间进行，必须在现场进行时，应考虑采取防雨、防尘保护措施；

（5）检修现场应有充足的施工电源和照明设施；

（6）检修现场应有足够宽敞的场地摆放工器具、设备和已拆部件。

5. 检修安全要求

常规检修安全要求如下：

（1）断开与相关的直流转换开关各类电源并确认无电压，储能机构充分释放能量；

（2）更换吸附剂时，应戴防毒面具和使用乳胶手套，避免直接接触皮肤；

（3）酒精、丙酮等挥发性易燃材料应密封存放在户内阴凉处，并做好标记；

（4）SF_6 气瓶禁止露天曝晒或在高温源附近存放，气瓶应竖直存放，充填 SF_6 气体时严禁用火直接烘烤 SF_6 气瓶。

6. 起重工作安全要求

起重工作安全要求如下：

（1）起重工作应分工明确，专人指挥，并有统一信号；

（2）吊装应按照产品技术文件规定进行，选用合适的吊装设备和正确的吊点，设置揽风绳控制方向，并设专人指挥；

（3）吊车、吊具，必须经检查合格后方可使用。吊车应布置在平稳、坚实的地面上，枕木选型和摆放规范，吊车在失稳的情况下，严禁起吊设备；

（4）起吊设备时，吊钩悬挂点应在设备指定吊点处，吊物未固定好，严禁抬钩。起吊设备离地面 5cm 时，检查各部无误方可起吊；

（5）起重工作区域内无关人员不得停留、行走，在伸臂及吊物下面，严禁任何人逗留；

（6）起吊的设备，不得在空中长时间停留。短时间停留，操作人员和指挥者不得离开工作岗位；

（7）设备对接面靠近时，禁止人员或身体部位在其间，防止挤伤。

7. SF_6 气体回收、抽真空及充气安全要求

SF_6 气体回收、抽真空及充气的安全要求如下：

（1）将 SF_6 气体组合阀抽真空（充气或回收）接头、SF_6 气体抽真空装置上接头以及抽真空用 SF_6 气体管路两端接头清理干净；

（2）SF_6 气瓶应放置在阴凉干燥、通风良好、敞开的专门场所，直立保存，并应远离热源和油污，防潮、防暴晒，并不得有水分或油污粘在阀门上，搬运

时，应轻装轻卸；

（3）拧开、取下 SF_6 气瓶气口保护盖，旋开气瓶阀门，排出少量 SF_6 气体，以吹净气瓶排气口附近的杂质及空气，随即关闭气瓶阀门；

（4）充气之前检查气瓶内 SF_6 气体微水含量满足要求；

（5）SF_6 气瓶要求直立充气，充气前、后注意检查阀门的常开常闭状态符合技术要求；

（6）设备内的 SF_6 气体不准向大气排放，应采取净化装置回收，经处理检测合格后方可再使用。回收时作业人员应站在上风侧。设备抽真空后，用高纯度氮气冲洗 3 次［压力为 $9.8 \times 10^4 Pa$（1 个大气压）］。将清出的吸附剂、金属粉末等废物放入 20%氢氧化钠水溶液中浸泡 12h 后深埋；

（7）产品充气使用带有减压阀的充气管备件，SF_6 充气压力在 SF_6 额定压力与 SF_6 气瓶最高充气压力之间。开始充气时，要缓慢地打开 SF_6 气瓶阀门，以使 SF_6 气体低速流过，防止初速度过快，导致 SF_6 气瓶阀口冰结堵塞；

（8）产品未充入 SF_6 气体之前不允许操作机构，需要操作断路器时，只能进行慢分慢合操作。

二、检修关键工艺质量控制要求

1. 断路器本体更换

（1）检修所需装备

断路器本体更换需准备装备：

a）特种作业车辆：吊车、高空作业车；

b）大型机具：SF_6 气体回收设备、SF_6 气体抽真空设备等；

c）检修工器具：各尺寸开口扳手，12、18 寸活动扳手、L 型内六方扳手、弯涨钳、40～300N·m 可调力矩扳手、吊带（绳）等；

d）材料：工业酒精、百洁布、工业洁净纸、防水胶、低温 2 号润滑脂等；

e）仪器仪表：机械特性测试仪、回路电阻测试仪、SF_6 气体检漏仪、SF_6 气体微水测量仪、绝缘电阻测试仪、万用表等。

（2）断路器更换流程

断路器本体更换主要流程：

a）回收断路器本体内 SF_6 气体至 0MPa 以下；

　　b）断路器处于合闸位置，打开灭弧室躯壳吸附剂盖板。用涨钳拆除插入在躯壳内转动拐臂上连接板与绝缘拉杆的连接轴销上的轴用弹性挡圈，退出并取下连接轴销；

　　c）用吊车吊住灭弧室躯壳两侧瓷套根部，拆处灭弧室躯壳下法兰与支柱法兰连接的螺栓、螺母、垫圈，拆除断路器灭弧室，用吊车吊放在运输底架上；

　　d）拆除操作机构内直动密封杆与操作机构接头连接部件；

　　e）用吊车吊住支柱，拆除支柱法兰与支架连接螺栓，将支柱吊放在运输底架上；

　　f）用吊车吊住备件（新的）支柱，装在支架上，并用螺栓进行紧固；

　　g）用吊车吊住备件断路器灭弧室瓷套根部并吊起，清理灭弧室躯壳下端法兰密封环面和支柱上端法兰密封槽面；

　　h）在支柱上法兰密封槽及大气侧法兰面涂抹密封胶，密封槽内装入新的 O 型密封圈，将灭弧室躯壳法兰与支柱法兰用螺栓进行连接、紧固；

　　i）将轴销插入躯壳内连接板孔与绝缘拉杆孔，在轴销端部用涨钳装上新的轴用挡圈；

　　j）清理吸附剂盖板和躯壳法兰面，更换新的吸附剂，在吸附剂盖板密封槽及大气侧板面涂抹密封胶，密封槽内装入新的 O 形密封圈，将吸附剂盖板与躯壳侧面法兰用螺栓进行连接、紧固；

　　k）用轴销连接机构内直动密封杆与液压机构接头。

（3）关键工艺质量控制

断路器本体更换关键工艺质量控制：

　　a）采取防尘、防雨、防潮、防风等措施；

　　b）外绝缘清洁、无破损，绝缘子与金属法兰浇注面防水胶层完好，法兰排水孔畅通；

　　c）在更换过程中注意对零部件、法兰密封槽环面的保护和清理整洁；

　　d）在更换过程中注意更换新的 O 型圈、轴用挡圈、吸附剂等；

　　e）充入合格的 SF_6 气体。

（4）需开展试验项目

断路器本体更换需开展试验项目如下。检测及分析方法按照 GB 50150 及厂家技术文件要求。

a）灭弧室主回路行程、接触行程测量；

b）主回路电阻测量；

c）断路器机械特性试验（时间、速度测量）；

d）SF_6微水检测；

e）SF_6密封性试验；

f）线圈电阻测量；

g）防慢分试验（如需）；

h）绝缘电阻测量。

2. 断路器液压弹簧操动机构更换

（1）检修所需装备

液压弹簧操动机构更换需准备装备：

a）特种作业车辆：液压叉车、吊车；

b）常用检修工器具：各尺寸开口扳手，12、18寸活动扳手、L型内六方扳手、弯涨钳、40～200N·m可调力矩扳手等；

c）材料：工业酒精、百洁布、工业洁净纸、防水胶、低温2号润滑脂等；

d）仪器仪表：机械特性测试仪、万用表、SF_6气体检漏仪等。

（2）液压弹簧操动机构更换流程

液压弹簧操动机构主要更换流程：

a）拆开液压机构罩，拔出液压机构防慢分弹簧插销，手动操作液压机构泄压手柄，使液压机构碟簧处于释能状态；

b）拆开液压机构侧插接件处的槽盒，拔出二次电缆与机构连接处插接件；

c）安装前应核对新液压机构型号及技术参数满足设计要求，检查外观完好、无脏污，检查储能时间、储能时间继电器设置时间符合厂家技术规范，并做记录，检查使用说明书、出厂试验报告、产品合格证、装配图纸等技术文件完整；

d）用叉车插入并垫在液压机构底部平面；

e）拆除本体和机构连接销子及挡圈；

f）拆除机构和安装支架连接处螺栓、螺母及垫圈，完成旧机构拆除；

g）用叉车插入并垫在新液压机构底部平面，安装新机构；

h）安装机构和支架连接处螺栓、螺母及垫圈；

i）安装本体和机构连接销子及挡圈；

j）安装液压机构侧插接件处的槽盒，拔出二次电缆与机构连接处插接件。

（3）关键工艺质量控制

液压弹簧操动机构更换关键工艺质量控制：

a）手动拔出液压机构防慢分弹簧插销；

b）机构处于分闸位置时，缓慢扳动泄压手柄，使机构泄压为零；

c）各二次回路连接正确，绝缘值符合相关技术标准；

d）更换新的轴用挡圈（如有）；

e）核对并记录启停泵、重合闸闭锁、合闸闭锁、分闸闭锁、零压闭锁等压力值（行程）数据，数据符合产品技术规定；

f）在运行前插入液压机构防慢分弹簧插销。

（4）需开展试验项目

液压弹簧操动机构更换需开展试验项目如下。检测及分析方法按照厂家技术规范要求。

a）灭弧室主回路行程、接触行程测量；

b）断路器机械特性试验（时间、速度测量）；

c）分、合闸线圈电阻测量；

d）防慢分试验；

e）动作电压测量；

f）二次配线绝缘测量；

g）SF_6 气体泄漏检查（必要时）；

h）液压机构分别在分、合闸状态下的保压试验。

3．断路器弹簧操动机构更换

（1）检修所需装备

弹簧操动机构更换需准备装备：

a）特种作业车辆：吊车、高空作业车；

b）常用检修工器具：梅花扳手、10～150N·m、10～300N·m可调力矩扳手、吊绳、吊带、套筒等；

c）材料：工业酒精、百洁布、工业洁净纸、防水胶、低温2号润滑脂等；

d）仪器仪表：机械特性测试仪、绝缘电阻测试仪、万用表、SF_6 气体检漏仪等。

（2）弹簧操动机构更换流程

弹簧操动机构更换主要流程：

a）安装前应核对新弹簧机构型号及技术参数满足设计要求，检查外观完好、无脏污，检查弹簧储能时间、储能时间继电器设置时间符合厂家技术规范，并做记录，检查使用说明书、出厂试验报告、产品合格证、装配图纸等技术文件完整；

b）检查操作机构合闸弹簧无储能，断路器处在分闸位置；

c）回收断路器内部 SF_6 气体至 0.125MPa（必要时）；

d）打开传动气室盖板，松开机构与断路器拉杆固定螺母，拆除拉杆；

e）利用运输件将断路器顶置适当状态；

f）解开操作机构二次线缆，并做好防护措施；

g）按厂家规定正确吊装机构，设置揽风绳控制方向，并设专人指挥；

h）吊带可靠绑固机构箱的吊耳上，并与吊钩可靠连接，提升吊钩使吊带适当绷紧；

i）拆卸固定螺栓，将机构吊下，包装旧机构；

j）吊带可靠绑固新机构箱的吊耳上，并与吊钩可靠连接，将新弹簧操作机构吊至安装位置；

k）安装操作机构固定螺栓，连接机构箱与支架，按照力矩要求紧固螺栓；

l）更换波形垫，连接断路器与机构之间拉杆；

m）调整拉杆确保对中，紧固拉杆固定螺母，将断路器恢复至分闸位置，重新安装操作机构的外部二次线缆；

n）检查安装后的机构，内部元件无损坏，外观无异常，开关重新充气至额定压力。

（3）关键工艺质量控制

弹簧操动机构更换关键工艺质量控制：

a）断口在分闸位置，以直径 6mm 的杆检查拐臂的校正孔和机构相的预留孔，两孔应对齐；

b）接拉杆应旋过耦合连接件和拉杆上的检查孔；

c）各电气插头插接牢固、不松动；

d）操动机构的零部件应齐全，各转动部分应涂以适合当地气候条件的润滑脂；

e）各部分螺栓牢固、不松动。

（4）需开展试验项目

弹簧操动机构更换需开展试验项目如下，检测及分析方法按照厂家技术规范要求。

a）灭弧室主回路行程测量；

b）断路器机械特性试验（时间、速度测量）；

c）分、合闸线圈电阻测量；

d）动作电压测量；

e）二次配线绝缘测量；

f）SF_6 气体泄漏检查（必要时）。

4. SF_6 密度继电器更换

（1）检修所需装备

SF_6 密度继电器更换需准备装备：

a）特种作业车辆：无；

b）常用检修工器具：活动扳手、螺丝刀等；

c）材料：工业酒精、百洁布、密封圈、密封袋、硅脂、无毛纸、SF_6 气瓶（必要时）等；

d）仪器仪表：SF_6 气体检漏仪等。

（2）SF_6 密度继电器更换流程

SF_6 密度继电器更换主要流程：

a）工作前确认 SF_6 密度继电器与本体之间的阀门已关闭，并断开二次回路电源；

b）SF_6 密度继电器应校检合格，报警、闭锁功能正常，并且外观完好，无破损、漏油等，防雨罩完好，安装牢固；

c）拆除密度继电器二次接线，记录此时表计读数；

d）将原三通阀关闭，拆卸连接原三通阀上的密度继电器；

e）安装新的密度继电器，将密度继电器与组合阀装配并拧紧；

f）将三通阀缓慢打开，使表计通气，观察表计是否显示拆表前的读数；

g）将表计的新二次线缆与表计连接；

h）用密封袋包裹密度继电器以及三通阀，包扎 24h；

i）对更换后的 SF_6 密度继电器及所有连接部位检漏；

j）恢复 SF_6 密度继电器二次接线，核对 OWS 信号。

（3）关键工艺质量控制

SF_6 密度继电器更换关键工艺质量控制：

a）拆卸原密度继电器前应确认表计二次线已断开，必要时退出保护，避免误报警；

b）拆卸原密度继电器前确认三通阀处于关闭状态，避免漏气；

c）更换密度继电器前必须更换密封圈，并用无毛纸清洁密封位置，用硅脂涂抹新的密封圈，放入表计和三通阀连接处；

d）确认更换表计后，密度表读数无偏差。

（4）需开展试验项目

SF_6 密度继电器更换需开展试验项目如下。检测及分析方法参照 GB 50150。

a）测试新更换 SF_6 密度继电器通信；

b）密封性试验。

5. 振荡回路电抗器更换（如有）

（1）检修所需装备

振荡回路电抗器更换需准备装备：

a）特种作业车辆：吊车、高空作业车；

b）常用检修工器具：扳手、力矩扳手、吊绳、吊带等；

c）材料：百洁布、导电膏、砂纸等；

d）仪器仪表：直流电阻测试仪、电容电感测试仪、万用表等。

（2）振荡回路电抗器更换流程

振荡回路电抗器更换主要流程：

a）安装前应核对新电抗器型号及技术参数满足设计要求，使用说明书、出厂试验报告、产品合格证、装配图纸等技术文件完整，检查外观完好、无脏污；

b）拆开电抗器端子连接线，断开电抗器与支撑体系连接螺栓；

c）将电抗器线圈吊下放置到地面；

d）将支撑绝缘子底部螺栓松开，支撑绝缘子吊到地面；

e）新绝缘子更换后预紧螺栓，将新电抗器线圈安装到支撑绝缘子上；

f）将全部螺栓紧固，连接电抗器进出线端子。

（3）关键工艺质量控制

振荡回路电抗器更换关键工艺质量控制：

a）电抗器上下汇流架无松动，引出线无损伤，焊头部位接触良好；

b）电抗器接线端子与金具接触良好；

c）电抗器各部位螺栓无松动；

d）绕组顶端及通风道无异物；

e）接地线无异常。

（4）需开展试验项目

振荡回路电抗器更换需开展试验项目如下。检测及分析方法参照 GB 50150。

a）直流电阻测量；

b）电感测量。

6. 振荡回路单支电容器更换

（1）检修所需装备

振荡回路单只电容器更换需准备装备：

a）特种作业车辆：吊车、高空作业车；

b）常用检修工器具：扳手、力矩扳手、吊绳、吊带等；

c）材料：百洁布、导电膏、砂纸等；

d）仪器仪表：电容电感测试仪、绝缘电阻表、万用表等。

（2）振荡回路电容器更换流程

振荡回路单只电容器更换主要流程：

a）对电容器逐个多次充分放电；

b）检测新更换电容器电容量，按照厂家规定程序拆除电容器端子连接线及支撑框架连接螺栓；

c）电容器吊装应按厂家规定正确吊装，必要时使用揽风绳控制方向，并设专人指挥；

d）电容器就位后预紧螺栓，连接新电容器进出线端子，用力矩扳手将全部螺栓紧固；

e）对电容器组进行电容量复测。

（3）关键工艺质量控制

振荡回路单只电容器更换关键工艺质量控制：

a）瓷套管表面应清洁，无裂纹、破损和闪络放电痕迹；

b）芯棒应无弯曲和滑扣，铜螺丝螺母垫圈应齐全；

c）无变形、无锈蚀、无裂缝、无渗油；

d）铭牌、编号在通道侧，顺序符合设计要求；

e）各导电接触面符合要求，安装紧固有防松措施；

f）外壳接地端子可靠接地。凡不与地绝缘的每个电器的外壳及电容器构架均应接地，凡与地绝缘的电容器的外壳均应接到固定的电位上；

g）引线与端子间连接应使用专用压线夹，电容器之间的连接线应采用软连接。

（4）需开展试验项目

振荡回路单只电容器更换需开展试验项目如下。检测及分析方法参照GB/T 34865。

a）电容量检测试验；

b）绝缘电阻试验。

7. 振荡回路非线性电阻更换

（1）检修所需装备

振荡回路非线性电阻更换需准备装备：

a）特种作业车辆：吊车、高空作业车；

b）常用检修工器具：扳手、力矩扳手、吊绳、吊带等；

c）材料：百洁布、导电膏、砂纸等；

d）仪器仪表：直流高压发生器、绝缘电阻表、万用表等。

（2）振荡回路非线性电阻更换流程

振荡回路非线性电阻更换主要流程：

a）安装前应核对新非线性电阻型号及技术参数满足设计要求，使用说明书、出厂试验报告、产品合格证、装配图纸等技术文件完整，检查外观完好、无脏污；

b）将原非线性电阻固定螺栓拆解，拆卸非线性电阻元件；

c）非线性电阻吊装应按厂家技术规定要求，必要时使用揽风绳控制方向，并设专人指挥；

d）将原非线性电阻正立放置，不得倒放、斜放或倒运；

e）新非线性电阻就位后预紧螺栓，连接接线端，紧固螺栓。

（3）关键工艺质量控制

振荡回路非线性电阻更换关键工艺质量控制：

a）拆除前应先将被拆除部分可靠固定，避免引流线滑出；

b）非线性电阻表面无磕碰，安装过程中瓷套法兰粘合处不应受力；

c）非线性电阻在更换中不允许拆开、破坏密封；

d）检查非线性电阻器各单元编号，禁止不同组单元混装；

e）非线性电阻在安装时垂直度应符合制造厂的规定，其缝隙均匀涂覆防水胶；

f）非线性电阻连接引线不应使端子受到超过允许负荷的外加应力；

g）非线性电阻接线端连接紧固，检查非线性电阻各单元并联接线及螺栓紧固情况，各固定螺栓应连接紧固，更换或重新紧固后的螺栓应标识，螺栓材质及紧固力矩应符合技术标准。

（4）需开展试验项目

振荡回路非线性电阻更换需开展试验项目如下。检测及分析方法参照 GB 50150。

a）直流参考电压测量；

b）0.75 倍直流参考电压下泄漏电流测量；

c）绝缘电阻测量。

8. 振荡回路充电装置更换（如有）

（1）检修所需装备

振荡回路充电装置更换需准备装备：

a）特种作业车辆：吊车、高空作业车；

b）常用检修工器具：扳手、力矩扳手、吊绳、吊带等；

c）材料：百洁布、导电膏、砂纸等；

d）仪器仪表：绝缘电阻表、万用表等。

（2）振荡回路充电装置更换流程

振荡回路充电装置更换主要流程：

a）安装前应核对新充电装置型号及技术参数满足设计要求，使用说明书、出厂试验报告、产品合格证、装配图纸等技术文件完整，检查外观完好、无脏污；

b）将旧充电装置固定螺栓拆解，并拆卸充电装置二次电缆；

c）旧充电装置竖直放置到地面，严禁倾倒；

d）更换新充电装置；

e）连接二次电缆，紧固螺栓。

（3）关键工艺质量控制

振荡回路充电装置更换关键工艺质量控制：

a）绝缘子外表面应注意不要磕碰破损；

b）机构箱安装时应注意固定可靠；充电装置外观完好、无脏污；

c）充电装置油色清亮、无渗油现象；

d）充电装置可对电容器充电至额定电压；

e）充电装置二次电缆拆除前做好标记，恢复接线按做好的标记进行恢复；

f）充电装置接线板、设备线夹、导线外观无异常，螺栓应与螺孔相配套；

g）复合绝缘外套顶部密封用螺栓及垫圈应采取防水措施。

第三节　直流断路器试验

一、例行试验

（一）红外热像检测

1. 检测周期

（1）运维单位1周1次，精确测温运维单位每月1次。

（2）迎峰度夏（冬）、大负荷、检修结束送电期间增加检测频次。

2. 检测方法

红外热像检测原理是基于物体辐射的热量特性，通过红外辐射的测量来确定物体的温度。其检测方法如图 2-2-1 所示。

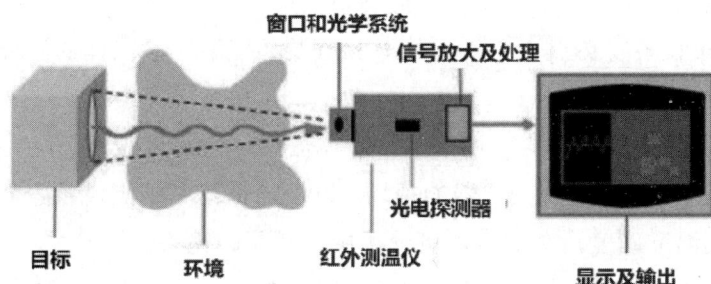

图 2-2-1 红外热像检测

3. 检测步骤

1) 一般检测。

a) 仪器开机, 进行内部温度校准, 待图像稳定后对仪器的参数进行设置。

b) 根据被测设备的材料设置辐射率, 作为一般检测, 被测设备的辐射率一般取 0.9 左右。

c) 设置仪器的色标温度量程, 一般宜设置在环境温度加 10~20K 的温升范围。

d) 开始测温, 远距离对所有被测设备进行全面扫描, 宜选择彩色显示方式, 调节图像使其具有清晰的温度层次显示, 并结合数值测温手段, 如热点跟踪、区域温度跟踪等手段进行检测。

e) 环境温度发生较大变化时, 应对仪器重新进行内部温度校准。

f) 发现异常后, 再有针对性地对异常部位和重点被测设备进行精确检测。

g) 测温时, 应确保现场实际测量距离满足设备最小安全距离及仪器有效测量距离的要求。

2) 精确检测。

a) 为了准确测温或方便跟踪, 应事先设置几个不同的方向和角度, 确定最佳检测位置, 并可做上标记, 以供今后的复测用, 提高互比性和工作效率。

b) 将大气温度、相对湿度、测量距离等补偿参数输入, 进行必要修正, 并选择适当的测温范围。

c) 正确选择被测设备的辐射率, 特别要考虑金属材料表面氧化对选取辐射率的影响。

117

d）检测温升所用的环境温度参照物体应尽可能选择与被测试设备类似的物体，且最好能在同一方向或同一视场中选择。

e）测量设备发热点、正常相的对应点及环境温度参照体的温度值时，应使用同一仪器相继测量。

f）在安全距离允许的条件下，红外仪器宜尽量靠近被测设备，使被测设备（或目标）尽量充满整个仪器的视场，以提高仪器对被测设备表面细节的分辨能力及测温准确度，必要时，可使用中、长焦距镜头。

g）记录被检设备的实际负荷电流、额定电流、运行电压，被检物体温度及环境参照体的温度值。

4. 检测标准及分析

检测断口及断口并联元件、引线接头、绝缘子等，红外热像图显示应无异常温升、温差 和/或相对温差。分析方法参考 DL/T 664《带电设备红外诊断应用规范》。判断时，应该考虑测量时及前 3h 负荷电流的变化情况。

如果红外热线结果显示设备存在发热，应判断缺陷的等级、分析可能的原因，并有针对性的消缺。

（二）紫外检测

1. 检测周期

一般情况下，对 500kV（330kV）及以上电压等级的带电设备进行的巡视性检测，即一般检测，每年不宜少于 1 次，重要的 500kV（330kV）及以上电压等级的运行环境恶劣或设备老化严重的变电站、换流站、线路，可适当缩短检测周期。

对 220kV 及以下电压等级的带电设备宜每隔 1 年～3 年进行 1 次紫外检测。

2. 检测方法

在发生外绝缘局部放电过程中，周围气体被击穿而电离，气体电离后放射光波的频率与气体的种类有关，空气中的主要成分是氮气，氮气在局部放电的作用下电离，电离的氮原子在复合时发射的光谱（波长 $\lambda = 280 \sim 400 nm$）主要落在紫外光波段。利用紫外成像仪接受放电产生的太阳日盲区内的紫外信号，经过处理与可见光图像叠加，从而确定电晕位置和强度。

3. 检测步骤

（1）开机后，增益设置为最大。根据光子数的饱和情况，逐渐调整增益。

（2）调节焦距，直至图像清晰度最佳。

（3）图像稳定后进行检测，对所测设备进行全面扫描，发现电晕放电部位进行精确检测。

（4）在同一方向或同一视场内观测电晕部位，选择检测的最佳位置，避免其他设备放电干扰。

（5）在安全距离允许范围内，在图像内容完整情况下，尽量靠近被测设备，使被测设备电晕放电在视场范围内最大化，记录此时紫外成像仪与电晕放电部位距离，紫外检测电晕放电量的结果与检测距离呈指数衰减关系，在测量后需要进行校正。

（6）在一定时间内，紫外成像仪检测电晕放电强度以多个相差不大的极大值的平均值为准，并同时记录电晕放电形态、具有代表性的动态视频过程、图片以及绝缘体表面电晕放电长度范围。

4. 检测标准及分析

根据设备外绝缘的结构、当时的气候条件及未来天气变化情况、周边微气候环境，综合判断电晕放电对电气设备的影响。

导电体表面电晕放电有下列情况：

（1）由于设计、制造、安装或检修等原因，形成的锐角或尖端。

（2）由于制造、安装或检修等原因，形成表面粗糙。

（3）运行中导线断股（或散股）。

（4）均压、屏蔽措施不当。

（5）在高电压下，导电体截面偏小。

（6）悬浮金属物体产生的放电。

（7）导电体对地或导电体间间隙偏小。

（8）设备接地不良及其他情况。

绝缘体表面电晕放电有下列情况：

（1）在潮湿情况下，绝缘子表面破损或裂纹。

（2）在潮湿情况下，绝缘子表面污秽。

（3）绝缘子表面不均匀覆冰。

（4）绝缘子表面金属异物短接及其他情况。

（三）主回路电阻测试

1. 检测周期

（1）投运后 1 年，以后 3 年 1 次。

（2）3 年内未出现电阻值超标，检修周期在基准周期的基础上延长 1 年。

（3）电阻值与初值差超过 20%，当年安排检修，基准周期自检修之日起重新计算。

（4）断口温度异常、相间温差异常时。

2. 检测方法

如图 2-2-2 所示，将电流线接到对应的 I+、I- 接线柱，电压线接到 V+、V- 接线柱，两把夹钳夹住被测试品的两端，若电压线和电流线是分开接线的，则电压线要接在测试品的内侧，电流线应接在电压线的外侧。

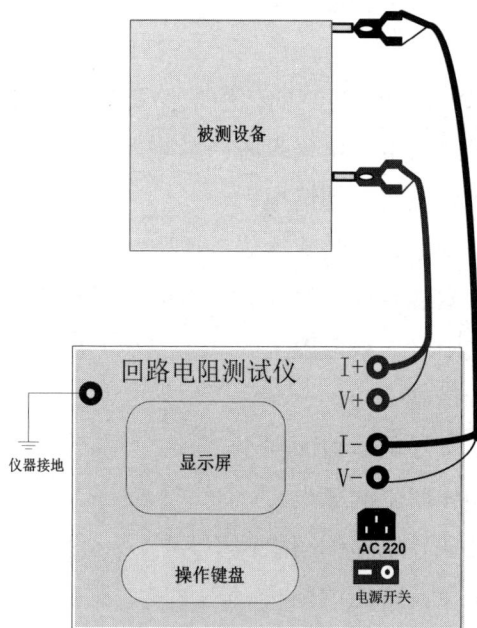

图 2-2-2 回路电阻测试仪接线图

3. 检测步骤

（1）测试前拆除测量回路的接地线或拉开接地刀闸；

（2）对被试设备进行放电，正确记录环境温度；

（3）检查确认被试设备处于导通状态；

（4）清除被试设备接线端子接触面的油漆及金属氧化层，进行检测接线，检查测试接线是否正确、牢固；

（5）接通仪器电源，测试电流应调整到≥100A，进行测试，电流稳定后读出检测数据，并做好记录；

（6）关闭检测电源，拆除检测测试线，将被试设备恢复到测试前状态。

4. 检测标准及分析

测量电流可取 100A 到额定电流之间的任一值，测试数据≤制造商规定值，且初值差≤20%（注意值）。

将测试结果与规程要求进行比较，当测试结果出现异常时，应与同类设备、同设备的不同相间进行比较，作出诊断结论；如发现测试结果超标，可将被试设备进行分、合操作若干次，重新测量，若仍偏大，可分段查找以确定接触不良的部位，进行处理。

经验表明，仅凭主回路电阻增大不能认为是触头或联结不好的可靠证据。此时，应该使用更大的电流（尽可能接近额定电流）重复进行检测；当明确回路电阻较大的部位后，应对接触部位解体进行检查，对于断路器灭弧室内部回路电阻超标的情况，应按照厂家工艺解体检查，必要时更换动静触头。

（四）振荡回路电容、电感及直流电阻测量

1. 试验周期

（1）投运后 1 年，以后 3 年 1 次（特高压换流站），以后 6 年 1 次（常规换流站）；

（2）3 年内（特高压换流站），6 年内（常规换流站）未出现异常，检修周期在基准周期的基础上延长 1 年；

（3）出现异常，当年安排检修，基准周期自检修之日起重新计算。

2. 试验方法及步骤

（1）振荡回路电容的电容量测量。

1）试验方法。

根据电容量的计算公式 $C = I/\omega U$，在工频电压电流作用下，根据施加在电容器上的电压和流过电容器的电流，就可计算出电容值，如图 2-2-3 所示。

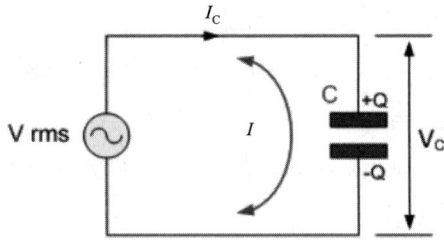

图 2-2-3　电容量测量原理

使用电容电感测试仪进行电容量测量的接线示意图如图 2-2-4 所示。

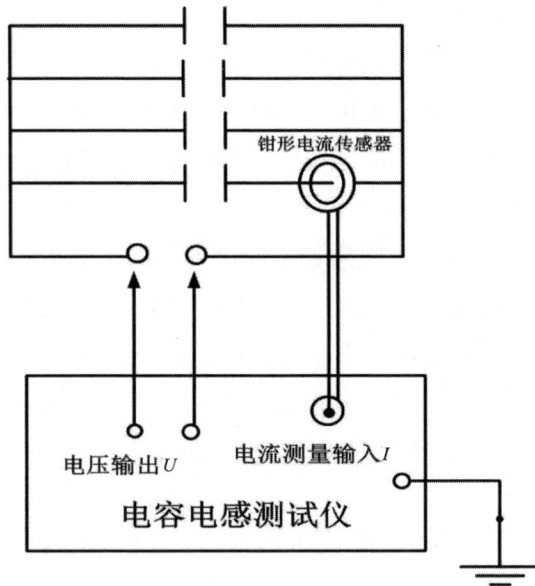

图 2-2-4　电容电感测试仪接线示意图

2）试验步骤：

a）测试前，对待试电容器逐只充分放电并接地。

b）将测量仪器的电压输出测试线连接到电容器组的高压侧及中性点侧两个汇流排上。将钳形电流传感器套在被测试的单台电容器套管处。

c）若测量电容器组的总电容量，则将钳形电流传感器套在电容器组的高压侧汇流排上即可（电压输出测试线内侧）。

d）检查试验接线正确后，拆除待试电容器接地线。

e）合上仪器电源，按仪器操作手册进行测量。

f）完成试验记录，对待试电容器进行放电并接地，拆除试验接线。

（2）振荡回路电抗的电感量测量。

1）试验方法。

根据电容量的计算公式 $L = U/\omega I$，在工频电压电流作用下，根据施加在电抗上的电压和流过电抗的电流，就可计算出电感值。

使用电容电感测试仪进行电感量测量的接线示意图如图 2-2-5 所示。

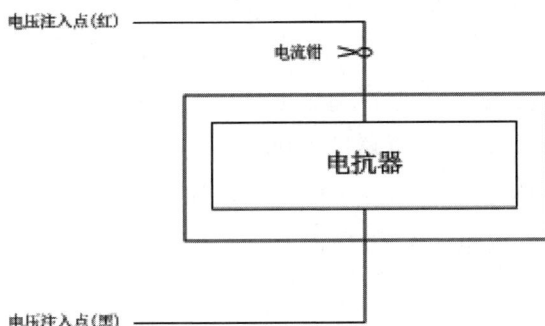

图 2-2-5　电抗器电感测试仪接线示意图

2）试验步骤。

a）测试前，对被试品充分放电。

b）将测量仪器的电压输出测试线连接到电抗器的两端。将钳形电流传感器套在被测试的电抗进线桩头处。

c）检查试验接线正确后，拆除待试电抗器接地线。

d）合上仪器电源，按仪器操作手册进行测量。

e）完成试验记录，对被试品进行放电并接地，拆除试验接线。

（3）振荡回路电抗的直流电阻测量。

1）试验方法。

同厂采用单臂电桥和双臂电桥两种方法测量电抗器的直流电阻。

单臂电桥常用于测量 1Ω 以上的电阻。

双臂电桥能消除引线和接触电阻带来的测量误差，适宜测量准确度要求高的小电阻。

2）试验步骤。

a）对被试设备进行放电，正确记录设备温度及环境温度。

b）被试品及试验设备接线，并确认接线正确，试验前拆除被试品接地线。

c）按选定的接线方式进行直流电阻测量，记录试验数据。

d）结束测试，断开试验电源，对被试设备充分放电并短路接地，拆除试验接线。

e）结果判断：利用被测设备历史测试数据，或者同型号、同批次的另一台设备的测试数据，来进行纵向或横向比较分析，在比较时应去除温度的影响，然后作出较为可靠的诊断结论。

3．检测标准及分析

（1）电容、电感的初值差不超过±5%；

（2）直流电阻的初值差不超过±3%。

设备试验不合格的分析方法参照电容器和电抗器。

（五）非线性（放电）电阻试验

1．检测周期

（1）投运后1年，以后3年1次（特高压换流站），以后6年1次（常规换流站）；

（2）3年内（特高压换流站），6年内（常规换流站）未出现异常，检修周期在基准周期的基础上延长1年；

（3）出现异常，当年安排检修，基准周期自检修之日起重新计算。

2．试验方法及步骤

（1）绝缘电阻测试

1）检测方法。

测试接线如图2-2-6所示。测量时，绝缘电阻表的接线端子"L"接于被试设备的高压导体上，接地端子"E"接于被试设备的外壳或接地点上。

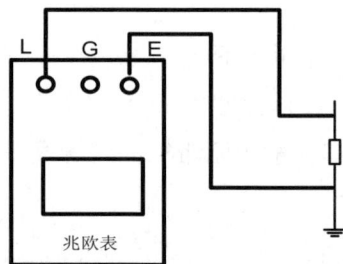

图2-2-6　绝缘电阻测试接线图

2）检测步骤。

a）将被试品断电，充分放电并有效接地。

b）采用 5000V 电压检查绝缘电阻表是否正常。

c）按不同的测试项目要求进行接线，注意由绝缘电阻表到被试品的连线应尽量短。

d）经检查确认无误，绝缘电阻表到达额定输出电压后，待读数稳定或 60s 时，读取绝缘电阻值，并记录。

e）读取绝缘电阻值后，如使用仪表为手摇式兆欧表应先断开接至被试品高压端的连接线，然后将绝缘电阻表停止运转；如使用仪表为全自动式兆欧表应等待仪表自动完成所有工作流程后，断开接至被试品高压端的连接线，然后将绝缘电阻表停止工作。

f）测量结束时，被试品还应对地进行充分放电。

（2）直流参考电压及泄漏电流

1）检测方法。

测试接线如图 2-2-7 所示。

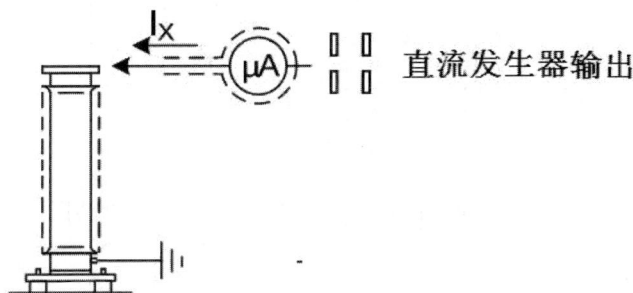

图 2-2-7　非线性电阻直流参考电压测试接线图

2）检测步骤。

a）进行测试仪器过压整定并检验仪器在整定值能否可靠动作。

b）清洁避雷器或限压器表面，进行试验接线。

c）检查试验接线，确认电压输出在零位，接通试验电源，进行升压。

d）升压过程中，监视泄漏电流（或电流表差值），同时监视试验电压，若电流值上升慢数值小，且试验电压已快接近避雷器或限压器参考电压时，应匀速放慢升压，当电流达到厂家规定直流参考电流试验值时，读取并记录电压值 U_{nmA}，降压至零。

e）重新升压至 $0.75U_{nmA}$ 值（U_{nmA} 电压值应选用 U_{nmA} 初始值或制造厂给定的 U_{nmA} 值），读取并记录泄漏电流值，降压至零。

f）断开试验电源，对被试设备使用专用放电工具按先经电阻放电，后直接放电的程序进行充分放电，将被试设备直接接地。

g）拆除试验接线，整理试验现场。

（3）工频参考电压及泄漏电流

1）检测方法。

测试接线如图 2-2-8 所示。

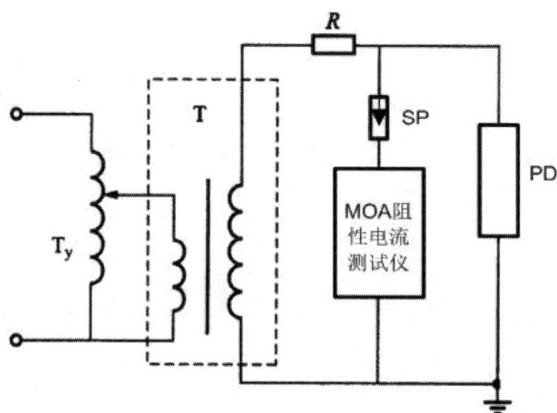

图 2-2-8　非线性电阻工频参考电压测试接线图

2）检测步骤。

a）记录试品避雷器铭牌信息，并查看出厂试验报告，确定试品的工频参考电流值，并记录出厂工频参考电压值以作试验数据比对。

b）按接线图将试验变压器、调压器、试品避雷器、避雷器阻性电流测试仪进行试验接线。

c）检查确认各检测设备接地良好及整体接线正确。

d）将避雷器阻性电流测试仪通电打开，调试为测量阻性电流峰值参数状态。

e）接通试验电源，开始升压进行试验，升压过程中应密切监视阻性电流峰值检测数据。

f）当阻性电流峰值升至试品的工频参考电流值时，停止升压，迅速读取并记录试验电压，即工频参考电压。

g）降压为零，然后断开电源，并对试品进行充分放电，挂接地线，拆除或变更试验接线。

3．检测标准及分析

（1）绝缘电阻：与前次试验值比较，无明显降低；

（2）工频或直流参考电压：与前次试验值比较，变化不应大于±5%；

（3）0.75 工频或直流参考电压下的泄漏电流：初值差≤30%或≤50μA。

非线性电阻试验不合格的原因分析参考氧化锌避雷器的分析方法。

（六）分、合闸线圈的直流电阻及绝缘电阻试验

1．检测周期

（1）投运后 1 年，以后 3 年 1 次；

（2）3 年内未出现异常，检修周期在基准周期的基础上延长 1 年；

（3）出现异常时，当年安排检修，基准周期自检修之日起重新计算。

2．检测实施

（1）拆除机构分、合闸防动销，合上控制电源、储能电源；

（2）测量主副分、合闸线圈电阻，与初值相比差值小于±5%；

（3）测量主副分、合闸线圈绝缘电阻，1000V 电压下测量绝缘电阻应≥10MΩ。

3．检测标准及分析

（1）分、合闸线圈电阻初值差不超过±5%或符合设备技术文件要求；

（2）分、合闸线圈绝缘电阻不小于 10MΩ。

分、合闸线圈电阻不合格可能是分、合闸线圈引线断线或者线圈烧坏导致。分、合闸线圈绝缘电阻不合格可能是线圈内部击穿、引线受潮导致。

（七）断路器的时间特性

1．检测周期

（1）投运后 1 年，以后 3 年 1 次；

（2）3 年内未出现异常，检修周期在基准周期的基础上延长 1 年；

（3）出现异常时，当年安排检修，基准周期自检修之日起重新计算。

2．检测方法

（1）测试前先将仪器可靠接地，其次将断路器一侧短路接地，最后进行其他接线，以防感应电损坏测试仪器；

（2）测试前根据被试断路器控制电源的类型和额定电压，选择合适的触发方式并调节好控制电源电压；

（3）测速时，根据被试断路器的制造厂不同，断路器型号不同，需要进行相应的"行程设置""速度定义设置"，并根据断路器现场实际情况选择合适的测速传感器。

直流断路器机械特性测试接参考单向交流断路器。

3．检测步骤

（1）断开断路器控制及储能电源，将断路器操动机构能量完全释放；

（2）确定断路器的"远方/就地"转换开关处于"就地"位置；

（3）先将仪器可靠接地，然后进行测试接线，并检查确认接线正确；

（4）拆除断路器两侧引线或断路器两侧无直接接地点；

（5）接通电源，根据被试断路器型号进行相应参数设置，尤其注意根据各厂家参数设置开距及行程；

（6）将仪器相应极性的输出端子接到断路器操作回路中，测量分、合闸电磁铁的动作电压；

（7）对断路器进行测试，并对照厂家及历史数据进行分析；

（8）对于测试数据不符合厂家标准及分析的，应按照厂家要求及检修工艺进行调整，调整后应重新进行测试；

（9）测试完毕，记录并打印测试数据；

（10）关闭仪器电源，恢复断路器两侧引线，最后拆除测试接线。

4．检测标准及分析

（1）并联合闸脱扣器在合闸装置额定电源电压的 85%～110%范围内，应可靠动作；并联分闸脱扣器在分闸装置额定电源电压的 65%～110%（直流）或 85%～110%（交流）范围内，应可靠动作；当电源电压低于额定电压的 30%时，脱扣器不应脱扣。

（2）合、分闸时间，合、分闸不同期，合－分时间满足技术文件要求且没有明显变化，必要时，测量行程特性曲线做进一步分析。

（3）分、合闸同期性应满足下列要求：

——相间合闸不同期不大于 5ms。

——相间分闸不同期不大于 3ms。

——同相各断口合闸不同期不大于 3ms。

——同相分闸不同期不大于 2ms。

当合闸时间、合闸速度不满足规范要求时，可能造成的原因有：一是合闸电磁铁顶杆与合闸掣子位置不合适，二是合闸弹簧疲劳，三是分闸弹簧拉紧力过大，四是开距或超程不满足要求。应综合分析上述原因，按照厂家技术要求，对合闸电磁铁、分合闸弹簧、机构连杆进行调整。

当分闸时间、分闸速度不满足规范要求时，可能造成的原因有：一是分闸电磁铁顶杆与分闸掣子位置不合适，二是分闸弹簧疲劳，三是开距或超程不满足要求。应综合分析上述原因，按照厂家技术要求，对分闸电磁铁、分合闸弹簧、机构连杆进行调整。

当合－分时间不满足规范要求时，可能造成的原因有：一是单分、单合时间不满足规范要求，二是断路器操动机构的脱扣器性能存在问题，应综合分析上述原因，按照厂家技术要求，对单分、单合时间进行调整或者对脱扣器进行调节。

当不同期值不满足规范要求时，可能造成的原因有：一是三相开距不一致，二是分相机构的电磁铁动作时间不一致，应综合分析上述原因，按照厂家技术要求，对分闸电磁铁、分合闸弹簧、机构连杆进行调整。

当行程特性曲线不满足规范要求时，可能造成的原因有：一是断路器对中调整的不好，二是断路器触头存在卡涩。应综合分析上述原因，按照厂家技术要求对断路器分合闸弹簧、拐臂、连杆、缓冲器进行调整。

分、合闸电磁铁动作电压不满足规范要求，宜检查动静铁芯之间的距离，检查电磁铁芯是否灵活，有无卡涩情况，或者通过调整分合闸电磁铁与动铁芯间隙的大小来调整动作电压，缩短间隙，动作电压升高，反之降低；当调整了间隙后，应进行断路器分合闸时间测试，防止间隙调整影响机械特性。

（八）SF_6 气体湿度测试

1. 检测周期

投运后 1 年，以后 3 年 1 次；

2. 检测方法

SF$_6$气体湿度可以用冷凝露点式、电阻电容式湿度计和电解式湿度计测量，现场常采用露点法。采用导入式的取样方法，取样点必须设置在足以获得代表性气体的位置并就近取样。测量时将湿度计与待检测设备用气路接口连接，连接方法如图 2-2-9 所示。

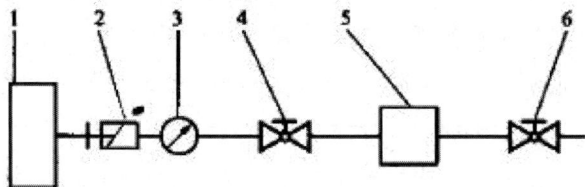

图 2-2-9　SF$_6$气体湿度检测连接图

1—待测电气设备；2—气路接口（连接设备与仪器）；3—压力表；
4—仪器入口阀门；5—测试仪器；6—仪器出口阀门

3. 检测步骤

（1）冷凝式露点仪采用导入式的取样方法。取样点必须设置在足以获得代表性气样的位置并就近取样；

（2）取样阀选用死体积小的针阀。取样管道不宜过长，管道内壁应光滑清洁；管道无渗漏，管道壁厚应满足要求；

（3）当测量准确度较低或测量时间较长时，可以适当增大取样总流量，在气样进入仪器之前设置旁通分道；

（4）环境温度应高于气样露点温度至少3℃，否则要对整个取样系统以及仪器排气口的气路系统采取升温措施，以免因冷壁效应而改变气样的湿度或造成冷凝堵塞；

（5）采用 SF$_6$气体检漏仪对仪器气路系统进行试漏；

（6）根据取样系统的结构、气体湿度的大小用被测气体对气路系统分别进行不同流量、不同时间的吹洗，以保证测量结果的准确性；

（7）测量时缓慢开启调节阀，仔细调节气体压力和流速。测量过程中保持测量流量稳定，并从仪器直接读取露点值。检测过程中随时监测被测设备的气体压力，防止气体压力异常下降。

4. 检测标准及分析

运行中的断路器 SF_6 气体湿度应不大于 300μL/L。

由于环境温度对设备中气体湿度有明显的影响，测量结果应折算到 20℃时的数值。如设备生产厂提供有折算曲线、图表，可采用厂家提供的曲线、图表进行温度折算。湿度不合格可能是存在泄漏或者吸附剂失效导致。

（九）SF_6 气体分解物

1. 检测周期

投运后 1 年，以后 3 年 1 次。

2. 检测方法

检测方法包括三种：一是电化学法传感器检测法，二是气体检测管检测法，三是气相色谱检测法。三种方法的检测原理和试验步骤各不相同。

3. 电化学法传感器检测法

（1）检测原理

根据被测气体中的不同组分改变电化学传感器输出电信号，从而确定被测气体中的组分及其含量。现场检测连接图如图 2-2-10 所示。

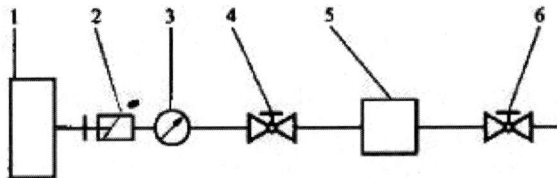

图 2-2-10 电化学法传感器检测连接图
1—待测电气设备；2—气路接口（连接设备与仪器）；3—压力表；
4—仪器入口阀门；5—测试仪器；6—仪器出口阀门（可选）

（2）检测步骤

1）仪器开机进行自检；

2）检测前，应检查测量仪器电量，若电量不足应及时充电，用高纯度 SF_6 气体冲洗检测仪器，直至仪器示值稳定在零点漂移值以下，对有软件置零功能的仪器进行清零；

3）用气体管路接口连接检测仪与设备，采用导入式取样方法测量 SF_6 气体分解产物的组分及其含量。检测用气体管路不宜超过 5m，保证接头匹配、密封性好。不得发生气体泄漏现象；

4）检测仪气体出口应接试验尾气回收装置或气体收集袋，对测量尾气进行回收。若仪器本身带有回收功能，则启用其自带功能回收；

5）根据检测仪操作说明书调节气体流量进行检测，根据取样气体管路的长度，先用设备中的气体充分吹扫取样管路的气体。检测过程中应保持检测流量的稳定，并随时注意观察设备气体压力，防止气体压力异常下降；

6）根据检测仪操作说明书的要求判定检测结束时间，记录检测结果，重复检测两次；

7）检测过程中，若检测到 SO_2 或 H_2S 气体含量大于 $10\mu L/L$ 时，应在本次检测结束后立即用 SF_6 新气对检测仪进行吹扫，至仪器示值为零；

8）检测完毕后，关闭设备的取气阀门，恢复设备至检测前状态。

4. 气体检测管检测法

（1）检测原理

被测气体与检测管内填充的化学试剂发生反应生成特定的化合物，引起指示剂颜色变化，根据颜色变化指示长度得到备测气体所测组分的含量。

（2）检测步骤

1）气体采集装置检测方法。

a）用气体管路接口连接气体采集装置与设备取气阀门，按检测管使用说明书要求连接气体采集装置与气体检测管；

b）打开设备取气阀门，按照检测管使用说明书，通过气体采集装置调节气体流量，先冲洗气体管路约 30s 后开始检测，达到检测时间后，关闭设备阀门，取下检测管；

c）从检测管色柱所指示的刻度上，读取被测气体中所测组分指示刻度的最大值；

d）检测完毕后，恢复设备至检测前状态。用 SF_6 气体检漏仪进行检漏，如发生气体泄漏，应及时维护处理。

2）气体采样容器检测方法。

a）气体取样；

b）按照采样器使用说明书，将气体检测管与气体采样容器和采样器连接，按照检测管使用说明书要求对采样容器中的气体进行检测，达到检测时间后，取下检测管，关闭采样容器的出气口；

c）从检测管色柱所指示的刻度上，读取被测气体中所测组分指示刻度的最大值；

d）检测完毕后，恢复设备至检测前状态。用 SF_6 气体检漏仪进行检漏，如发生气体泄漏，应及时维护处理。

5. 气相色谱检测法

（1）检测原理

气相色谱是以惰性气体（载气）为流动相，以固体吸附剂或涂渍有固定液的固体载体为固定相的柱色谱分离技术，配合热导检测器（TCD），检测出被测气体中的 CF_4 含量。

（2）检测步骤

1）色谱仪标定。

采用外标法，在色谱仪工作条件下，用 CF_4 标准及分析气体进样标定。

2）检测前准备工作。

先打开载气阀门，接通主机电源，连接色谱仪主机与工作站。调节合适的载气流量，设置色谱仪工作参数（热导检测器温度和色谱柱温度等）。待温度稳定后，加桥流，观察色谱工作站显示基线，确定色谱仪性能处于稳定待用状态。

3）气体的定量采集。

将色谱仪六通阀置于取样位置，连接设备取气阀门与色谱仪取样口。按照色谱仪使用条件，打开设备阀门，控制流量，冲洗定量管及取样气体管路约1min 后，关闭设备取气阀门。

4）检测分析。

在色谱仪稳定工作状态下，旋转六通阀至进样位置，直至工作站输出显示 CF_4 峰，记录 CF_4 峰面积或峰高），分析完毕，将六通阀转至取样位置；检测完毕后，恢复设备至检测前状态。用 SF_6 气体检漏仪进行检漏，如发生气体泄漏，应及时维护处理。

6. 检测标准及分析

$SO_2 \leqslant 1\mu L/L$

$H_2S \leqslant 1\mu L/L$

若检出 SO_2 或 H_2S 等杂质组分含量异常，应结合 CO、CF_4 含量及其他检测结果、设备电气特性、运行工况等进行综合分析。

（十）气体密封性检测

1. 检测周期

（1）投运后 1 年，以后 3 年；

（2）气体密度表显示密度下降时；

（3）设备解体性检修之后；

（4）补气间隔小于两年时。

2. 检测方法

（1）定性检漏

采用 SF_6 气体定性检漏仪，沿被测面以大约 25mm/s 的速度移动，无泄漏点，则认为密封良好。设备解体检修时也可以通过抽真空检漏进行检测，或利用肥皂水（泡）对被测面进行密封性检测。

（2）定性检漏

1）局部包扎法。

局部包扎法一般用于组装单元和大型产品的检测，包扎部位如图 2－2－11 所示的 1～15 处，其检测步骤如下：

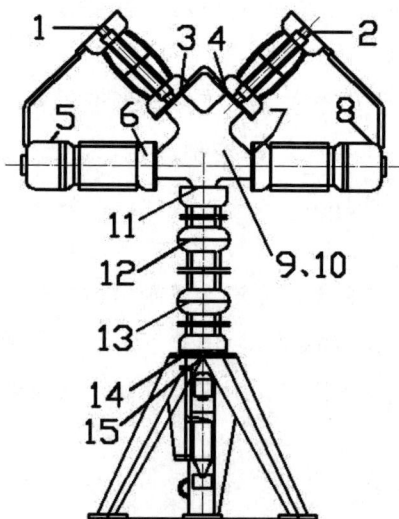

图 2－2－11　包扎法包扎部位

a）包扎时可采用密封用 0.1mm 厚的塑料薄膜按被检部位的几何形状围一圈半，使接缝向上，包扎时尽可能构成圆形或方形。

b）经整形后，边缘用白布带扎紧或用胶带沿边缘粘贴密封。

c）塑料薄膜与被试品间应保持一定的空隙，一般为 5mm。

d）包扎一段时间后（一般为 24h）后，用定量检漏仪测量包扎腔内 SF_6 气体的浓度。

e）根据测得的浓度计算漏气率等指标。

2）压力降法。

压力降法适用于设备气室漏气量较大的设备检漏，以及在运行中用于监督设备漏气情况，其检测步骤如下：

a）先测定压降前的 SF_6 气体压力 p_1'。

b）根据 p_1' 和当时的温度 T_1 换算标准及分析大气条件下 SF_6 气体压力 p_1。

c）经过一段较长的时间间隔，如 2～3 个月或半年，再测定压降后的 SF_6 气体压力 p_2'。

d）根据 p_2' 和当时的温度 T_2 换算标准及分析大气条件下 SF_6 气体压力 p_2。

e）根据 SF_6 气体在一定时间间隔内压力的改变计算漏气率。

3）漏气量的计算方法。

局部包扎法和压力降法检测的漏气量计算方法可参考 GB/T 11023。

3．检测标准及分析

定量检漏：年漏气率≤0.5%/年或符合设备技术文件要求。

漏气严重的设备，应于补气 24h 后测试设备中 SF_6 气体湿度。

（十一）直流断路器的其他试验项目

直流断路器的其他例行试验项目、周期和标准如表 2-2-1 所示。

表 2-2-1　　　　　　直流断路器例行试验项目、周期和标准

序号	试验项目	周期	标准	说明
1	憎水性检查	1）每年 1 次；2）发现有异常放电声响时；3）必要时	1）喷涂 PRTV 的绝缘子憎水性需满足 DL 1000.3 要求；2）每年应对喷涂了 RTV 直流场隔离开关绝缘子憎水性进行抽样检查、及时对破损或失效的涂层进行重新喷涂、若喷涂 RTV 的瓷质绝缘子下降到 HC3 级，宜考虑重新喷涂	

续表

序号	试验项目	周期	标准	说明
2	充电装置特性检查	1）投运后1年，以后3年1次； 2）3年内未出现异常，检修周期在基准周期的基础上延长1年； 3）出现异常，当年安排检修，基准周期自检修之日起重新计算	应符合设备技术文件要求	
3	气体密度表（继电器）校验	1）投运后1年，以后6年； 2）数据显示异常时； 3）达到制造商推荐的校验周期时； 4）必要时	应符合设备技术文件要求	参考交流 SF_6 断路器
4	在分闸和合闸位置分别进行液（气）压操动机构的泄漏试验	1）投运后1年，以后3年1次； 2）3年内试验结果正常，检修周期在基准周期的基础上延长1年； 3）出现试验结果不正常，当年安排检修，基准周期自检修之日起重新计算	应符合设备技术文件要求	参考交流 SF_6 断路器
5	防失压慢分试验	1）投运后1年，以后3年1次； 2）3年内试验结果正常，检修周期在基准周期的基础上延长1年； 3）出现试验结果不正常，当年安排检修，基准周期自检修之日起重新计算	应符合设备技术文件要求	参考交流 SF_6 断路器

二、诊断性试验

（一）气体密封性检测

检测方法、步骤、标准及分析同例行试验项目。

（二）气体密度表（继电器）校验

检测方法、步骤、标准及分析同例行试验项目。

（三）交流耐压试验

1. 试验前提

（1）核心部件或主体进行解体性检修之后进行。

（2）怀疑断路器本体绝缘性能不良时。

2. 试验方法

交流耐压试验接线，应按被试设备的电压、容量和现场实际试验设备条件来决定。对于直流断路器，常采用串联谐振耐压方法。

串联谐振耐压试验接线如图 2 - 2 - 12 所示。

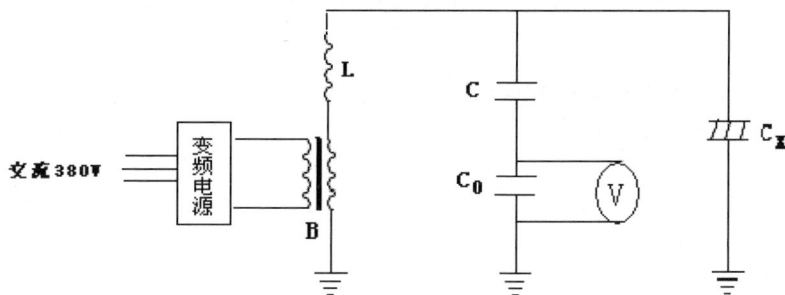

图 2 - 2 - 12　串联谐振耐压试验原理接线图

T—励磁变压器；Uex—励磁电压；L—电感；R—限流电阻；UCx—被试品上的电压；
Cx—被试品电容；C1、C2—电容分压器高、低压臂；PV—电压表

3. 试验步骤

（1）被试品在耐压试验前，应先进行其他常规试验，合格后再进行耐压试验。被试品试验接线并检查确认接线正确。

（2）接通试验电源，开始升压进行试验，升压过程中应密切监视高压回路，监听被试品有何异响。

（3）升至试验电压，开始计时并读取试验电压。

（4）计时结束，降压然后断开电源。并将被试设备放电并短路接地。

（5）耐压试验结束后，进行被试品绝缘试验检查，判断耐压试验是否对试品绝缘造成破坏。

4. 试验标准及分析

试验电压为出厂试验值的 80%，耐压时间为 60s，试验中如无破坏性放电发生，且耐压前后的绝缘电阻无明显变化，则认为耐压试验通过。

在升压和耐压过程中，如发现电压表指示变化很大，电流表指示急剧增加，调压器往上升方向调节，电流上升、电压基本不变甚至有下降趋势，被试品冒烟、出气、焦臭、闪络、燃烧或发出击穿响声（或断续放电声），应立即停止升压，降压、停电后查明原因。这些现象如查明是绝缘部分出现的，则认为被

试品交流耐压试验不合格。如确定被试品的表面闪络是由于空气湿度或表面脏污等所致，应将被试品清洁干燥处理后，再进行试验。

（四）SF₆气体成分分析及纯度检测

1. 检测前提

怀疑 SF₆ 气体质量存在问题或配合事故分析时。

2. 检测方法

同例行试验中的 SF₆ 气体分解物。

3. 检测标准及分析

$SO_2 \leqslant 1\mu L/L$。

$H_2S \leqslant 1\mu L/L$。

纯度 $\geqslant 99.5\%$。

若检出 SO_2 或 H_2S 等杂质组分含量异常，应结合 CO、CF_4 含量及其他检测结果、设备电气特性、运行工况等进行综合分析。

第四节　直流断路器典型故障及案例

一、某换流站直流场 BPS8021 旁通开关气室压力低异常

（一）背景介绍

2019 年某换流站年度检修期间，发现直流场极 2 高端 BPS 旁通开关 8021 气室压力低，为 0.65MPa；同比 8011、8012、8022 等 3 台旁通开关的气室压力为 0.70MPa，现场判断 8021 开关气室可能存在漏点。

某换流站高端阀组旁通开关型号为 ABB 瑞典公司生产的 HPL800B2 型，开关气室正常运行压力为 0.70MPa，报警压力 0.62MPa，闭锁压力 0.60MPa，开关结构如图 2-2-13 所示。

（二）检查及处理情况

检查开关气室 SF₆ 在线监测系统数据发现，在 2018 年 10 月 1 日～2019 年 3 月 15 日期间，8021 开关气室压力从 0.5828MPa（相对压力）降至 0.5424MPa（相对压力），同比 8011、8012、8022 其余 3 台旁通开关气室压力无明显变化。

图 2-2-13　HPL800B2 开关铭牌及现场图

ABB 厂家也对相关数据进行了对比分析，认为 8021 开关气室存在漏气点可能性较大。

考虑到确保换流站全年度安全稳定运行的需要，决定首先对此开关进行包扎检漏，如发现明显漏气点则对开关灭弧室进行更换。

检修人员协同施工人员对开关气室各连接部位进行了包扎检漏工作，通过 SF_6 定量漏气检测仪器终于发现在绝缘支柱机构连接法兰处有明显漏点。

对此 ABB 厂家回复，建议更换漏气开关绝缘支柱。3 月 22 日 ABB 高压开关现场服务人员在某站现场指导施工人员对 8021 开关绝缘支柱备品进行了更换。支柱更换后，将开关气室压力补充至 0.72MPa，并再次进行包扎检漏，未发现漏气点。

（三）返厂检查情况

5 月 17 日，更换下的开关绝缘支柱返厂至北京 ABB 高压开关厂进行解体检查维修。

检查发现：进一步解体发现，开关机构支柱与支撑瓷瓶密封处的密封圈有损坏部位，对应法兰密封圈槽内存在腐蚀点，挤压密封圈导致漏气。

图 2-2-14　8021 开关现场检漏位置图

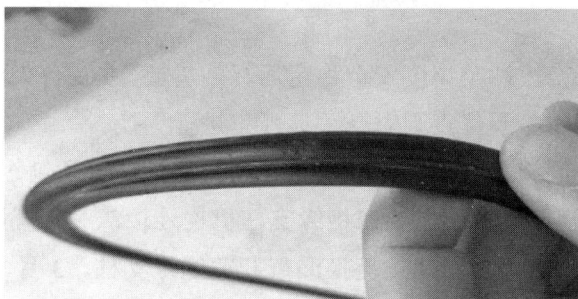

图 2-2-15　支撑瓷瓶法兰处密封圈损坏部位

　　厂家认为支撑瓷瓶法兰密封平面的腐蚀点是导致开关漏气的根本原因。因为此腐蚀点刚好位于硅胶密封圈边缘，其对密封圈的挤压加速了密封圈的老化和损坏，最终导致漏气。

　　经修理并更换密封圈，厂家对该开关支柱进行厂内包扎检漏，检漏结果表明该支柱在维修完成并更换密封圈后，仍然存在一定泄漏。

　　由于新的备品采购需要较长的供货周期，同时检修后的开关支柱暂时满足气密性要求，现已将检修后的开关绝缘支柱返回站内做为应急备品。

图 2-2-16　开关绝缘支柱漏气点图

二、某某换流站直流金属回线转换开关 0030 断口炸裂

（一）故障情况概述

2019 年 09 月 19 日 4 时 08 分，运行人员在控制楼听到直流场发出巨响，事件记录列表发出"0030 金属回线转换开关 SF_6 低气压报警，SF_6 低气压闭锁"告警。现场检查发现 0030 开关一侧断口瓷瓶已炸裂，附近设备及支柱瓷瓶严重受损，将相关情况及时汇报调度。4 时 23 分，某某站申请国调同意将该站直流极 1 停运。6 时 33 分，申请国调同意将该站直流双极转至检修状态。

故障前状态：极 1 直流系统 560MW 全压运行，极 2 停运。（9 月 19 日 2 时 28 分，某某站极 2 直流系统收到对站 ESOF 信号闭锁，极 1 直流系统单极大地回线运行。当时双极直流系统 1100MW 运行，极 2 闭锁后，2 时 33 分按照调度令将极 1 由 587MW 转至 560MW 运行。

（二）现场检查情况

9 月 19 日 2 时 28 分，某某站极 2 直流系统收到对站 ESOF 信号闭锁，极 1 直流系统单极大地回线运行；4 时 08 分，金属回线转换开关 0030 压力低告警，4 时 16 分运行人员按调度令执行降功率操作。

表 2-2-2　　　　　　　　　　　OWS 事 件 记 录

时间	事件记录
2019.9.19 02:28:50:584	极 Ⅱ 主机收到对站 ESOF 信号
2019.9.19 02:28:50:586	极 Ⅱ 主机执行移相闭锁
2019.9.19 02:28:50:588	极 Ⅱ 主机收到对侧保护动作信号
2019.9.19 02:28:50:607	极 Ⅱ 闭锁
2019.9.19 02:28:50:617	启动故障录波
2019.9.19 04:08:19:552	大地回路转换开关 0030 SF_6 低气压闭锁报警
2019.9.19 04:16:03:557	运行人员按调度令操作极 Ⅰ 功率
2019.9.19 04:16:03:707	执行极 Ⅰ 功率回降
2019.9.19 04:23:09:845	极 Ⅰ 闭锁

现场检查某某换流站金属回线转换开关 0030 一侧断口瓷瓶已炸裂，0030 开关灭弧室爆炸，静触头侧上部瓷套受导线拉力倒卧至振荡回路钢支架，动静触头系统有明显过热融熔滴流痕迹，0030 开关振荡回路的避雷器及小电抗器受损，0030 开关振荡回路及中性线区域冲击电容器受损漏油，附近设备支柱瓷瓶存在不同程度受损，瓷瓶碎片四处飞溅，最远有 50 余米，受损设备数量多，共有 14 台套设备。受损设备详见附件。

现场对 0030 开关靠近 00302 隔刀侧断口进行了回路电阻测试（35μΩ＜标准值 45μΩ），结果合格。对 0030 开关避雷器测量 3mA 下直流参考电压（101.2～102.1kV，＞标准值 95kV）和 75%参考电压下泄漏电流（14～21μA，＜标准值 150μA），结果合格。

核查某某换流站运维工作情况。2019 年以来某某换流站大地－金属回线转换共计 5 次，9 月 11 日对 0030 开关红外测温 29.9℃正常，9 月 11 日记录 0030 开关主断口 1/2 的 SF_6 压力值均为 0.62MPa，9 月 13 日记录 0030 开关主断口动作次数为 212。具体记录详见附件。

图 2-2-17　0300 开关炸裂损坏

图 2-2-18　0300 开关电容器损坏

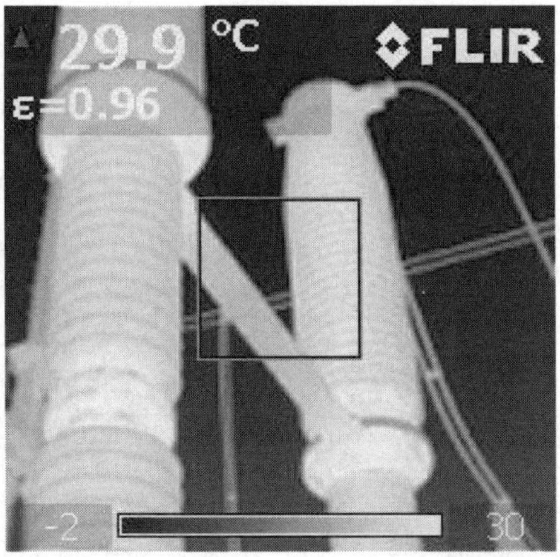

图 2-2-19　0300 开关测温图

（三）保护动作情况检查

某某站 4 时 08 分事件记录发 0030 开关压力低报警，运行人员立即现场检查发现 0030 开关本体断口瓷瓶炸裂，至 4 时 23 分申请极 1 直流系统停运期间，没有保护启动。

0030 开关区域保护配置图如图 2-2-20 所示。

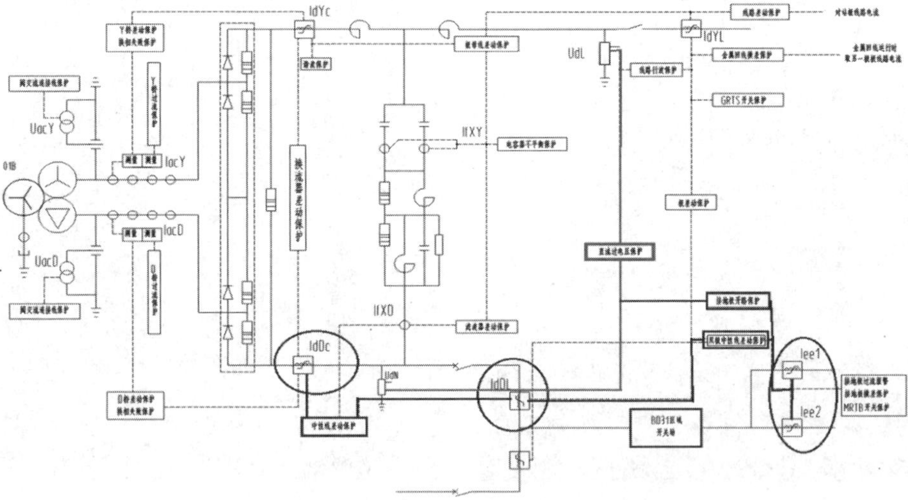

图 2-2-20　0030 开关区域保护配置图

查看报警启动时故障录波装置内部连续录波文件，直流电流（IdDL 和

IdDC）无异常，因此中性线差动保护不动作；直流电压（Vd）无异常，因此直流过电压保护不动作；直流接地极电压（Vee1 最大达到 17kV）有短时波动，时间持续 700ms 左右，同时直流接地极电流为 Iee1＝Iee2＝－581A，未达到接地极过流告警定值（0.75pu＝0.75×1200＝900A），所以故障时刻保护未启动，保护正确。如图 2－2－21 所示。

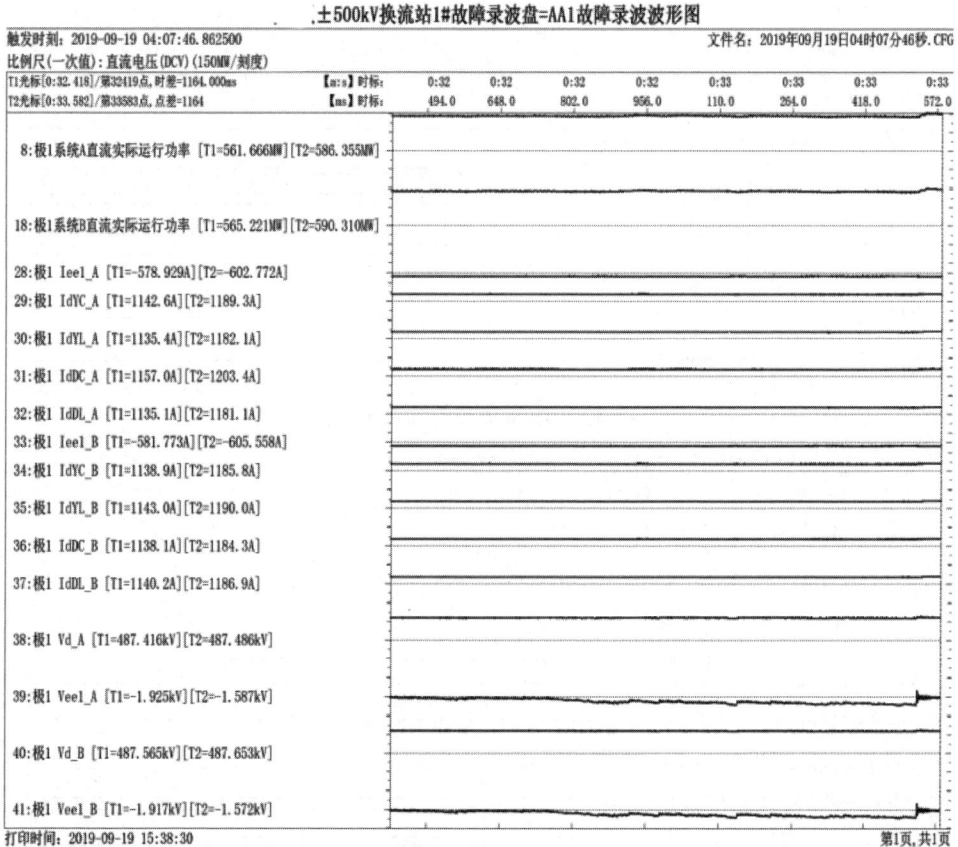

±500kV换流站1#故障录波盘=AA1故障录波波形图

触发时刻：2019-09-19 04:07:46.862500　　　　　　　　　　文件名：2019年09月19日04时07分46秒.CFG
比例尺（一次值）：直流电压（DCV）(150MW/刻度)

		时标	0:32	0:32	0:32	0:32	0:33	0:33	0:33	0:33
T1光标[0:32.418]/第32419点，时差=1164.000ms		【a:s】	494.0	648.0	802.0	956.0	110.0	264.0	418.0	572.0
T2光标[0:33.582]/第33583点，点差=1164		【ms】								

8：极1系统A直流实际运行功率 [T1=561.666MW][T2=586.355MW]

18：极1系统B直流实际运行功率 [T1=565.221MW][T2=590.310MW]

28：极1 Iee1_A [T1=-578.929A][T2=-602.772A]

29：极1 IdYC_A [T1=1142.6A][T2=1189.3A]

30：极1 IdYL_A [T1=1135.4A][T2=1182.1A]

31：极1 IdDC_A [T1=1157.0A][T2=1203.4A]

32：极1 IdDL_A [T1=1135.1A][T2=1181.1A]

33：极1 Iee1_B [T1=-581.773A][T2=-605.558A]

34：极1 IdYC_B [T1=1138.9A][T2=1185.8A]

35：极1 IdYL_B [T1=1143.0A][T2=1190.0A]

36：极1 IdDC_B [T1=1138.1A][T2=1184.3A]

37：极1 IdDL_B [T1=1140.2A][T2=1186.9A]

38：极1 Vd_A [T1=487.416kV][T2=487.486kV]

39：极1 Vee1_A [T1=-1.925kV][T2=-1.587kV]

40：极1 Vd_B [T1=487.565kV][T2=487.653kV]

41：极1 Vee1_B [T1=-1.917kV][T2=-1.572kV]

打印时间：2019-09-19 15:38:30　　　　　　　　　　　　　　　　　　第1页，共1页

图 2－2－21　报警启动时故障录波装置录波波形图

　　运行人员根据调度命令进行降功率，查看降功率过程中 4 时 18 分时刻故障录波，波形显示直流电压、直流电流与当时工况吻合，无异常。

Vd＝495kV、IdL＝706A；

P＝355MW（Vd*IdL＝706*495＝349.47MW）。

具体波形如图 2－2－22 所示。

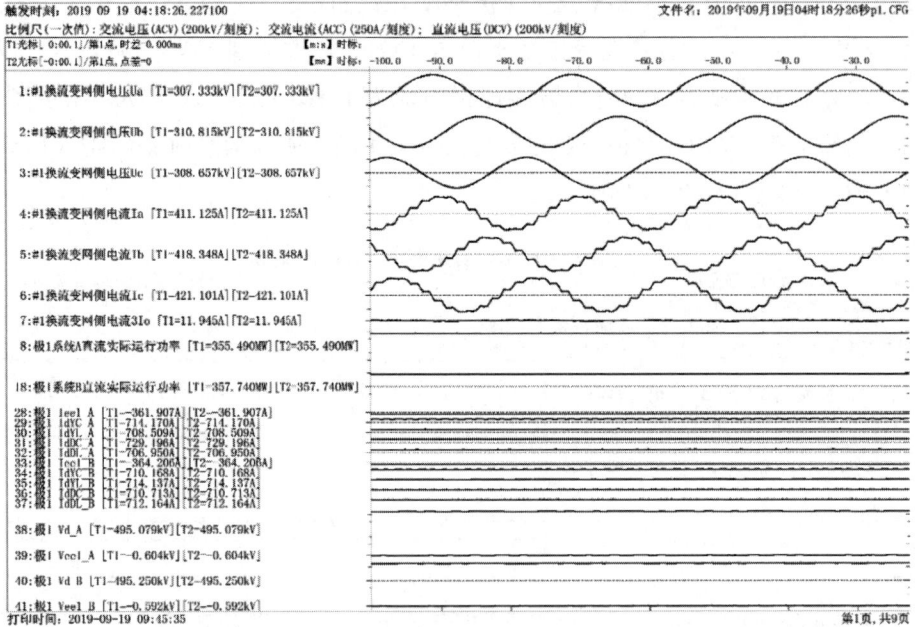

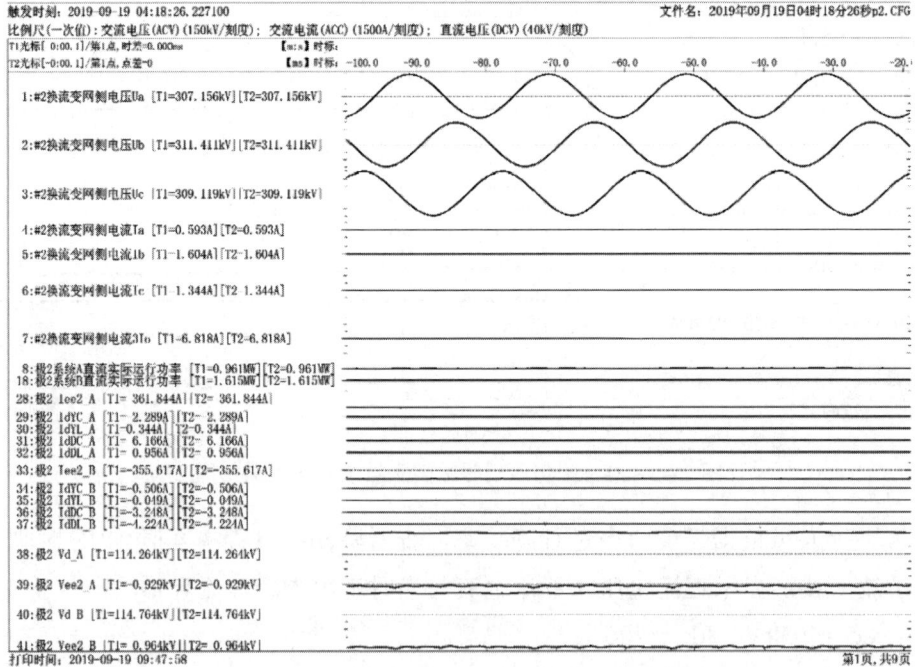

图 2-2-22　降功率过程故障录波装置录波波形图

现场检查，0030 开关振荡回路电抗器 L 脱落（红色设备），0030 开关靠近 00301 隔刀一侧断口瓷瓶炸裂，引线脱落挂在 0030 开关振荡回路连接架构上，形成电流通路：0030 开关（靠近 00301 隔刀侧）引线——0030 开关振荡回路连接架构（与地绝缘）——00302 隔刀连接电容器引线——0030 开关至 00302 隔刀引线。

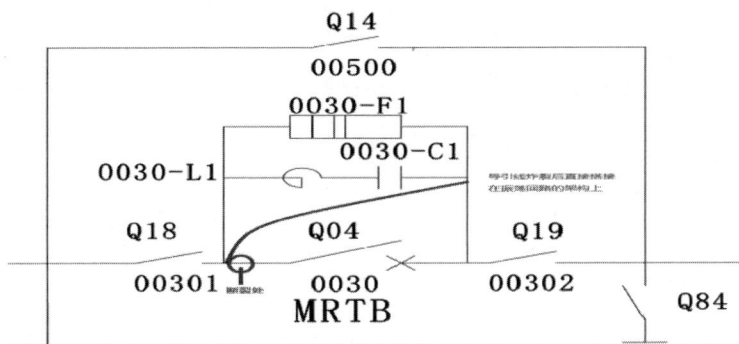

图 2-2-23　0030 开关电抗器 L 引线脱落示意图

图 2-2-24　0030 开关电抗器 L 引线脱落现场图

说明：2019 年 9 月 19 日 2 时 28 分 48 秒，某某站极 2 直流闭锁前两秒，极 2 直流系统出现波动，双极中性区域电压和电流连续受到 4 次冲击，其中接地极电流瞬时最大达到 2335A，未达到告警延时（接地极过流告警定值 0.75pu = 0.75×1200 = 900A，延时 500ms）。2 时 28 分 50 秒，某某站极 2 直流系统收到对站 ESOF 信号闭锁。

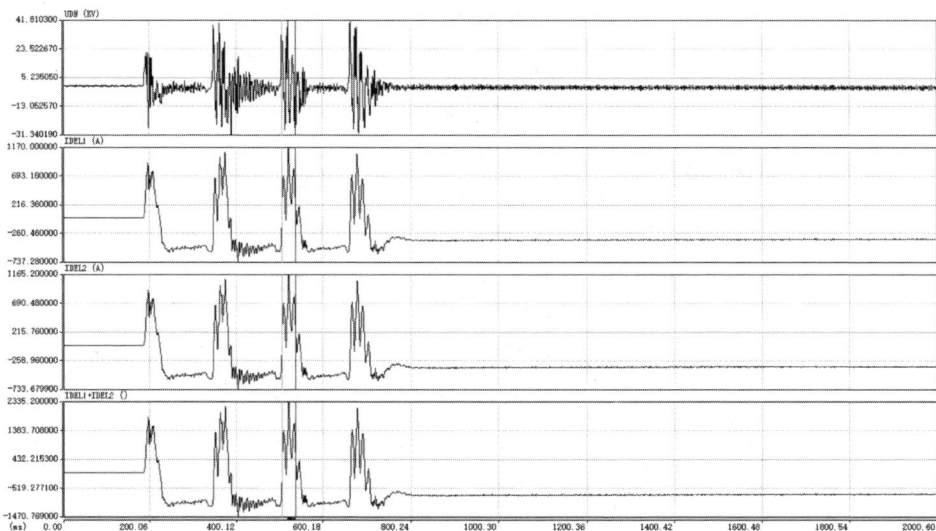

图 2-2-25　闭锁过程故障录波图

（四）初步分析

（1）0030 开关断口瓷瓶炸裂的可能原因。2019 年以来某某换流站大地－金属回线转换共计 5 次，最近一次是 2019 年 8 月 17 日操作，至 9 月 19 日 2 时 33 分，双极平衡运行，该开关未经过大电流考验。9 月 19 日 2 时 28 分～4 时 08 分，极 2 闭锁转为单极大地回线运行，该开关通过 1120A 直流电流。

初步分析 0030 开关内部可能存在接触不良导致发热，过热引起开关内部触头脱离产生电弧引起 SF_6 气体膨胀，超过瓷套所承受的压力导致炸裂。由于未对该断路器进行机构等部件的详细检查，更进一步的分析有待厂家人员到现场后进行机构的尺寸复核和解体检查。

（2）0030 开关靠近 00301 隔刀一侧断口瓷瓶炸裂瞬间，直流接地极电压和电流有瞬时微小波动未达到保护告警定值，而且由于 0030 开关靠近 00301 隔刀侧引线脱落挂在 0030 开关振荡回路连接架构回路导通，直流电压和电流依旧保持正常导通，因此保护未动作行为正确。

（五）处理情况

（1）现场对中性线损坏的 3 只冲击电容器更换、05205、00500 刀闸旋转瓷瓶及相关绝缘瓷瓶的探伤、更换及试验工作；

（2）为尽快恢复直流系统运行，保障电网运行安全，9 月 20 日，通过 00500 刀闸旁路运行（该方式运行时，不能带负荷进行大地 – 金属方式转换），原直流控制、保护设计中已考虑了 00500 刀闸旁路运行模式，该方式为设计的正常运行方式，不需调整控制保护定值及参数；

（3）2019 年 12 月 11 – 15 日，直流运检公司利用某某换流站安控装置改造直流场停电期机会，对 0030、0040 开关范围内受损设备进行更换，12 月 16 日恢复正常运行方式。

第三篇

隔离开关

第一章　理　论　知　识

第一节　概　述

隔离开关（刀闸）没有专门的灭弧装置，主要用于隔离电源、进行倒闸操作以及接通或断开小电流电路，一般与断路器搭配使用，隔离开关在分闸状态时，电气回路中有明显的断开点，以保证其他电气设备的安全检修。因此，隔离开关只能在电路已被断路器断开的情况下才能进行操作，严禁带负荷操作，以免造成严重的设备和人身事故。但它允许通断一定的小电流。

一、隔离开关的功能

1. 隔离电源

隔离开关分闸状态下有明显的断口，通过该断口可将待检修的设备与带电设备之间隔开，保证检修工作中的人身、设备安全。

2. 接通和断开小电流电路

（1）接通和断开正常运行的电压互感器和避雷器。

（2）接通和断开母线的充电电流。

（3）接通和断开电流不超过 2A 的空载变压器和电容电流不超过 5A 的空载线路。

3. 改变运行方式

进行倒闸操作以改变系统运行方式，如在双母线运行的电路中，利用隔离开关将设备或线路从一组母线切换到另一组母线上去。

二、隔离开关的分类

（1）高压隔离开关按安装方式可分为户外式和户内式两种；

（2）按极数可分为单极和三极（图 3-1-1、图 3-1-2）；

（3）按有无接地开关可分为无接地开关、单接地开关、双接地开关（图 3-1-3～图 3-1-5）；

（4）按照操作机构形式可分为手操机构、电操机构、气动机构、液压机构；

（5）按照隔离开关本体的结构形式可分为单柱单臂垂直伸缩式、单柱双臂垂直伸缩式、双柱单臂水平伸缩式、双柱水平旋转式、双柱 V 形水平旋转式、三柱水平旋转式。其中单柱单臂垂直伸缩式常见型号为 GW16 型、GW22 型、单柱双臂垂直伸缩式常见型号为 GW6 型、双柱单臂水平伸缩式常见型号为 GW17 型、GW23 型，双柱水平旋转式常见型号为 GW4 型、双柱 V 形水平旋转式常见型号为 GW5 型、三柱水平旋转式常见型号为 GW7 型。

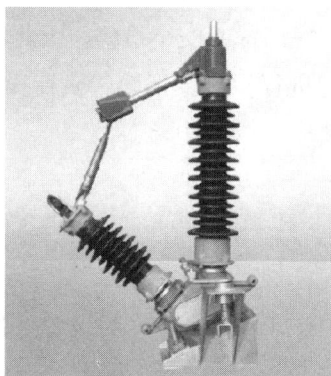

图 3-1-1　单极隔离开关

图 3-1-2　三极隔离开关

图 3-1-3　无接地隔离开关

图 3-1-4　单接地隔离开关

图 3-1-5　双接地隔离开关

图 3-1-6　单柱单臂垂直伸缩式

图 3-1-7　双柱单臂水平伸缩式

图 3-1-8　双柱水平旋转式

图 3-1-9　双柱 V 形水平旋转式

图 3-1-10　单柱双臂垂直伸缩式

图 3-1-11　三柱水平旋转式

三、隔离开关型号的含义

隔离开关常见的型号如图 3-1-12 所示。

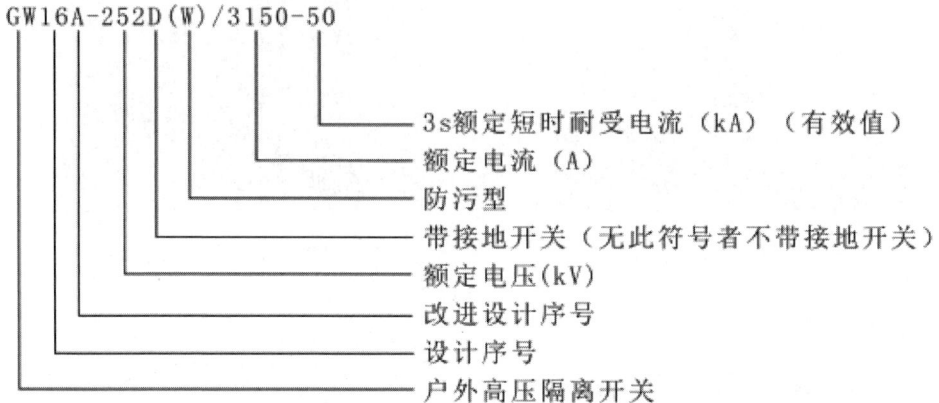

```
GW16A-252D(W)/3150-50
```

3s额定短时耐受电流（kA）（有效值）
额定电流（A）
防污型
带接地开关（无此符号者不带接地开关）
额定电压(kV)
改进设计序号
设计序号
户外高压隔离开关

图 3-1-12　隔离开关型号含义

如型号 GW16A-252D（W）/3150-50 中，G 表示隔离开关，W 表示户外，16 是设计序号，A 代表改进型，252 代表额定电压 252kV，D 代表单地刀，W 代表该隔离开关为防污型隔离开关，3150 代表额定电流为 3150A，50 代表隔离开关的 3s 额定短时耐受电流为 50kA。

四、隔离开关的参数

（1）额定电压：指隔离开关能承受的正常工作线电压。

（2）额定电流：指隔离开关可以长期通过的工作电流。隔离开关长期通过额定电流时，其各部分的发热温度不超过允许值。

（3）动稳定电流：指隔离开关在闭合位置时，所能通过的最大短路电流，称为动稳定电流，亦称额定峰值耐受电流，它表明隔离开关在冲击短路电流作用下，承受电动力的能力。这个值的大小由导电及绝缘等部分的机械强度所决定。

（4）热稳定电流：指隔离开关在规定时间内，允许通过的最大电流，它表示隔离开关承受短路电流热效应的能力。以短路电流的有效值表示。隔离开关的铭牌规定一定时间（1、2、4s）的热稳定电流。

五、对隔离开关的基本要求

1. 有明显的断开点

在隔离开关分开状态下，应具有明显的断开点，以便清楚地鉴别被检修的设备是否已与电网隔离，从而能更好地保证检修工作人员的安全。

2. 有可靠的绝缘

为了保证在发生过电压时，放电将发生在不同相导电部分或导电部分对地之间，而不能发生在同一相的开断触头间，保证在过电压作用情况下不带电侧的人身及设备的安全，隔离开关同一相的开断触头之间的距离，应大于不同相导电部分间及导电部分对地间的距离（比绝缘耐受电压大 10%～15%）。

3. 有一定破冰能力

隔离开关的触头敞露在大气中，因此对户外式隔离开关，要求在分开时能破碎覆盖在触头上的一定厚度的冰层。

4. 隔离开关和接地开关间应有可靠的机械连锁

保证先断开隔离开关后，才能合接地开关；先拉开接地开关后，才能合隔离开关的操作顺序。

5. 有锁扣装置

在隔离开关本身或其操动机构上应有锁扣装置，以防其在通过短路电流时由于电动力作用而自动分开。

第二节　交流隔离开关

一、隔离开关的结构

隔离开关主要由导电部分、绝缘子、传动部分和底座、操动机构五个部分组成。按接触方式可分为插入式和夹紧式；按动作方式可分为折叠型和旋转型。以 GW17-550 型隔离开关为例（见图 3-1-13）。

导电部分包含主闸刀、静触头、接线座，作用是传导电路中的电流。

绝缘子主要是支撑绝缘子、操作绝缘子，作用是将带电部分和接地部分绝缘开来。

传动部分主要是垂直连杆、水平连杆，作用是将操动机构输出的力矩，通过拐臂、连杆、轴齿及操作绝缘子，将运动传动给主闸刀，以完成隔离开关的分、合闸动作。

底座的作用是起支持和固定作用，其将导电部分、绝缘子、传动部分、操动机构等固定为一体，并使其固定在基础支架上。

操动机构主要是主闸刀操作机构（CJ11 机构）、地刀操作机构（CSC 机构），通过手动、电动等为隔离开关的动作提供能源。

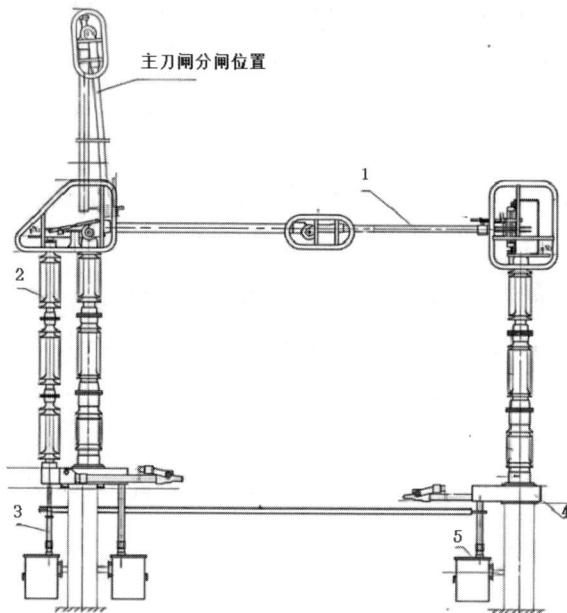

图 3－1－13　GW17－550 型隔离开关
1—导电部分；2—绝缘子；3—传动部分；4—底座；5—操动机构

二、常见隔离开关的结构

（一）双柱水平开启式隔离开关

GW17－550（图 3－1－13）双柱水平开启式隔离开关导电部分为相互逆向旋转的触头侧与触指侧，接触位置在中间部位，采用两柱绝缘子，分合闸时，绝缘子呈双柱水平旋转结构，左右对称，典型结构如 GW4、GW5 型隔离开关，GW4 型隔离开关两柱绝缘子垂直于地面布置，结构如图 3－1－14 所示，其结构简单、检修维护方便，但由于导电部分为单边悬伸状态且下部轴承座需旋转，受力情况较差，且在分闸后占用相间距离较大，故仅应用于 252kV 及以下电压等级。GW5 型隔离开关两柱绝缘子呈"V"型布置，结构如图 3－1－15 所示，该结构相比 GW4 型隔离开关结构更为紧凑，安装方式更为灵活多变，但由于导电部分及绝缘子斜向布置，对下部旋转轴承座及传动产生分力，受力情况与 GW4 型隔离开关相比较差，故仅应用于 126kV 及以下电压等级。

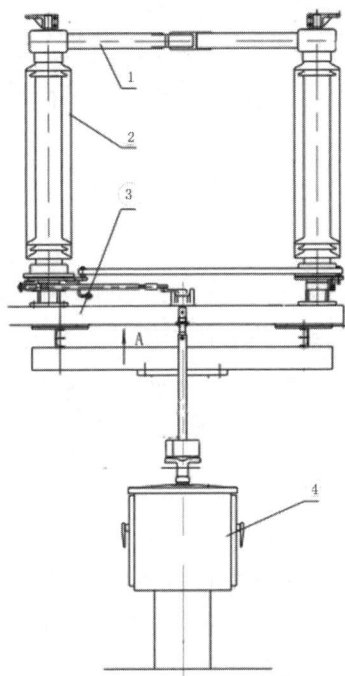

图 3－1－14　GW4-126 型隔离开关
1—主闸刀；2—支柱绝缘子；3—底座；
4—主刀操作机构

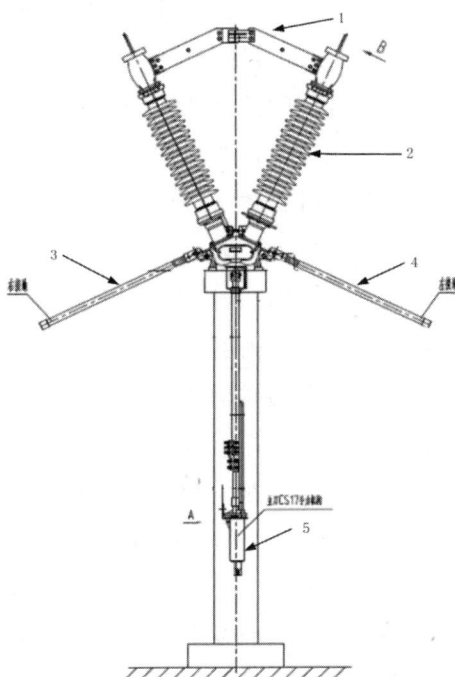

图 3－1－15　GW5-126 型隔离开关
1—主闸刀；2—支柱绝缘子；3—左接地刀闸；
4—右接地刀闸；5—操作机构

1. 结构

它是由底座、支座、绝缘子、主导电部分组成，如果是接地型，还包括接地动、静触头，接地开关杆，连动部分及互锁板等，开关单极的左右两支座通过斜拉杆传动，主刀闸的三极联动通过水平连杆传动，接地开关的三极联动通过连接管传动。

2. 动作原理

隔离开关主导电部分的运动是靠人力操作机构或电动操作机构操动底座上的主动拐臂带动平行四连杆机构，使一侧瓷瓶旋转90°，同时，借助同极的交叉连杆使另一瓷瓶反向旋转90°，于是，左、右触头同时向一侧分开或闭合，从而实现隔离开关的分闸或合闸。

接地闸刀是由人力操作机构或电动操作机构，通过一套空间四连杆的作用来实现接地刀在垂直平面内转动，从而达到分、合闸操作的目的。机构中的辅助开关与机构的转轴直接连接在一起，在分、合闸终止时，将相应的触点切断或闭合，从而发出相应的分、合闸信号可与断路器实现联锁作用，三极机械联动时，则是通过相间拉杆或水平连杆使三极的动作一致。

隔离开关通过机构的主轴和接地传动轴上的连锁板进行机械联锁，机构上还设有电磁锁，可有效防止误操作。

主刀操作结构为手力操动机构或电动操动机构。主刀操作机构输出轴90°水平旋转，输出轴通过垂直连杆、万向接头带动隔离开关本体一侧的瓷瓶转动，再通过隔离开关底座内的伞齿轮带动另一侧的瓷瓶转动，从而使两瓷瓶上的左右触头装配在分合闸时动作保持一致。当三极联动时，通过拉杆接头的联动，使得隔离开关三相动作一致。

分合闸位置由操作机构和隔离开关本体上相应的限位装置限定。地刀操作机构操作时，做90°水平旋转，通过垂直连杆带动一个四连杆机构操动接地刀。操动机构中的辅助开关与机构的转轴联接在一起，在分合闸终止时，将相应的触电切断和闭合，从而发出相应的分合闸信号，实现和其他电气设备的联锁。

操作主刀时，地刀应处于分闸位置；操作地刀时，主刀应处于分闸位置。GW5型隔离开关具有机械联锁功能，可有效防止误操作。

（二）单柱垂直伸缩式隔离开关

单柱垂直伸缩式隔离开关在分闸后形成垂直方向的绝缘单断口，闸刀的动作方式为垂直伸缩方式，其静触头安装于母线上。典型结构如GW6型隔离开关、GW16型隔离开关、GW22型隔离开关等。

1. 结构

单柱垂直伸缩式隔离开关分为单柱单臂、单柱双臂两种结构形式。GW16、GW10型、GW22型、GW28型、GW35型隔离开关为单柱单臂结构，其导电系统只有一个导电臂，分闸时朝向一边偏折，动触头端部采用钳夹结构或者插入等结构，如 GW16 型、GW10 型、GW22 型隔离开关动触头采用钳夹式结构，GW28 型、GW35 型隔离开关采用插入式结构。

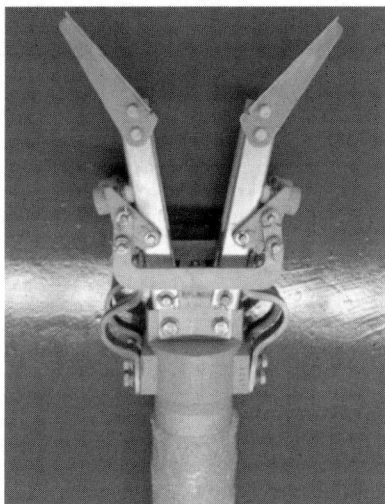

图 3－1－16　钳夹式结构

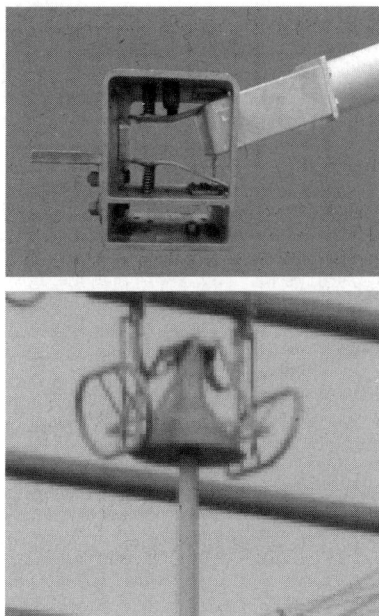

图 3－1－17　插入式结构

GW6 型隔离开关导电系统为单柱双臂结构，包括两个导电臂，两个导电臂结构上类似"剪刀"。该结构隔离开关占地面积小，但只能安装于母线下或者 A 型架下能安装悬挂式静触头的地点。

表 3－1－1　　　　　　　　　　　不同型号隔离开关结构差异

序号	垂直伸缩方式	动静触头结构	生产厂家
1	GW16 型	钳夹结构	湖南长高高压开关集团股份公司
2	GW10 型	钳夹结构	西安西电高庄开关有限责任公司
3	GW22 型	钳夹结构	江苏省如高高压电器有限公司、山东泰开隔离开关有限公司
4	GW28 型	插入结构	河南平高电气股份有限公司
5	GW35 型	插入结构	湖南长高高压开关集团股份公司

主要包括：操动机构、底座、支柱绝缘子、旋转绝缘子、主闸刀和母线静触头等。可配装接地开关。

（1）底座全部由热镀锌钢制零部件装配而成，螺杆下端直接与现场基础固定。底座安装板顶面可附装接地闸刀，其他如传动部分、机械联锁板等亦安装于底座上。

（2）绝缘子建立起导电系统对地绝缘和保证隔离开关在动静负荷下的机械稳定性的作用。绝缘子分为支柱绝缘子和旋转绝缘子，均由两节高强度瓷瓶组成。

（3）导电系统。

GW6 型隔离开关主闸刀由上管装配、连轴节、下管装配和传动箱等组成。动触头为紫铜件，装配在上导电管上，动触头有较长的接触区，接触压力由夹紧连杆装置（在传动箱内部）产生并保持稳定的数值。

GW16 型、GW10 型、GW22 型、GW28 型隔离开关主闸刀由上导电管装配、齿轮箱装配、下导装配、导电底座装配、导电带等组成。

母线静触头由静触杆、钢芯铝绞线、横担铝板和母线夹具等组成。固定在上层母线上。根据母线的结构形式不同，分为软母线、悬挂式管母线、固定管母线静触头等型式。

2. 双臂折叠结构隔离开关动作原理

双臂折叠结构隔离开关主闸刀的结构原理（见图 3-1-18），它的运动过程是由两部分组成，即折叠运动和夹紧运动，运动原理按照图 3-1-19 进行详细说明。

（1）折叠运动：

合闸时由电动机构驱动操作绝缘子 13 顺时针转动，操作绝缘子 13 通过传动法兰 11 带动传动轴 10 和主动拐臂 9 转动，由主动拐臂 9 通过操作杆 7 使左侧从动拐臂 5 顺时针方向转动，同时通过连杆 8 带动右侧从动拐臂 6 逆时钟方向转动，从而带动下导电杆 4 相对合拢，下导电杆 4 通过铰链接点 M 带动上导电杆 2 绕绞接点 K 成剪刀合拢式向合闸方向运动。

（2）夹紧运动：

当合闸到上导电杆 2 与静触杆 1 接触后，上导电杆 2 不再向合闸方向运动，但底座部位的拐臂 9 仍转动一定角度，引起上导电杆产生弹性变形，直到主动拐臂9转动过死点后完成夹紧动作，此时通过上导电杆2的弹性变形量，保证动静触指所需的夹紧力。

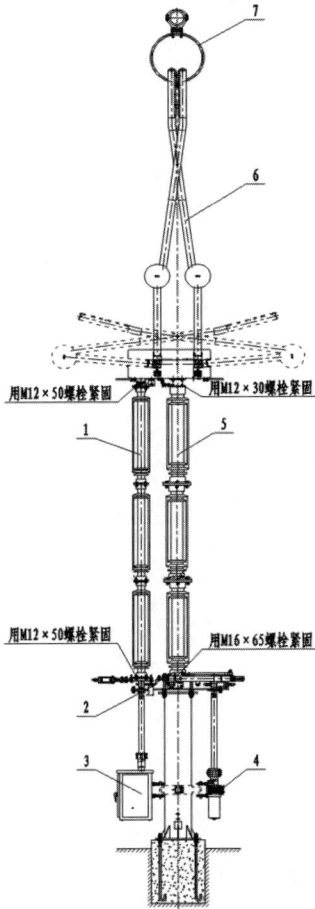

图 3-1-18　GW6-550 型隔离开关结构
1—旋转绝缘子；2—底座；3—电动机操动机构；4—手动操作机构；5—支柱绝缘子；6—主闸刀；7—静触头（管母线或软母线）

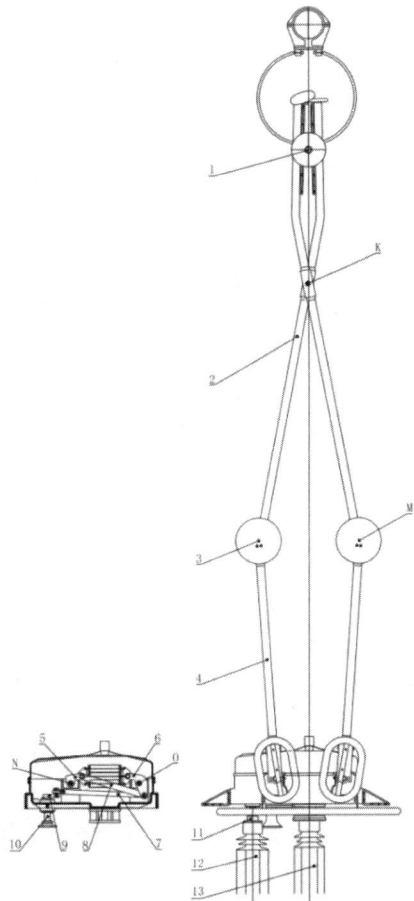

图 3-1-19　GW6-550 型隔离开关结构详图
1—静触杆；2—上导电杆；3 连接轴；4—下导电杆；5—左侧从动拐臂；6—右侧从动拐臂；7—操作杆；8—连杆；9—主动拐臂；10—传动轴；11—传动法兰；12—支柱绝缘子；13—操作绝缘子

3. 单臂折叠结构隔离开关动作原理

以 GW16 型隔离开关为例，介绍单臂折叠结构隔离开关主闸刀的结构原理（见图 3-1-20），它的运动过程是由两部分组成，即折叠运动和夹紧运动。

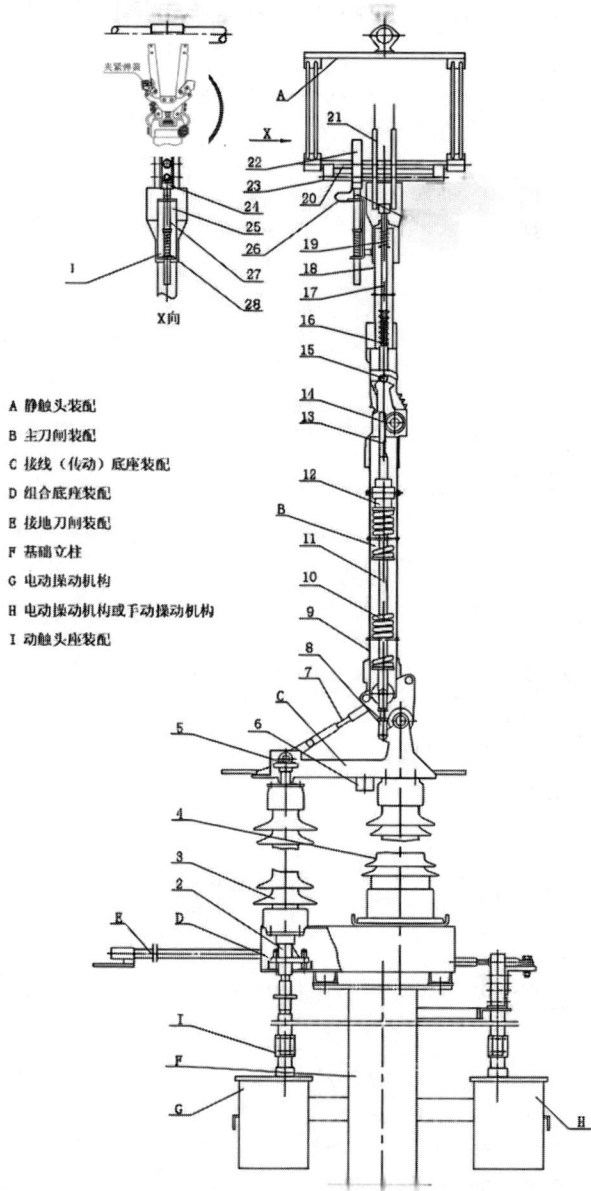

图 3-1-20　GW16-550 隔离开关结构

1—接头；2—可调支承；3—操作绝缘子；4—支柱绝缘子；5—伞齿轮；6—接地刀闸静触头装配；
7—可调双连杆；8—可调连结；9—下导电管；10—平衡弹簧；11—拉杆；12—调节螺套；13—齿条；
14—齿轮；15—滚轮；16—夹紧弹簧；17—顶杆；18—上导电管；19—复位弹簧；20—静触杆；21—动触指；
22—导向板；23—静引弧杆；24—动引弧头；25—导电支架；26—导电带；27—导杆；28—顶紧弹簧

（1）折叠运动：由操动机构驱动操作瓷瓶水平转动，与操作瓷瓶相连的驱动曲柄带动传动连杆做空间运动，从而使下导电管下端的主刀转动座绕水平转轴旋转（逆时针方向转动合闸，顺时针方向转动分闸），由于齿条拉杆与主刀转动座的转动铰接点不同，从而使齿条拉杆相对于下导电管作轴向移动，而拉杆的上端与齿条牢固连接，因此齿条的移动便驱动齿轮转动，从而使与齿轮轴牢固连接的上导电管相对于下导电管作张开（合闸）或折叠（分闸）运动。另外，在拉杆轴向位移的同时，平衡弹簧按预定的要求储存或释放弹性能量，最大限度地平衡主刀闸的自身重力矩，以利于主刀闸轻便、灵活的运动。

（2）夹紧运动：主刀闸由分闸位置向合闸方向运动到接近合闸位置（快要伸直）时，滚轮开始与齿轮箱上的斜面接触，并沿着斜面继续运动。于是与滚轮相连的推杆便克服复位弹簧的反作用力向前推移，同时动触头座的外压式滑块夹紧机构把推杆的推移运动转换成动刀片的相对钳夹运动。当静触杆被夹住后，滚轮继续沿斜面上移 $3\sim5$mm，使推杆压缩动刀片背面的夹紧弹簧直至完全合闸，此时，随着推杆的顶压，原已被预压缩的夹紧弹簧被第二次压缩，夹紧弹簧的力作用在刀片上，从而使动刀片对静触杆保持稳定的夹紧压力。当主刀闸开始分闸时，滚轮沿斜面向外运动，直到脱离斜面。此时，在复位弹簧作用下，推杆带动动刀片张开呈"V"形，使之顺利地脱离静触杆而完成分闸操作。

（三）双柱水平伸缩式隔离开关

1. 结构

双柱水平伸缩式隔离开关主要由绝缘子底座、绝缘子、导电系统、操动机构等组成。其总体结构见图 3-1-21。

（1）底座装配。每台隔离开关有六个底座装配，其中三个动侧底座装配、三个静侧底座装配。接地时，相应的底座上还包括接地开关及其传动部分。

（2）绝缘子。每台隔离开关有六柱支柱绝缘子、三柱操作绝缘子，根据设备电压等级每柱支柱绝缘子、操作绝缘子由 $1\sim3$ 节叠加而成。

（3）机械连锁。联锁板装配及互锁板实现隔离开关、接地开关的机械联锁。

（4）主导电系统。主要由静触头装配、主闸刀装配构成。静触头装配固定在静侧支柱绝缘子的上端，主闸刀装配固定在动侧支柱绝缘子的上端。主闸刀装配主要由上导电管装配、齿轮箱装配、下导装配、导电底座装配、导电带等组成。

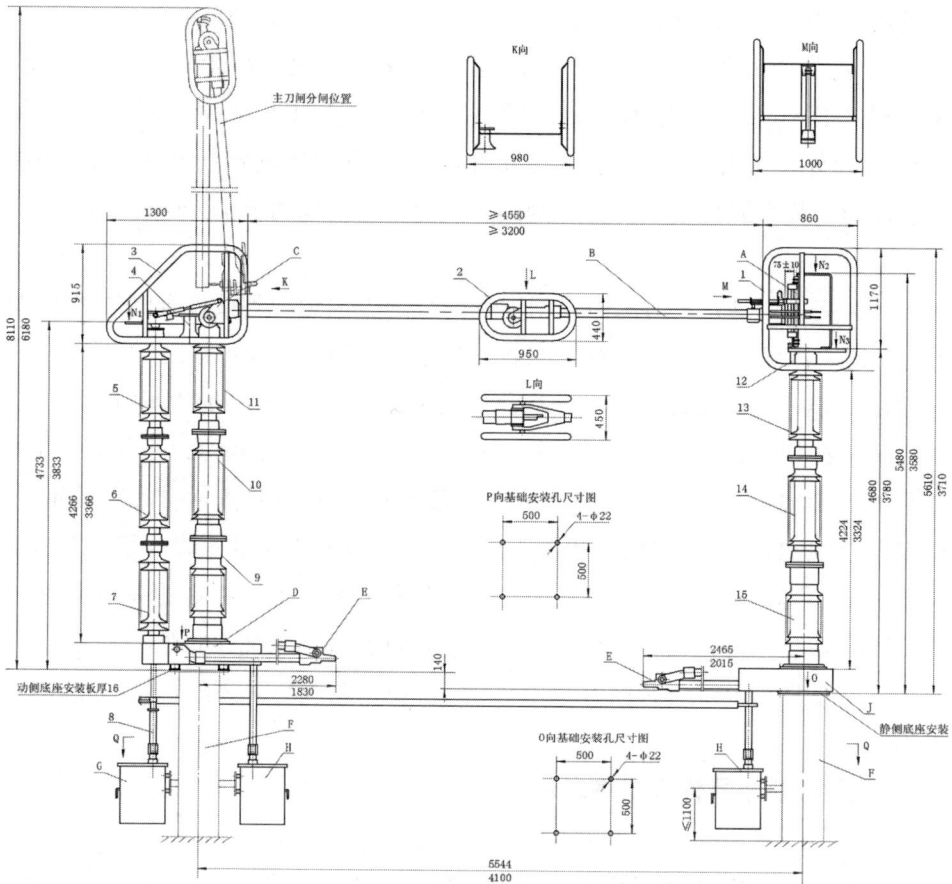

图 3-1-21　GW17-550 隔离开关结构图

1—静触头均压环；2—中间接头均压环；3—接线底座均压环；4—接地刀闸静触头装配；5—上操作绝缘子；
6—中操作绝缘子；7—下操作绝缘子；8—垂直连杆；9—主刀闸下支柱绝缘子；
10—主刀闸中支柱绝缘子；11—主刀闸上支柱绝缘子；12—接地刀闸静触头装配；
13—静触头上支柱绝缘子；14—静触头中支柱绝缘子；15—静触头下支柱绝缘子

表 3-1-2　　　　　　　　不同型号隔离开关结构差异

序号	垂直伸缩方式	动静触头结构	生产厂家
1	GW17 型	钳夹结构	湖南长高高压开关集团股份公司
2	GW11 型	钳夹结构	西安西电高压开关有限责任公司

序号	垂直伸缩方式	动静触头结构	生产厂家
3	GW23 型	钳夹结构	江苏省如高高压电器有限公司、山东泰开隔离开关有限公司
4	GW29 型	插入结构	河南平高电气股份有限公司
5	GW36 型	插入结构	湖南长高高压开关集团股份公司

2. 动作原理

以 GW17 型隔离开关为例进行说明，结构如图 3-1-22 所示，与 GW16 型隔离开关运动过程一样，由两部分运动复合而成的，即折叠运动和夹紧运动。

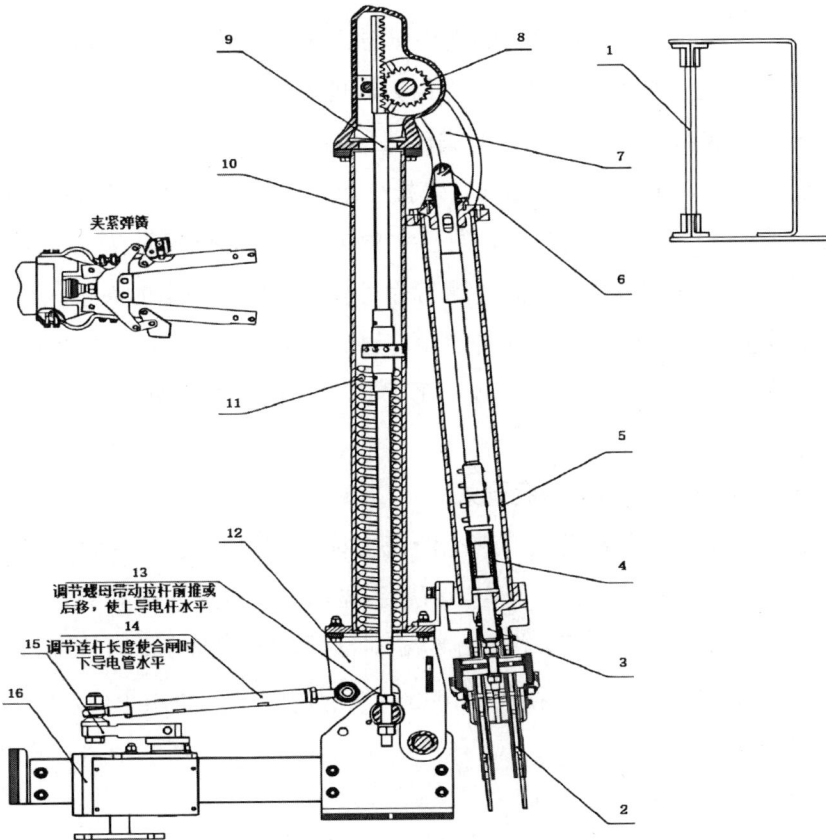

图 3-1-22　GW17-550 隔离开关主刀闸结构原理图

1—静触杆；2—动触片；3—上操作杆；4—复位弹簧；5—上导电管；6—滚轮；7—连接拨叉；
8—齿轮；9—齿条拉杆；10—下导电管；11—平衡弹簧；12—转动座；13—调节螺杆；
14—连杆；15—拐臂；16—齿轮箱装配

165

（1）折叠运动：由操动机构驱动操作瓷瓶水平转动，与操作瓷瓶相连的驱动曲柄带动传动连杆做空间运动，从而使下导电管下端的主刀转动座绕水平转轴旋转（逆时针方向转动合闸，顺时针方向转动分闸），由于齿条拉杆与主刀转动座的转动较接点不同，从而使齿条拉杆相对于下导电管作轴向移动，而拉杆的上端与齿条牢固连接，这样齿条的移动便驱动齿轮转动，从而使与齿轮轴牢固连接的上导电管相对于下导电管作张开（合闸）或折叠（分闸）运动。另外，在拉杆轴向位移的同时，平衡弹簧按预定的要求储存或释放弹性能量，最大限度地平衡主刀闸的自身重力矩，以利于主刀闸运动轻便、灵活。

（2）夹紧运动：主刀闸由分闸位置向合闸方向运动到接近合闸位置（快要伸直）时，滚轮开始与齿轮箱上的斜面接触，并沿着斜面继续运动。于是与滚轮相连的推杆便克服复位弹簧的反作用力向前推移，同时动触头座的外压式滑块夹紧机构把推杆的推移运动转换成动刀片的相对钳夹运动。当静触杆被夹住后，滚轮继续沿斜面上移 3～5mm，使推杆压缩动刀片背面的夹紧弹簧直至完全合闸，此时，随着推杆的顶压，原已被预压缩的夹紧弹簧被第二次压缩，夹紧弹簧的力作用在刀片上，从而使动刀片对静触杆保持稳定的夹紧压力。当主刀闸开始分闸时，滚轮沿斜面向外运动，直到脱离斜面。此时，在复位弹簧作用下，推杆带动刀片张开呈"V"形，使之顺利地脱离静触杆而完成分闸操作。

（四）三柱水平旋转式隔离开关

三柱水平旋转式隔离开关有三个绝缘支柱，中间为动触头，两端为静触头，分闸后形成两个断口，静触头固定，动触头先水平旋转进入静触头开口然后在垂直面内旋转 45°完成合闸。优点结构相对简单，导电部分受力特别均衡，无需重力平衡结构，故在超、特高压电压等级应用较多。适用于 126～1100kV 各电压等级。

1. 结构

GW7 型隔离开关是三柱水平翻转式隔离开关，三个单极组成一台三极开关。单极开关主要包括：操动机构、底座、支柱绝缘子、旋转绝缘子、主闸刀动触头、主闸刀静触头等。

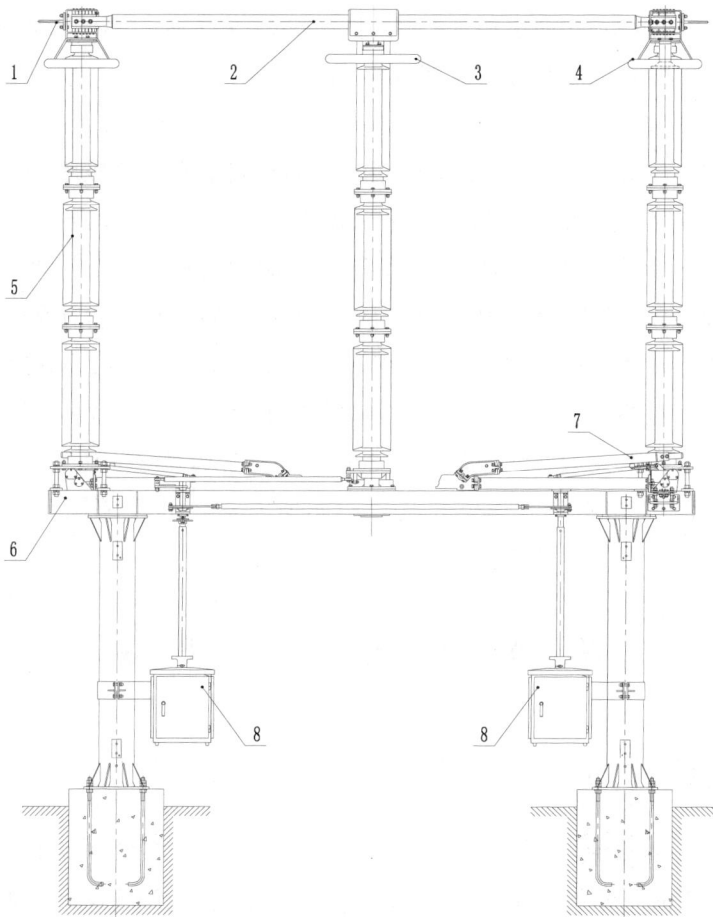

图 3-1-23　GW7-550 型隔离开关

1—主导电静触头；2—主导电动触头；3—动侧均压环；4—静侧均压环；5—绝缘子；
6—底座；7—接地刀闸；8—操作机构

底座是由矩形钢管和钢板焊接而成，中间安装轴承座，其余由热镀锌钢制零部件装配而成。底座两侧的螺杆结构用于调节两侧支柱绝缘子的高度。中相底座上装配主、地刀传动及机械联锁装置。

绝缘子使导电系统对地绝缘，并保证隔离开关在动静负荷下的机械稳定性。绝缘子分为支柱绝缘子和旋转绝缘子，均由两节高强度瓷瓶组成。支柱绝缘子下端直接固定在底座上，上端用于固定主闸刀静触头；旋转绝缘子下端固定在轴承座上，上端用于固定主闸刀动触头。

主导电部分由主闸刀静触头和主闸刀动触头组成。主闸刀静触头由接线板、静触座、触指、触指弹簧、合闸限位和钩板等组成。主闸刀动触头由动触板、导电管及传动箱内的翻转装置等组成。

2. 动作原理

隔离开关合闸时，机构通过垂直连杆驱动安装于主操作极底座上的主刀传动轴旋转约 135°，再通过拐臂及连杆组成的四连杆机构驱动轴承座法兰轴带动中间旋转绝缘子转动约 115°，从而驱动主闸刀动触头先在水平面上旋转约 70°，当主闸刀动触头进入静触座被合闸限位挡住后，导电管在传动箱内翻转装置的带动下再绕自身轴线转动约 60°，导电管两侧的动触板成竖直状态，压缩静触指，产生接触压力，使动触板与静触指可靠接触，完成合闸动作。分闸过程与之相反。主操作极上的轴承座法兰拐臂通过相间水平连杆与前后从动极上的轴承座法兰拐臂相连，从而使三极隔离开关同步完成分合闸动作。

第三节　直流隔离开关

一、概述

直流隔离开关与交流隔离开关作用一样，是一种没有灭弧装置的开关设备，主要用来断开无负荷电流的电路、隔离电源，在分闸状态时有明显的断开点以保证其他电气设备的安全检修。它没有专门的灭弧装置，不能切断负荷电流及短路电流。因此，只能在电路已被断路器断开的情况下才能进行操作，严禁带负荷操作，以免造成严重的设备和人身事故。装在直流滤波器高压侧的隔离开关具备一定开合谐波电流的能力。

直流隔离开关与交流隔离开关结构类似，可以由普通交流隔离开关改装而来，主要由导电部分、绝缘部分、传动部分和底座部分组成，区别在于直流隔离开关需长时间耐受的直流电流比较大。

根据在直流场换流站的安装位置可分为直流极母线隔离开关、直流滤波器隔离开关和直流共静触头隔离开关（极线平抗阀侧隔离开关和旁路母线隔离开关）四种规格。

二、隔离开关型号的含义

高压直流隔离开关的型号是由字母和数字组成，表示如下：

（1）第 1 位字母 Z，代表直流。

（2）第 2 位字母 G 代表隔离开关。

（3）第 3 位字母代表安装地点。N—户内，W—户外。

（4）第 4 位数字，为设计序号，代表不同的系列。

（5）第 5 位数字，代表额定电压（kV），如 408、560、680、816、1120。

（6）第 6 位字母，代表补充特性，T—统一设计，G—改进型，D—带接地开关，C—穿墙式。

（7）第 7 位数字，代表额定电流（A），如 6300、8000。

例如某直流隔离开关型号为 ZGW6－408。

Z－直流设备。

G－隔离开关。

W－户外使用。

408－额定直流电压为 408kV。

三、高压直流隔离开关结构特点

（一）ZGW2－408 直流隔离开关

1. 作用

ZGW2－408 双柱水平伸缩式户外高压直流隔离开关（简称隔离开关）是水平伸缩式结构高压直流电气设备，类似 GW17 型隔离开关结构，单极安装，供±400kV 高压线路在高压母线、断路器等高压电气设备检修时电气隔离。

2. 结构

隔离开关为立地安装水平伸缩式，由导电基座、上部导电、下部导电、静触头、绝缘子、底架、操动机构等组成，采用全装配式的模块化设计，如图 3－1－24 所示。

3. 动作原理

（1）合闸过程：机构带动导电基座的拐臂转动，拐臂带动下部导电向上转动,通过内拉杆、平衡弹簧和齿轮齿条的作用,拉动上部导电转动,使动触头加紧静触头,实现合闸。

(2)分闸过程:机构带动导电基座的拐臂转动,拐臂带动下部导电向下转动,通过内拉杆、平衡弹簧和齿轮齿条的作用,拉动上部导电转动,使动触头和静触头分离,实现分闸。

(二)ZGW5 直流隔离开关

ZGW5-100D/J5500 型高压直流隔离开关采用双柱水平开启单断口结构,类似 GW4 型隔离开关结构;主要由底座总装配、直流支柱绝缘子、主导电系统和 CJ11A 型电动机操动机构等组成;根据需要可附装一套或两套直流接地开关,直流接地开关采用直抡式结构,布置方式与隔离开关底座平行。隔离开关配用 CJ11A 型电动机操动机构进行分、合闸操作;直流接地开关配用 CJ11A 型电动机操动机构进行分、合闸操作;隔离开关和接地开关之间装有机械联锁装置,可确保隔离开关或接地开关不发生误操作。总体结构见图 3-1-25。

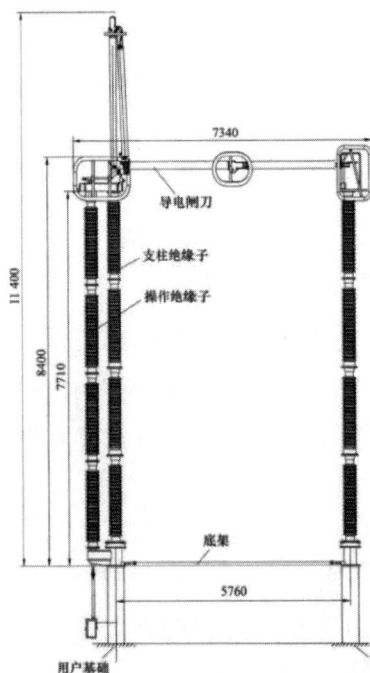

图 3-1-24 ZGW2—408 型隔离
开关总体结构

图 3-1-25 ZGW5-100 型隔离开关
总体结构

（三）ZGW6-816 直流隔离开关

1. 作用

ZGW6-816 型隔离开关安装在±800kV 换流站直流场极母线侧及直流滤波器高压侧，用于无载流条件下进行线路切换，对被检修的高压母线、换流阀、平波电抗器等电器设备与高压线路进行电气隔离，给被检修设备和检修人员提供一个符合要求的安全可见的绝缘距离；装在直流滤波器高压侧的隔离开关具备一定开合谐波电流的能力。

2. 结构

ZGW6-816 型隔离开关采用双柱单臂折叠插入式结构，类似 GW17 型隔离开关结构，但是支撑绝缘子较多，主要由主导电系统、绝缘子装配、基础支架焊装、CJ11A 型电动机操动机构和均压环等组成，ZGW6-816 型隔离开关由 CJ11A 型电动机操动机构进行分、合闸操作，其总体结构如图 3-1-26。

导电回路主要由静触头装配、主闸刀装配构成。静触头装配固定在静侧绝缘子的上端，主闸刀装配固定在动侧绝缘子上端，主导电系统采用双柱单臂折叠插入式水平断口结构。动、静触头均采用密封结构，能够避免触头受到直流吸附效应的影响；主触指采用环形触指，多点接触，能够满足长时间大电流运行需求。

3. 动作原理

CJ11A 型电动机操动机构通过垂直连杆驱动旋转绝缘子做旋转运动，此旋转运动经空间四连杆，把水平面内的旋转运动转化为主闸刀下导电管的在竖直平面内的旋转运动。下导电管内的拉杆（装有平衡重力势能的平衡弹簧）一端与底座铰接，另一端与齿条连接。齿条与中间齿轮箱中的齿轮啮合，由于拉杆与底座铰接点和下导电管与底座铰接点位置不同，在下导电管旋转运动中，拉杆相对于下导电管做轴向移动，这样齿条的轴向移动便推动齿轮旋转，使与齿轮连接的上导电管相对于下导电管作平稳的伸直或折叠运动，从而完成主闸刀的合闸或分闸动作。

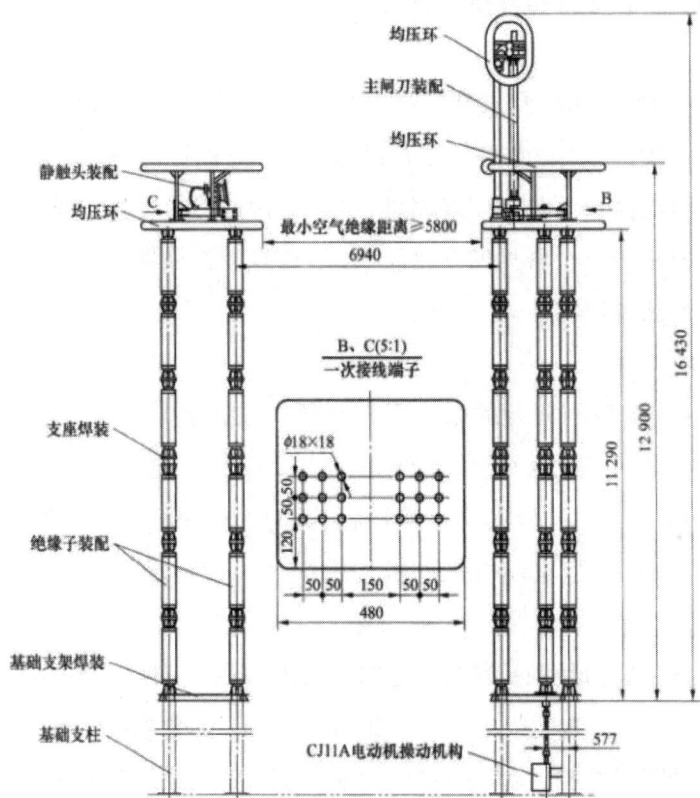

图 3-1-26 ZGW6-816 型隔离开关总体结构

第四节 操 作 机 构

一、概述

隔离开关的操作机构是将其他形式的能量转换为机械能，使隔离开关进行分合闸操作。主要分为一般分为手动操作机构和电动操作机构，由于手动操作机构比较简单，且目前一般采用较少，本文不做赘述。

隔离开关的操作机构应满足如下要素：

（1）隔离开关应能电动操作和手动操作。

（2）操作机构箱应装设供检修及调整用的人力分、合闸装置。

（3）操作机构的终点位置应有坚固的定位和限位装置，且在分、合闸位置应能将操作柄锁住。

（4）隔离开关应具备电气连锁的功能。

二、操作机构结构

操作机构一般由箱体、机械减速系统、电气控制系统、驱潮装置四个部分组成。

箱体由不锈钢板制成，起支撑和保护作用，为便于安装和检修，在正面和两侧面各有一门，且各门采用迷宫结构防止雨水进入箱内。正门与侧门之间装有机械联锁装置，必须先开正门解除联锁后，才能开侧门。

机械减速系统由电动机、蜗减速器、轮减速器、输出轴及无级调节抱箍（或无级调节摩擦盘）组成。由输出轴的缓冲定位装置与限位开关组成一套输出轴转动角度限制装置。

电气控制系统由小型断路器，控制按扭（分闸、合闸、停止按钮）、电动机综合保护器、交流接触器、限位开关、辅助开关和接线端子组成。

驱潮装置由凝露控制器、加热器和小型断路器组成。为方便机构的检查和操作，机构辅助回路中设有照明灯。

三、工作原理

电气控制原理和二次接线见图 3－1－27～图 3－1－29。

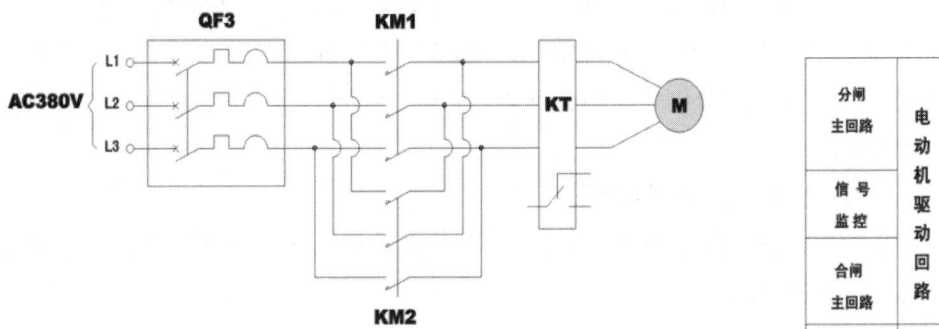

图 3－1－27　CJ12 型操作机构电机驱动回路原理图

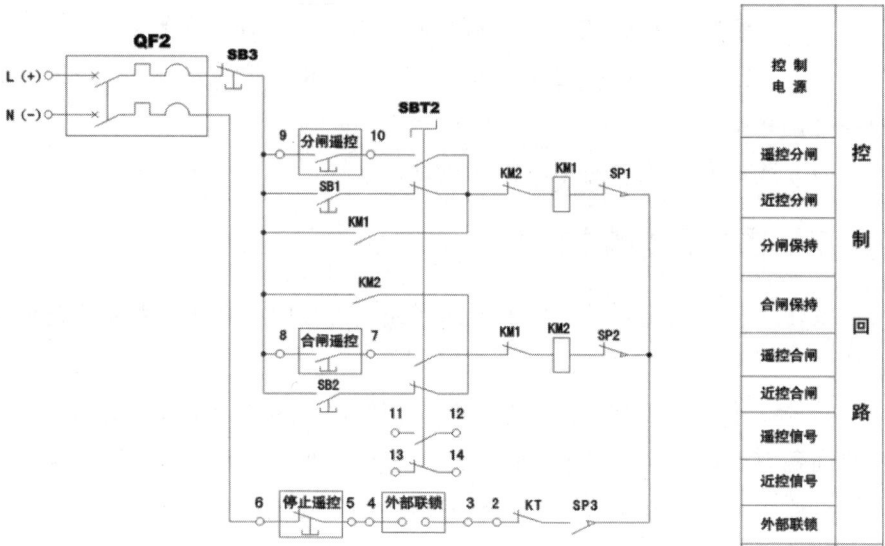

图 3 - 1 - 28 CJ12 型操作机构控制回路原理图

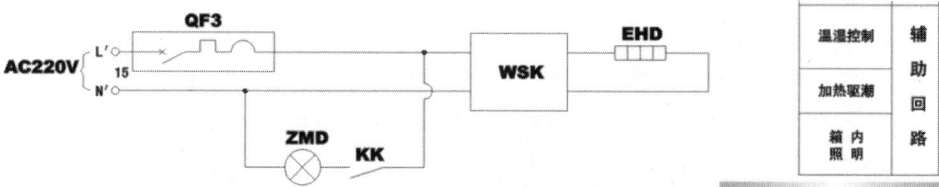

图 3 - 1 - 29 CJ12 型操作机构电机辅助回路原理图

图 3 - 1 - 27～图 3 - 1 - 29 中，QF1、QF2、QF3 为快分开关，X1 为电气原理部分接线端子排，X2 为辅助开关引出线端子排，SP1、SP2 为微动开关，SP3 行程开关，KK 为照明开关，EHD 为加热器，ZMD 为照明灯，WSK 为温度、凝露控制器，SBT2 为近控、遥控转换开关，SBT1 为辅助开关，SB1 为分闸按（红色），SB2 为合闸按（绿色），SB3 为停止按（黑色），KT 为电动机综合保护器，KM1 为分闸用交流接触器，KM2 为合闸用交流接触器，M 为三相交流电动机。

（一）电动机驱动回路原理

先合上控制回路电源开关 QF2 及电动机驱动回路电源开关 QF3，接通电机电源和控制电源。

就地操作分闸时，按下分闸按钮 SB1，则 KM1 继电器动作，KM1 常开节点吸合（图 3-1-27），三相电源通过 QF3（电动机操作电源空气开关）、KM1（继电器）、KT（热过载继电器）使得电动机启动进行隔离开关分闸操作，电动机通过机械减速系统将力矩传送给机构主轴，使主轴转动，当主轴转到分闸终点位置时，装在丝杆螺母上的滑块使 SP1（行程开关）动作，切断分闸接触器的控制电源，分闸终止。

就地操作合闸时，按下分闸按钮 SB2，KM2 继电器动作，KM2 常开节点吸合（图 3-1-27），改变接入电机的电源相序，三相电源通过 QF3（电动机操作电源空气开关）、KM2 继电器使得电动机反向转动进行隔离开关合闸操作，电动机通过机械减速系统将力矩传送给机构主轴，使主轴转动，当主轴转到分闸终点位置时，装在丝杆螺母上的滑块使 SP2（行程开关）动作，切断合闸接触器的控制电源，分闸终止。

除分合闸外，还设有停止按钮以满足异常情况下使用，当发生异常情况，立即按"停止"按钮，电动机停止转动。

（二）分合闸动作原理

1. 就地手动操作

就地手动操作隔离开关时，将远近控转换开关 SBT2 打至手动位置，SBT2 就地对应触点闭合发手动操作信号，SBT2 电磁锁对应触点闭合，启动手动摇把操作电磁锁，开放手动操作，可使用隔离开关手操摇把进行手动分合。

2. 就地电动操作

就地电动操作隔离开关时，SBT2 置近控位置，其近控对应触点闭合，发近控信号，合上控制电源开关 QF2、电机电源开关 QF3 接通就地操作电源。就地操作电源接通后，可就地摁下合闸或分闸按钮进行隔离开关电动分合。

（1）就地电动操作分闸

分闸时，按下 SB1 分闸按钮，交流接触器 KM1 动作，对应常开触点导通，导通分闸保持回路，正电源 L 通过 QF2（控制电源空气开关）、SB3（就地停止按钮）、KM1（分闸交流接触器）、KM2（合闸交流接触器）、KM1（分闸交流接触器线圈）、SP1（合闸限位行程开关）、SP3（机构箱门侧门门控行程开关）、回到 N（电源负极），并自保持电动机反方向旋转直到分闸到位，分闸到位时 SP1（限位开关）断开，KM1 失电返回为断开状态，隔离开关分闸完毕。

在就地分闸操作过程中，若遇到意外情况，可以按下 SB3（停止按钮），切断电源，终止分闸操作。若电机转动过程中，传动部件卡涩，可导致电机过载过热，KT 热过载继电器启动断开常闭触点，终止分闸操作。

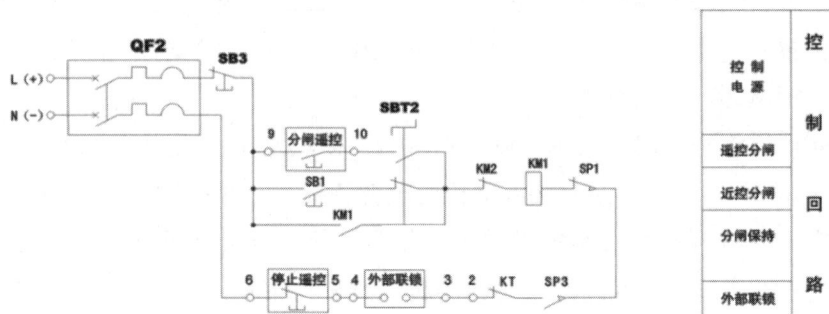

图 3-1-30　分闸回路原理图

（2）就地电动操作合闸。

合闸时，按下 SB2 分闸按钮，交流接触器 KM2 动作，对应常开触点导通，导通合闸保持回路，正电源 L 通过 QF2（控制电源空气开关）、KM2（合闸交流接触器）、KM1（分闸交流接触器）、KM2（合闸交流接触器线圈）、SP2（分闸限位行程开关）、SP3（机构箱门侧门门控行程开关）、KT（热过载继电器）、SB3（就地停止按钮）回到 N（电源负极），并自保持电动机正方向旋转直到合闸到位，合闸到位时 SP2（限位开关）断开，KM2 失电返回，隔离开关合上。在就地合闸操作过程中，若遇到意外情况，可以按下 SB3（停止按钮），断开停止按钮常闭触点，切断电源，终止合闸操作。同时，若电机过载过热，KT 热过载继电器断开常闭触点，终止合闸操作。

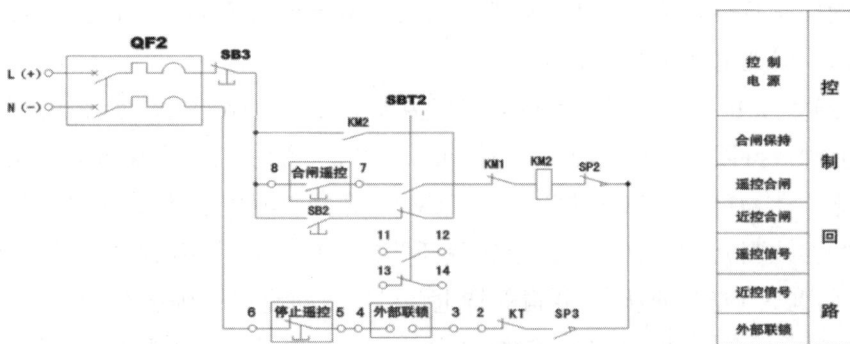

图 3-1-31　合闸回路原理图

（3）远方操作。

远方操作隔离开关时，SBT2 远、近控转换开关旋至远控位置及对应远控触点闭合发远控信号，接通远方操作电源。分、合闸命令由并联接在就地分、合闸按钮上的测控柜执行继电器触点发出，回路原理和就地电动操作相同。

3. 电气闭锁

在分闸保持回路即 KM1 的启动回路中串接了 KM2 的动断触点，在合闸保持回路即 KM2 的启动回路中串接了 KM1 的动断触点，使 KM1 与 KM2 的动作相互闭锁，防止合闸与分闸的同时操作。同时，回路中串接了电动机的过载保护继电器 KT，当操作过程中遇到机械故障电动机的过载继电器动作，其动断触点 KT 打开，切断控制电源，终止分合闸操作。

机构箱侧门上，安装有微动开关 SP3。关合此侧门，门板使微动开关的常开接点闭合，控制回路接通，才可以在正门的电气控制板上进行电动操作，可避免操作手柄未取出而摔出伤人。进行手动操作时，必须先打开侧门，此时微动开关接点断开，切断控制回路电源，即使误操作，也不会启动电机，有效地保证了人身、设备的安全。

在隔离开关控制回路中，还存在其他连锁条件，包括与断路器的闭锁和接地刀闸的闭锁等，只有满足连锁条件才能进行后续分合闸操作。

4. 自保持功能

控制回路回路具备"自保持"功能，即在按下合闸按钮（分闸按钮）后，合闸（分闸）回路保持接通状态，电动机可以一直工作，直至 SP2（SP1）开关动作切断合闸（分闸）回路。以分闸保持回路为例，当按下分闸按钮 SB1 后，KM1 继电器动作，KM1 常开节点吸合（图 3-1-32），此时松开分闸按钮 SB1 后，分闸回路通过 KM1 节点保持分闸回路接通，实现分闸回路的"自保持"功能。

（三）辅助回路原理

1. 温湿控制及加热驱潮工作原理

合上小型断路器 QF1，接通电源，温湿度控制器进入自动监控状态（电源指示灯及"自动"指示灯亮）。当环境温度＜（5±2）℃或湿度≥90%±5%RH

时，控制器启动加热器进行加热。当环境温度≥（15±2）℃或湿度≤75%±5%RH 时，控制器停止加热，恢复自动监测状态。

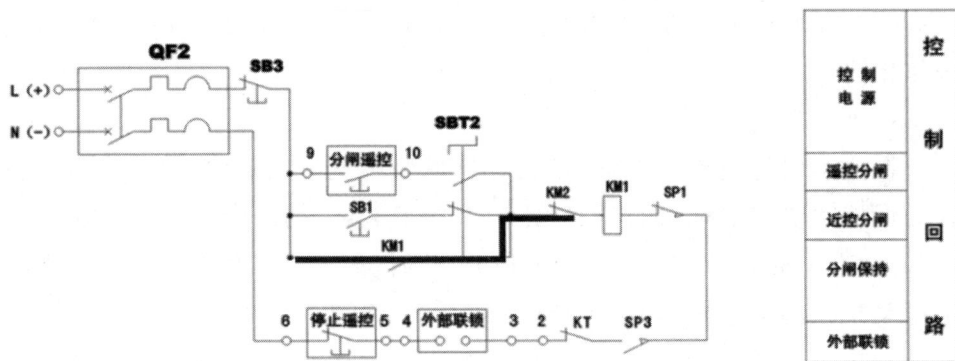

图 3-1-32　分闸保持回路

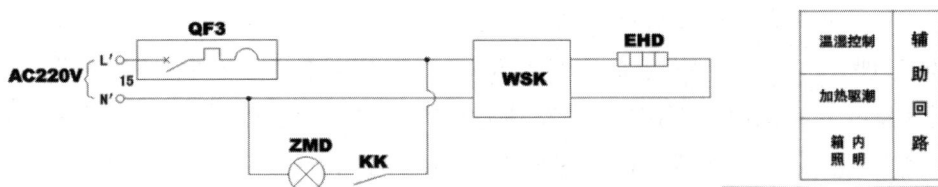

图 3-1-33　辅助回路

按下"手动/自动"按钮（电源指示灯及"手动"指示灯亮），控制器将直接进入强制加热状态。在强制加热状态，控制器不对环境温、湿度进行监测，也不会自动退出强制加热状态。再次按下"手动/自动"按钮，控制器恢复自动监测状态。运行中观察控制器上方的电源指示灯及"自动/手动"指示灯是否亮，即可判断控制器的工作状态。

2. 照明工作原理

合上小型断路器 QF1，可接通照明回路电源，按下 KK（照明开关），照明回路接通。

第二章 技 能 实 践

第一节 隔离开关运行维护

一、运行的基本要求

对设备的定期巡视、维护是随时掌握设备运行、变化情况、发现设备异常情况、确保设备连续安全运行的主要措施，因此要开展设备巡视及维护。

有权巡视设备的变电运维人员或有关管理人员周期性、且利用一定的辅助设备（如望远镜）对变电设备外观进行巡视检查并以此发现设备问题或潜在性缺陷的工作。属于设备运行监视的范畴，当前除了现场人工巡视外，还实施机器人巡视、图像视频遥视等方法。

（1）隔离开关红外测温

检测隔离开关导电隔离系统、绝缘支撑系统、传动系统、操作输出系统（套管、引接线、绝缘子、动静触头接触部分等），红外热像图显示应无异常温升、温差、相对温差。判断时，应考虑测量时及前三小时负荷电流变化情况。测量和分析方法参考 DL/T 664《带电设备红外诊断应用规范》。

二、巡视检查项目

（一）导电隔离系统

（1）合闸状态的隔离开关触头接触良好，合闸角度符合要求；分闸状态的隔离开关触头间的距离或打开角度符合要求，操动机构的分闸、合闸指示与本体实际分闸、合闸位置相符，三相刀片在同一水平面上。

（2）触头、触指（包括滑动触指）、导电臂（管）、压紧弹簧无损伤、变色、锈蚀、变形。

（3）引线弧垂满足要求，无散股、断股，两端线夹无松动、裂纹、变色等现象。

（4）导电底座无变形、裂纹，连接螺栓无锈蚀、脱落现象。

（5）均压环安装牢固，表面光滑，无锈蚀、损伤、变形现象。

隔离开关导电隔离系统如图3-2-1所示。

（二）绝缘支撑系统

（1）绝缘子外观清洁，无倾斜、破损、裂纹、放电痕迹或放电异声。

（2）金属法兰与瓷件的胶装部位完好，防水胶无开裂、起皮、脱落现象。

（3）金属法兰无裂痕，连接螺栓无锈蚀、松动、脱落现象。

隔离开关绝缘支撑系统如图3-2-2所示。

图3-2-1　隔离开关导电系统图

图3-2-2　隔离开关绝缘支撑系统图

（三）传动闭锁系统

1. 传动系统

（1）传动连杆、拐臂、万向节无锈蚀、松动、变形现象。

（2）轴销无锈蚀、脱落现象，开口销齐全，螺栓无松动、移位现象。

（3）接地开关平衡弹簧无锈蚀、断裂现象，平衡锤牢固可靠；接地开关可动部件与其底座之间的软连接完好、牢固。

隔离开关传动系统如图3-2-3所示。

2. 基座、机械闭锁及限位部分

（1）基座无裂纹、破损，连接螺栓无锈蚀、松动、脱落现象，其金属支架焊接牢固，无变形现象。

（2）机械闭锁位置正确，机械闭锁盘、闭锁板、闭锁销无锈蚀、变形、开裂现象，闭锁间隙符合要求。

（3）限位装置完好可靠。

隔离开关基座、机械闭锁及限位系统如图 3-2-4 所示。

图 3-2-3　隔离开关传动系统图　　图 3-2-4　隔离开关基座、机械闭锁及限位系统图

（四）操作输出系统

（1）隔离开关操动机构机械指示与实际位置一致。

（2）各部件无锈蚀、松动、脱落现象，连接轴销齐全。

隔离开关操作输出系统如图 3-2-5、图 3-2-6 所示。

隔离开关全面巡视在隔离开关导电隔离系统、绝缘支撑系统、传动闭锁系统、操作输出系统四个部分基础上增加以下项目：

1）隔离开关"远方/就地"切换把手、"电动/手动"切换把手位置正确。

2）辅助开关外观完好，与传动杆连接可靠。

3）线夹无裂纹、无明显发热迹象。

4）空气断路器、电动机、接触器、继电器、限位开关等元件外观完好。二次元件标识、电缆标牌齐全清晰，电缆槽板齐全。

5）端子排无锈蚀、裂纹、放电痕迹；二次接线无松动、脱落，绝缘无破损、老化现象；备用芯绝缘护套完备；电缆孔洞封堵完好。

图 3-2-5　隔离开关操作输出
系统图

图 3-2-6　隔离开关操作输出
系统图

6）驱潮加热装置工作正常，加热器线缆的隔热护套完好，附近线缆无烧损现象。

7）机构箱透气口滤网无破损，箱内清洁无异物，凝露和积水现象。

8）箱门开启灵活，关闭严密，密封条无脱落、老化，接地连接线完好。

9）五防锁具无锈蚀、变形，锁具芯片无脱落损坏现象。

10）基础无破损、开裂、倾斜、下沉，架构无锈蚀、松动、变形，无鸟巢、蜂窝等异物。

11）设备绝缘子、瓷套有无破损和灰尘污染。

隔离开关熄灯巡视主要关注以下项目：

1）引线、接头、触头无放电、发红迹象。

2）瓷瓶无闪络、放电。

第二节　隔离开关检修

一、修前检查

（一）修前检查项目

为了解高压隔离开关在检修前的状态以及检修前后测量数据进行比较，在检修前，应对隔离开关进行检查以下项目：

（1）隔离开关主回路电阻测量；

（2）隔离开关手动、电动分合试验，接地刀闸分合试验；

（3）电动机构急停、限位、闭锁等功能试验；

（4）隔离开关外观、各部尺寸的测量。

（二）修前检查标准

（1）导电回路电阻测试，要求小于制造厂规定值的 1.2 倍。

（2）本体。隔离开关分、合到位，机械指示到位，合闸时三相同期满足要求，合闸后过死点，附属接地开关分闸到位。

（3）二次回路。二次元器件功能正常，齿轮箱机械限位准确可靠，机构箱操动机构各转动部件灵活、无卡涩现象，电动机行程开关动作正确可靠，操作过程中未出现异常声响现象；检查机械联锁功能正常，手动/电动操作闭锁正确；辅助开关转动灵活，切换到位，未出现卡涩或接触不良情况。

（4）转动部分。本体传动部件润滑良好，分合闸到位，无卡涩。

（5）绝缘子。绝缘子清洁，无破损。

（6）核对铭牌等参数，要求设备出厂铭牌齐全、清晰可识别；运行编号标志清晰可识别；相序标志清晰可识别。

（7）先手动后电动分别对隔离开关操作 2 次，最后使隔离开关保持在合闸位置。

二、隔离开关例行检修

（一）导电系统检修

（1）触头侧导电杆表面应平整、清洁，镀层无脱落。

（2）触指侧触头夹无烧损，镀层无脱落，露铜或烧损深度≥0.5mm 应更换。

（3）压紧弹簧无锈蚀、断裂、弹性良好。

（4）触头表面应平整、清洁，触头触指接触面清抹后涂薄层凡士林。

（5）导电臂管无变形、锈蚀，焊接面无裂纹。

（6）导电带无断片，接触面无氧化，镀层无脱落，连接紧固。如损坏截面＞10%应更换。

（7）固定接触面接触电阻大于 30μΩ应进行接触面处理。导电接触面（镀银除外）需用#0 砂纸砂光，清洁表面后涂薄层导电脂，接触面周围用硅胶密封。

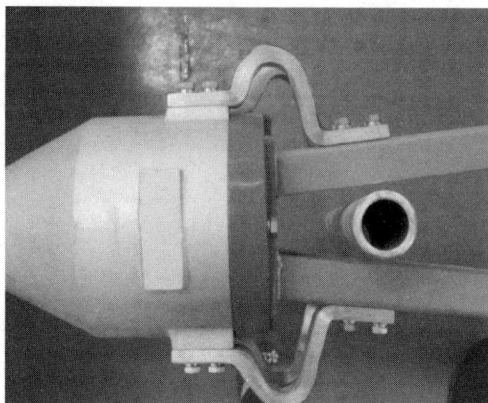

图 3-2-7 触指表面检查

（8）接线座无变形、裂纹，镀层完好，抱箍线夹旋转灵活，方向正确。

（9）严重锈蚀螺栓更换为不锈钢螺栓（M8 以下）或热镀锌高强度螺栓M8 及以上），紧固力矩校核，并做紧固标记。

（二）绝缘子检修

（1）瓷套清抹，表面无污垢。

（2）绝缘子外观清洁无裂纹、无破损（瓷绝缘子单个破损面积不得超过40mm²，总破损面积不得超过 100mm²）。对于存在闪络放电现象的绝缘子应重点检查。

（3）绝缘子法兰无锈蚀、裂纹。

图 3-2-8 绝缘子法兰检查

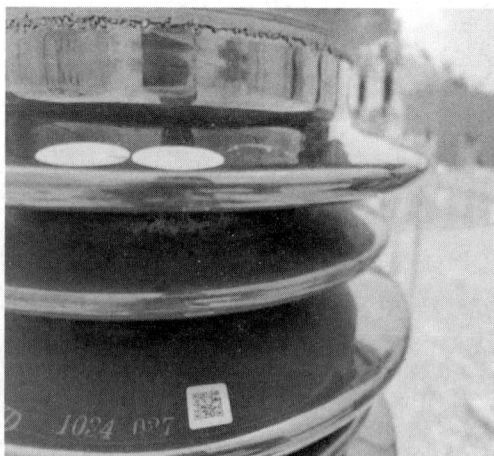

图 3-2-9 绝缘子表面检查

（4）绝缘子胶装后露砂高度 10～20mm，且不应小于 10mm，胶装处应涂防水密封胶。

图 3-2-10　绝缘子胶装部位检查

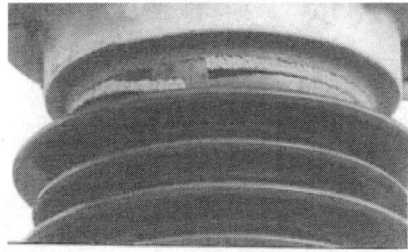

图 3-2-11　胶装部位上砂不合格脱落

（5）严重锈蚀螺栓应进行更换，直径 M8 以下的应更换为不锈钢螺栓，直径 M8 及以上的应更换为热镀锌高强度螺栓，更换后应按标准力矩紧固，并做紧固标记。

（6）外绝缘参数校核。包括支撑瓷套干弧距离、总爬电距离、伞间距、总爬电距离、伞间距。

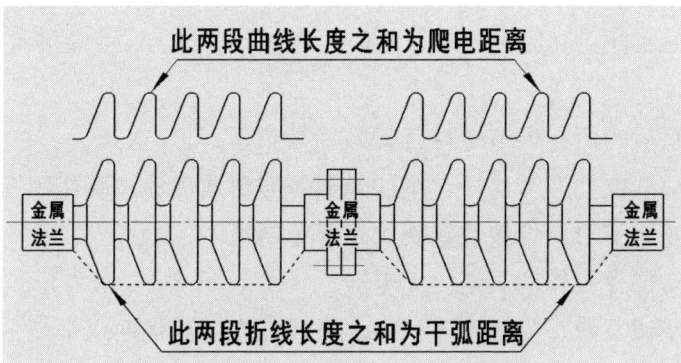

图 3-2-12　干弧距离及爬电距离测量

（7）已进行防污治理的绝缘子，应开展如下检查：

1）已加装防污闪辅助伞群的，检查防污闪辅助伞群应完好，无脱胶、脆化、粉化、破裂、漏电起痕、蚀损、电弧灼伤、憎水性丧失、无塌陷变形，表面无击穿，粘接界面牢固，不合格者应更换。

2）已喷涂防污闪涂料的，应检查涂层完好，无龟裂、起层、缺损，憎水性应符合相关技术要求。

（8）未进行防污治理的绝缘子，且绝缘子爬电比距不满足当地最新污区分布图中污秽等级要求的，应按防污治理工作要求进行防污治理。

图 3-2-13　防污闪涂料表面检查

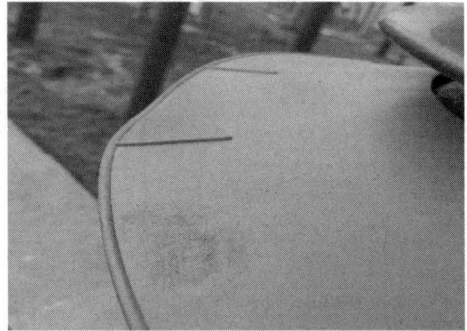

图 3-2-14　防污闪辅助伞裙检查

（三）底座及传动部件检修

（1）检查轴套、轴销、连接盘、拐臂、连杆等传动部件无松动、变形、严重磨损。

（2）水平连杆端部应密封良好，垂直连杆上端封闭、下端排水通畅，抱箍铸件无裂纹。

（3）调整后的所有调节螺母应紧固并帽锁紧。

（4）转动部位、调节丝杆、缓冲弹簧等应清洁后涂二硫化钼锂基脂润滑。

（5）底座无变形，焊接处无裂纹及严重锈蚀。

（6）转动部件应转动灵活，无卡滞。

（7）底座调节螺杆应紧固无松动，且保证底座上端面水平。

（8）严重锈蚀螺栓应进行更换，直径 M8 以下的应更换为不锈钢螺栓，直径 M8 及以上的应更换为热镀锌高强度螺栓，更换后应按标准力矩紧固，并做紧固标记。

（四）隔离开关手动调试

（1）确认控制电源、电机电源已断开。

（2）操动机构的分、合闸指示与本体实际分、合闸位置相符。

（3）辅助开关转动灵活，切换到位，未出现卡涩或接触不良情况，辅助开关接线正确，齿轮箱机械限位准确可靠。

（4）机构箱操动机构各转动部件灵活、无卡涩现象。

（5）本体传动部件润滑良好，分合闸到位，无卡涩。

（6）合、分闸过程中其他部件无异常卡滞、异响，主、弧触头动作次序正确。

（7）合、分闸位置及合闸过死点位置符合厂家技术要求。

（8）调试、测量隔离开关合闸同期性、插入深度以及断口距离等技术参数，符合相关技术要求。

（9）对隔离开关进行回路电阻测试，回路电阻值应小于制造厂规定值的1.2倍。

（五）接地刀闸手动调试

（1）确认隔离开关在分开位置。

（2）操动机构的分、合闸指示与本体实际分、合闸位置相符。

（3）辅助开关转动灵活，切换到位，未出现卡涩或接触不良情况，辅助开关接线正确，齿轮箱机械限位准确可靠。

（4）机构箱操动机构各转动部件灵活、无卡涩现象。

（5）本体传动部件润滑良好，分合闸到位，无卡涩。

（6）合、分闸过程中其他部件无异常卡滞、异响，主、弧触头动作次序正确。

（7）合、分闸位置及合闸过死点位置符合厂家技术要求。

（8）调试、测量隔离开关合闸同期性、插入深度以及断口距离等技术参数，符合相关技术要求。

图 3-2-15　闭锁板间隙检查（结构一）

（六）防误闭锁装置检查

（1）操动机构与本体分、合闸位置一致。

（2）闭锁板、闭锁盘、闭锁杆无变形、损坏、锈蚀。

（3）闭锁板、闭锁盘、闭锁杆的互锁配合间隙符合相关技术规范要求。

（4）限位螺栓符合产品技术要求。

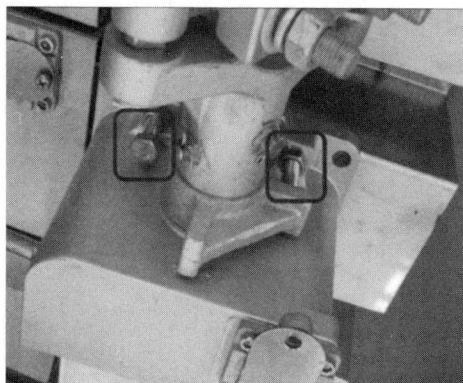

图3-2-16　手动机构限位螺栓检查

图3-2-17　电动机构限位螺栓检查

（5）机械连锁正确、可靠。隔离开关合上，接地开关合不上。接地开关合上，隔离开关合不上。

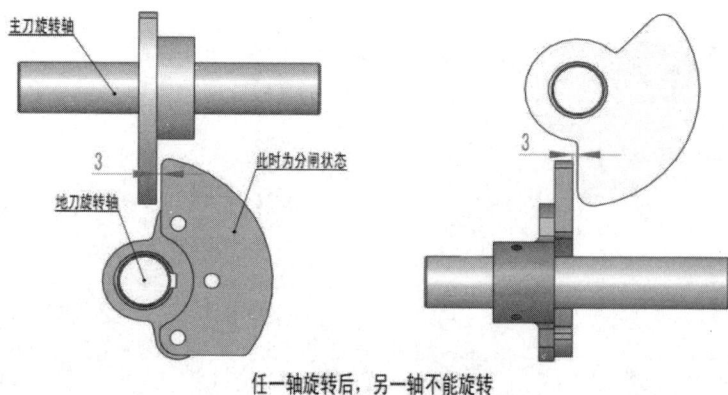

图3-2-18　闭锁板结构示意图（结构型式一）

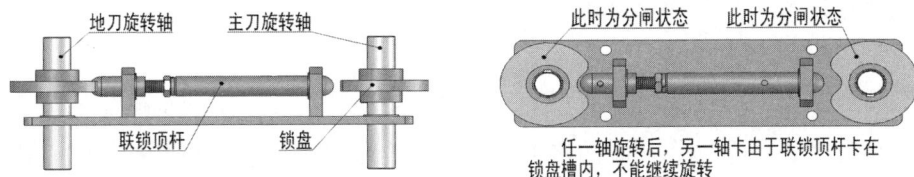

图 3-2-19　闭锁板结构示意图（结构型式二）

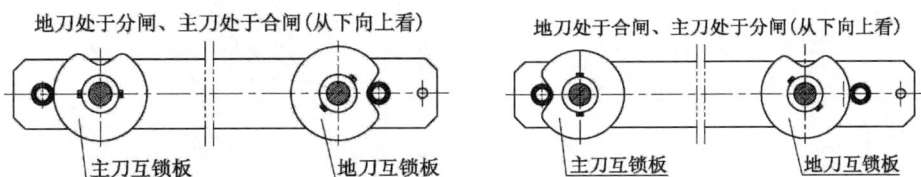

图 3-2-20　闭锁板结构示意图（结构型式三）

（6）严重锈蚀螺栓更换为不锈钢螺栓（M8 以下）或热镀锌高强度螺栓（M8 及以上），紧固力矩校核，并做紧固标记。

（七）机构检修

1. 机构箱检查

（1）检查机构箱密封，恢复脱落密封条。

（2）检查电缆孔洞封堵是否完全，通风通道是否顺畅并有防小动物措施。

图 3-2-21　密封条、箱门接地铜线检查

图 3-2-22　封堵检查

（3）箱内无蛛网、异物或积尘现象，清洁无杂物。

（4）机构箱体外观完整、无损伤、无锈蚀、接地良好，箱门与箱体之间接

189

地连接铜线截面积不小于 4mm²。

2. 二次元器件检查

（1）开关、接触器、转换开关、按钮、微动开关、二次端子排等电气元件固定良好，外观无损伤，清扫浮尘，检查动静触点完好，更换严重锈蚀、切换不可靠的二次元器件。

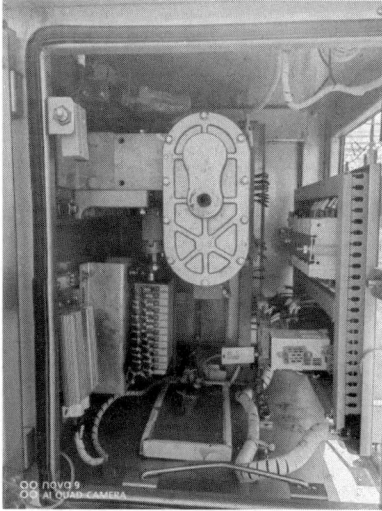

图 3-2-23　机构箱内部检查

图 3-2-24　加热驱潮装置检查

图 3-2-25　二次元器件检查

（2）可操作的二次元器件应有中文标志并齐全正确。

（3）检查箱内无水迹或凝露，加热驱潮装置工作正常，若使用加热器其位置应与各元件、电缆及电线的距离应大于 50mm；加热驱潮装置不应采用灯泡加热、驱潮的端子箱、机构箱；加热驱潮装置温度设定、湿度设定、传感器安装、加热电阻技术规格是否符合要求。

（4）隔离开关电气闭锁回路不能用重动继电器，应直接用隔离开关的辅助触点。辅助接点无松动、锈蚀、破损现象。

（5）电机转动应灵活，无异常声响，直流电机整流子磨损深度不超过规定值。

3. 二次回路检查

（1）二次接线连接紧固，接线端子无严重锈蚀、过热，端子内插入截面不同的线头或三个以上线头应改造，备用芯线套防尘帽。

（2）二次接线布置整齐，无松动、无损坏，二次电缆走向标牌应完整。

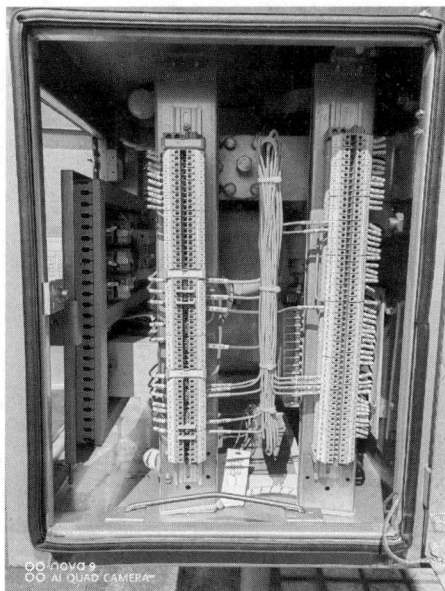

图 3-2-26 二次接线检查

（3）二次电缆绝缘层无变色、老化、损坏现象。

（4）测量控制回路及辅助回路绝缘电阻，要求不小于 2MΩ。

（5）测量电机回路绝缘电阻，要求不小于 1MΩ。

（八）电动操作检查

（1）操作电动机"电动/手动"切换把手外观无异常，操作功能正常。

（2）"远方/就地"切换把手、"合闸/分闸"控制把手外观无异常，操作功能正常外观无异常，操作功能正常。

（3）手动操作闭锁电动操作正确。

（4）电气闭锁正确可靠：隔离开关合上，接地开关无电操。接地开关合上，隔离开关无电操。

（5）电动机行程开关动作正确可靠，操作过程中未出现异常声响现象。

（6）隔离开关分、合到位，机械指示到位，合闸时三相同期满足要求，合闸后过死点，附属接地开关分闸到位。

（7）对隔离开关"一键顺控"双确认装置进行功能验证（如有）。

（九）构支架及接地检查

（1）支架无锈蚀、松动或变形。

图 3-2-27　支架检查

图 3-2-28　基础检查

（2）检查本体是否满足双接地及动热稳定要求，不合格整改。

（3）接地端子应有明显的接地标志，应与设备底座可靠连接，无放电、发热痕迹。

（4）接地引下线完好，无锈蚀、无松动、无脱落，接地螺栓直径应不小于12mm，接地引下线截面应满足安装地点短路电流的要求。

（5）基础无下沉、倾斜或损坏。

（6）严重锈蚀螺栓更换为不锈钢螺栓（M8 以下）或热镀锌高强度螺栓（M8 及以上），紧固力矩校核，并做紧固标记。

三、隔离开关拆除

（一）导电系统拆除前准备

（1）与运行人员确定隔离开关已放电完毕。

（2）与保护专业确认二次安措已执行到位。

（3）核实新旧设备安装尺寸，包括导电系统基础安装孔尺寸。

（4）将隔离开关置于分闸位置。

（二）单柱垂直伸缩式隔离开关拆除

（1）断开电动操动机构箱内电动机启动电源、加热器电源和有关电气联锁回路电源，断开继电保护回路和电压回路电源；

（2）采用专用作业车或梯子将每相连接导线用绳捆好，绳的另一端固定在基座上，拧下接线夹连接螺栓，将连接导线缓慢放下；

（3）拆除刀闸机构上部联轴（或抱夹）的连接螺栓，使刀闸机构主轴与垂直传动杆脱离；

（4）拆除刀闸垂直传动杆上部连接套的定位螺栓（或抽出万向接上的圆柱销），取下垂直传动杆；

图 3-2-29　机构上部抱夹

图 3-2-30　刀闸垂直传动杆上部连接

（5）拆除垂直转动杆、主动拐臂、被动拐臂与三相水平传动杆的连接螺栓轴，取下水平传动杆；

图 3-2-31　水平连杆连接

（6）松开垂直传动杆主动拐臂上的定位螺栓，取下主动拐臂，取下的圆头键；

（7）松开两边相轴下端的连接螺栓，取出被动拐臂。

（8）静触头装配的拆卸。

1）利用专用登高作业车，用牵引绳绑紧静触头装配，将绳翻过母线，由地面人员稍微拉紧；

2）拆除连接导线上接线板与母线接线夹相连的各四个螺栓，将静触头装配拆下缓慢吊下，放在检修平台上；

图 3-2-32　隔离开关静触头与母线连接部位拆除

3）拆下的静触头装配应分相作好标记和记录。

（9）主刀闸的拆卸。

1）用 10#铁丝将处于分闸位置的导电折架动触头端分别绑扎 3～4 圈；

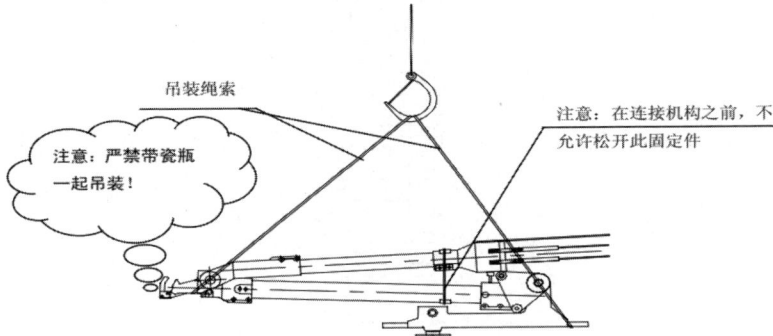

图 3－2－33　GW16（20）型隔离开关主闸刀吊装

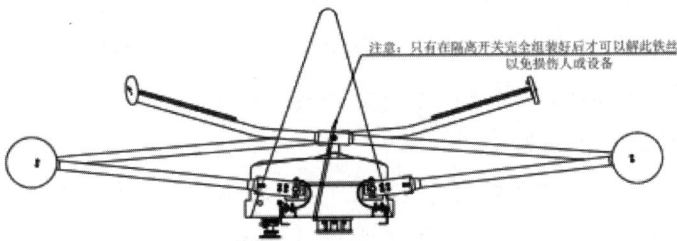

图 3－2－34　GW6 型隔离开关主闸刀吊装

2）检查主刀闸重心是否基本保持平衡。在操作绝缘子和支柱绝缘子间用木方支撑后，以绳索捆绑，以防碰撞；

3）拆除传动装置底部法兰和支柱绝缘子连接的螺栓及与操作绝缘子相连接的螺栓，将主刀闸系统用起吊装置吊下，起吊时应拉紧牵引绳，以免碰撞损伤绝缘子。

（10）绝缘子的拆卸。

1）在操作绝缘子上节第二裙上固定好吊装绳，用起吊工具将起吊绳稍微受力，解开与支柱绝缘子之间的保护绳，取出木方，拧下操作绝缘子与底座装配相连的四个螺栓，将操作绝缘子缓缓吊至地面，平放于事先准备好的枕木上；

图 3-2-35　隔离开关绝缘子吊装

2）支柱绝缘子拆除与操作绝缘子拆除类似，在支柱绝缘子上节第二裙上固定好吊装绳且稍微受力，拆除支柱绝缘子与底座装配相连的四个螺栓，将支柱绝缘子缓缓吊至地面，平放在事先准备好的枕木上；

（11）底座装配的拆卸。

1）在底座装配的四角挂好吊装绳，并用起吊钩将吊装绳拉紧，使吊装绳稍微受力，检查底座装配重心是否基本保持平衡。

2）拧下底座装配与基础槽钢相连的紧固螺栓，将底座装配吊至检修平台上。

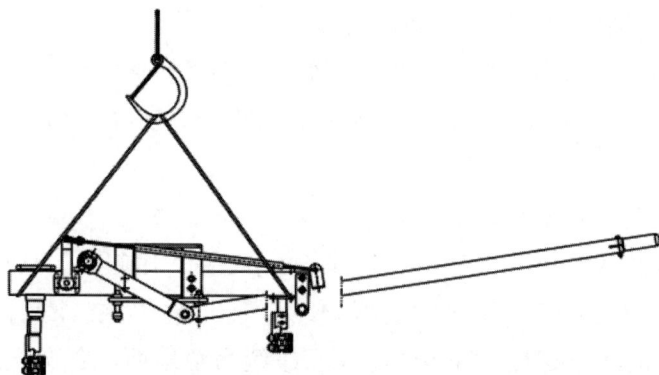

图 3-2-36　隔离开关底座装配的吊装

（三）双柱水平开启式隔离开关拆除

（1）断开电动操动机构箱内电动机启动电源、加热器电源和有关电气联锁回路电源；断开继电保护回路和电压回路电源；

（2）用绳索固定主刀闸触头两端的连接导线，绳的另一端固定在基座槽钢上，拆除连接导线线夹与接线板（或线夹）的连接螺栓，将连接导线缓慢放下并用绳索固定。连接导线在放下前，对其导电接触面应采取防护措施；

（3）手动操作使三相主刀闸合闸；

（4）拔出主刀闸相间水平连杆上连接头与绝缘子底部中相及边相拐臂相连的开口销，取下相间水平连杆及铜套；

（5）拔（敲）出同相水平拉杆的连接头与绝缘子底部拐臂相连的开口销，取下拉杆及铜套；

（6）分别拔（敲）出主刀闸拉杆两端连接头与绝缘子底部中相拐臂及操动机构主轴拐臂连接的开口销，取下主刀闸拉杆；

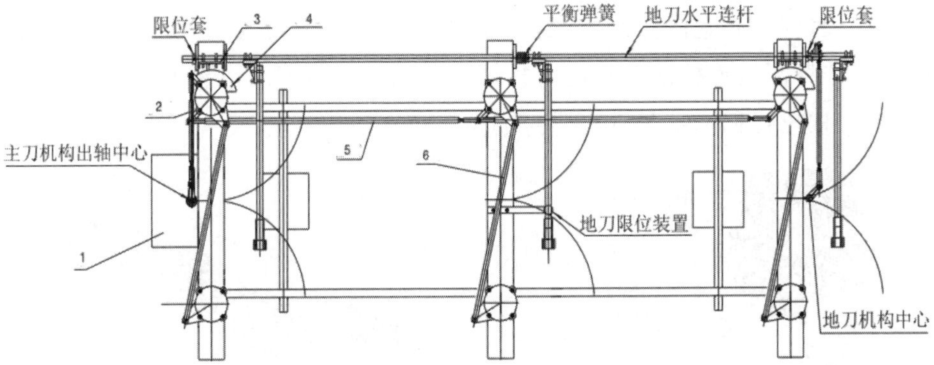

图 3-2-37　隔离开关连杆

1—操作机构；2—主刀闸拉杆；3—机械闭锁板；4—机械闭锁板；5—主刀相间水平连杆；
6—主刀闸同相水平拉杆

（7）分别拆除垂直连杆的上、下两端连接法兰的各四个连接螺栓（或抽出万向接叉圆柱销，平高产品取下调角连轴器），取出垂直连杆；

图 3-2-38 拆除垂直连杆

（8）敲出操动机构主轴上法兰的紧固锥销，取出法兰；

（9）敲出主轴拐臂上连接法兰（万向接叉）及套的紧固圆锥销，拆除螺栓，取下上连接法兰套，抽出主轴拐臂；

（10）对外侧布置的接地刀闸，应先拆出机械闭锁板，合上接地刀闸，用绳索将接地刀闸导电管牢固绑扎在绝缘子上；

（11）对内侧布置的接地刀闸，就将导电管绑扎在底座槽钢上，拆除接地刀闸水平连杆两端连接法兰间的连接螺栓，取下接地刀闸水平连杆；

（12）拔出拉杆两端与杠杆固定的开口销，取出拉杆；

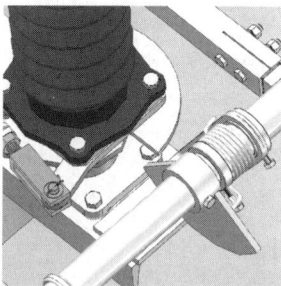

图 3-2-39 隔离开关与接地刀闸机械
闭锁板

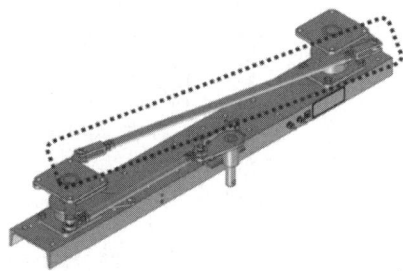

图 3-2-40 隔离开关同相水平拉杆

（13）拆除垂直连杆两端连接法兰之间的各四个连接螺栓（或拔出万向接叉的圆柱销），取下垂直连杆；

198

（14）敲出连接法兰的圆锥销拆除螺栓，取下连接法兰，抽出拐臂，用同样的方法取下机构输出轴上的法兰；

（15）主刀闸及接地刀闸的拆卸。

1）在底座槽钢两端挂好起吊绳，将起吊绳放置于吊钩上，用起吊工具使起吊绳稍微受力；

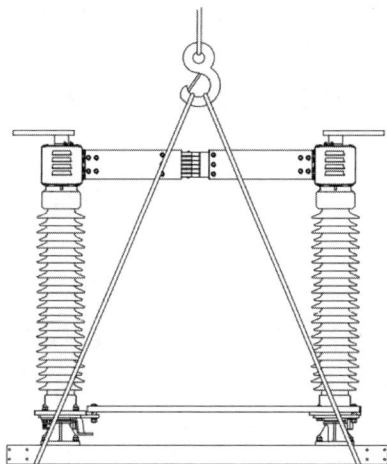

图 3-2-41　GW4 型隔离开关主闸刀单极吊装

2）松开底座槽钢两端与基础相连的各四个螺栓，检查主刀闸重心是否与起吊点相对应后，在绝缘子上端第三裙与挂钩间绑扎好牵引绳；

3）拆除底座槽钢两端与基础相连的各四个连接螺栓，将主刀闸系统平稳地吊至地面，并做好防倾倒措施；

4）松开起吊绳及接地刀闸导电管的绑扎绳，使隔离开关及接地刀闸导电管均处于分闸位置，分别拆下固定接线座装配的四个螺栓，将接线座装配触头臂（触指臂）装配分别整体拆出，并分相放置。对平高产品，可将接地静触头装配一并取下，置于检修平台上，并对其导电接触面做好防护措施；

5）在绝缘子上端第三裙上固定好起吊绳，拧下绝缘子与轴承座装配的连接螺栓，将绝缘子吊起并分相放置于枕木上或垫上；

6）拆除接地软铜导电带两端的连接螺栓，取下软铜导电带；

7）拆除接地刀闸架与底槽钢相连的螺栓，将接地刀闸支架与底座槽钢分离。

（四）双柱水平伸缩式隔离开关拆除

（1）断开电动操动机构箱内电动机启动电源、加热器电源和有关电气联锁回路电源，断开继电保护回路和电压回路电源；

（2）采用专用作业车或梯子将每相连接导线用绳捆好，绳的另一端固定在基座上，拆除接线夹连接螺栓，将连接导线缓慢放下；

（3）拆除刀闸机构上部联轴（或抱夹）的连接螺栓，使刀闸机构主轴与垂直传动杆脱离；

（4）拆除刀闸垂直传动杆上部连接套的定位螺栓（或抽出万向接上的圆柱销），取下垂直传动杆；

（5）拆除垂直转动杆、主动拐臂、被动拐臂与三相水平传动杆的连接螺栓轴，取下水平传动杆；

（6）松开垂直传动杆主动拐臂上的定位螺栓，取下主动拐臂；

（7）松开两边相轴下端的"U"形螺栓，取出被动拐臂；

（8）静触头装配的拆卸。

1）利用登高作业车，拆除连接引线；

2）利用登高作业车，松开单（双）静触头装配与支持瓷套相连的 4 个螺栓，将静触头装配及接地静触头装配抬至作业车内，缓慢降至地面，并放置于固定地点。

（9）主刀闸的拆卸。

1）用 10#铁丝将处于分闸位置的导电折架动触头端分别绑扎 3～4 圈；

注意：严禁带瓷瓶一起吊装！

图 3-2-42　隔离开关主刀闸吊装

2）在传动装置底板的四角挂好吊装绳，并用起吊钩将吊装绳拉紧，使吊装绳稍微受力，检查主刀闸重心是否基本保持平衡。在操作绝缘子和支柱绝缘子间用木方支撑后，以绳索捆绑，以防碰撞；

3）拆除传动装置底部法兰和支柱绝缘子连接的螺栓及与操作绝缘子相连接的螺栓，将主刀闸系统用起吊装置吊下，起吊时应拉紧牵引绳，以免碰撞损伤绝缘子；

（10）绝缘子的拆卸。

参见 GW17（21）型隔离开关绝缘子拆卸内容。

（11）底座装配的拆卸。

参见 GW17（21）型隔离开关底座装配拆卸内容。

（五）三柱（五柱）水平旋转式隔离开关拆除

（1）断开电动操动机构箱内电动机启动电源、加热器电源和有关电气联锁回路电源，断开继电保护回路和电压回路电源；

（2）采用专用作业车或梯子将每相连接导线用绳捆好，绳的另一端固定在基座槽钢上。拆除接线夹连接螺栓，将连接导线缓慢放下，防止连接导线与接地线甩下伤到人员和设备；

（3）拆除主刀闸机构上部联轴（或抱夹）的连接螺栓，使机构主轴与垂直传动杆脱离；

（4）拆除主刀闸垂直传动杆上部连接套的定位螺栓（或抽出万向接上的圆柱销），取下垂直传动杆；

（5）拆除中相转动绝缘子短拉杆及相间水平拉杆两端圆柱销上的开口销，取下短拉杆及相间水平拉杆；

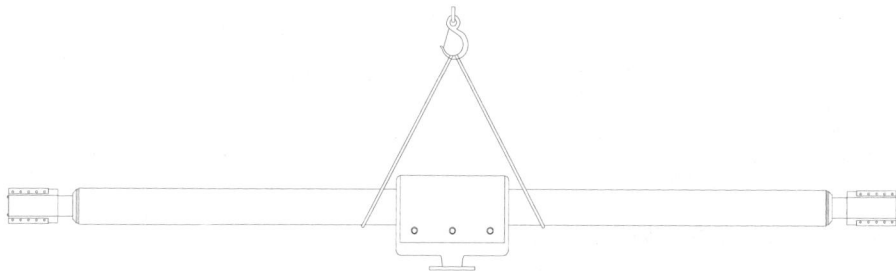

图 3-2-43 隔离开关主刀闸吊装

（6）将吊装绳固定在主刀闸导电杆上，两根吊绳应在主刀闸导电杆中心两侧、使主刀闸导电杆保持起吊水平，并挂在起吊挂钩上，并注意系好牵引绳，使吊装绳微微受力；

（7）松开主刀闸导电杆固定底座与转动绝缘子的连接螺栓，拆除连接螺栓，将主刀闸导电杆平稳地吊至平整的地面上，用同样的方法分别将另外两相主刀闸导电杆吊到地面上；

（8）将吊装绳牢固地固定在支持绝缘子或转动绝缘子上、下节连接的铁法兰下部，并挂在起吊挂钩上，并注意系好牵引绳及保护绳，使吊装绳微微受力；

（9）松开绝缘子与底座的固定螺栓，检查绝缘子起吊重心是否与起吊挂钩位置相对应后，拆除固定螺栓，将绝缘子平稳地吊至平整的地面上，并放在两根枕木上。用同样的方法分别将另外八个绝缘子分别吊到地面上，并放在两根枕木上；

（10）拆除固定静触头四个M12螺栓，取下静触头装配。用同样的方法分别将另外五个静触头装配取下；

（11）拆除轴承座装配及固定底座与槽钢固定的四个螺栓，吊下轴承座装配及固定底座。

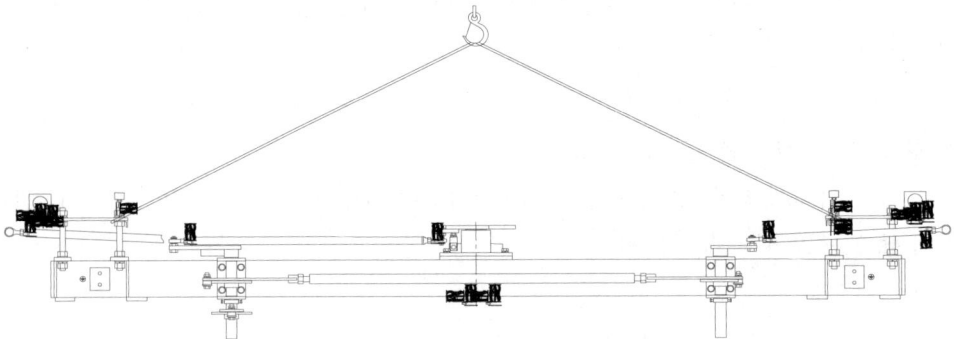

图 3-2-44　隔离开关底座装配吊装

四、隔离开关安装

（一）导电系统安装

1. 导电系统安装前检查

（1）检查新导电系统，外观完好，无运输中受损。

（2）检测新导电系统镀银层厚度符合要求（大于 20μm）。

（3）核实隔离开关处于分闸位置。

2. 导电系统安装

（1）严格按照说明书要求进行吊装。

（2）用吊带捆绑隔离开关导电系统时要捆绑牢固，设置揽风绳控制方向，并设专人指挥。吊装过程中应采取可靠措施保护隔离开关瓷瓶。

（3）导电系统基础固定螺栓应采用热镀锌螺栓，螺栓尺寸应根据原设备瓷瓶预留孔选择。

3. 一次引线安装

（1）导线无断股、散股、扭曲，弧垂适当。

（2）单个接触面接触电阻大于 30μΩ，应进行接触面处理，装复前清洁、涂薄层中性凡士林，螺栓力矩满足要求。

（3）线夹不应采用铜铝对接过渡线夹；截面积大于等于 400mm² 线夹及引线的铝设备线夹，朝上 30°～90° 安装时应配钻直径 6mm 的排水孔。

（二）绝缘子安装

（1）瓷套清抹，表面无污垢。

（2）绝缘子外观清洁无裂纹、无破损（瓷绝缘子单个破损面积不得超过 40mm²，总破损面积不得超过 100mm²）。对于存在闪络放电现象的绝缘子应重点检查。

（3）绝缘子法兰无锈蚀、裂纹。

图 3-2-45　绝缘子检查

（4）绝缘子胶装后露砂高度 10～20mm，且不应小于 10mm，胶装处应涂防水密封胶。

（5）严重锈蚀螺栓更换为不锈钢螺栓（M8 以下）或热镀锌高强度螺栓（M8 及以上），紧固力矩校核，并做紧固标记。

（三）机构箱安装

（1）机构箱密封检查，检查密封条完好无破损，封堵电缆孔洞。

（2）箱内无蛛网、异物或积尘现象，无遗留工具和备件。

（3）外观完整、无损伤、无锈蚀、接地良好，箱门与箱体之间接地连接铜线截面积不小于 4mm²。

（4）箱体应采用不锈钢螺栓（M8 以下）或热镀锌高强度螺栓（M8 及以上），紧固力矩校核，并做紧固标记。

（5）机构箱内清扫、除尘。

（四）传动部位安装

（1）检查轴、销、锁扣、挡圈、拐臂、连杆等传动部件无松动、变形、串位。

（2）转动部位安装后涂二硫化钼锂基脂润滑。

图 3-2-46　电动操作机构箱检查　　　图 3-2-47　手动操作机构箱检查

（3）螺栓应采用不锈钢螺栓（M8 以下）或热镀锌高强度螺栓（M8 及以上），紧固力矩校核，并做紧固标记。

图 3-2-48　传动部分检查

（五）机构元器件检查

（1）快分开关、接触器、转换开关、按钮、微动开关、二次端子排等电气元件固定良好，外观无损伤，清扫浮尘，检查动静触点完好。

（2）箱内应无水迹或凝露，加热驱潮装置工作正常，加热器其位置应与各元件、电缆及电线的距离应大于 50mm。

（3）电机转动应灵活，无异常声响。

（4）二次元器件应切换灵活。

（六）二次回路检查

（1）二次接线连接紧固，接线端子内严禁插入截面不同的线头或三个以上线头，备用芯线套防尘帽。

（2）二次接线布置整齐，无松动、无损坏，二次电缆走向标牌应完整。

（3）二次电缆绝缘层完好。

（4）用 1000V 的绝缘电阻表测量控制回路及辅助回路绝缘电阻，要求不小于 2MΩ。

（5）用 1000V 的绝缘电阻表测量电机回路绝缘电阻，要求不小于 1MΩ。

（七）隔离开关手动调试

（1）确认控制电源、电机电源已断开。

（2）操动机构的分、合闸指示与本体实际分、合闸位置相符。

（3）辅助开关转动灵活，切换到位，未出现卡涩或接触不良情况，辅助开关接线正确。

（4）机构箱操动机构各转动部件灵活、无卡涩现象。

（5）本体传动部件润滑良好，分合闸到位，无卡涩。

（6）合、分闸过程中其他部件无异常卡滞、异响。

（7）合、分闸位置及合闸过死点位置符合厂家技术要求。

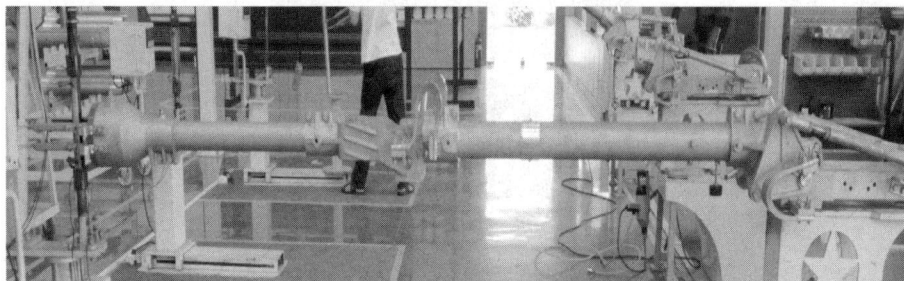

图 3-2-49　合闸到位后上、下导电臂应在一条直线

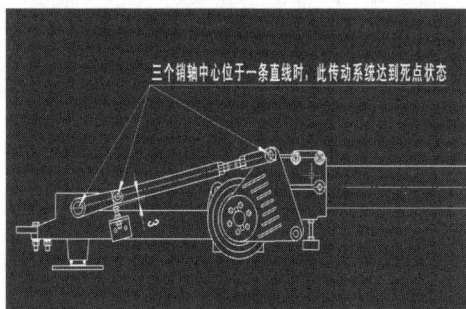

图 3-2-50　合闸到位后交叉连杆应在一条直线

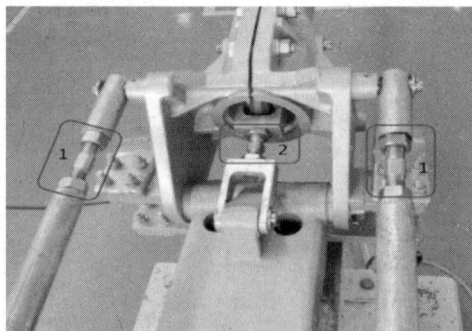

图 3-2-51　合闸过死点调整方法

GW16/17 型隔离开关合闸过死点调整方法：

1）调整上图中 1 两处双头螺栓，控制下导电管的水平度（两边调整长度要保证一致）；

2）调整上图中 2 处双头螺栓，控制上导电管的水平度；

3）图中 1、2 两处可调位置调整后可能相互影响，有时需要联合调整。

（8）调试、测量隔离开关合闸同期性、插入深度等技术参数，符合相关技术要求。

三相同期调整方法：

1）以操作机构连接的一相本体作为基准相，其他两相作为从动相，确定基准相以后，将基准相本体及机构均置于合闸位置，连接基准相本体与机构之间的垂直连杆，进行分合闸，观察基准相是否合闸到位。

图 3-2-52　拐臂装配调整　　　　　图 3-2-53　水平连杆调整

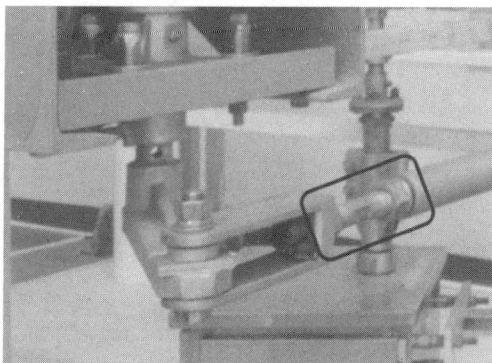

2）基准相调整好后，使三相本体均置于合闸状态，连接三相之间水平连杆，进行三相联动操作，观察三相的运动情况，如从动相的初始角度和基准相不同（三相不同期），可适当调整三相水平连杆的长度；如操作时从动相相对于基准相较快（较慢），则可调整拐臂装配上齿板的位置。具体方法为松开拐臂装配上紧固螺栓，将动作较快一相的拐臂适当放长（将动作较慢一相的拐臂适当缩短），然后拧紧螺栓。通过调整可使三相主闸刀的动作速度基本一致，并保证三相产品合闸同期的要求。

（9）操动机构与本体分、合闸位置一致。

（10）限位螺栓符合产品技术要求。

（11）严重锈蚀螺栓更换为不锈钢螺栓（M8 以下）或热镀锌高强度螺栓

（M8 及以上），紧固力矩校核，并做紧固标记。

（八）接地开关手动调试

（1）操动机构的分、合闸指示与本体实际分、合闸位置相符。

（2）辅助开关转动灵活，切换到位，未出现卡涩或接触不良情况，辅助开关接线正确，齿轮箱机械限位准确可靠3、机构箱操动机构各转动部件灵活、无卡涩现象。

（3）本体传动部件润滑良好，分合闸到位，无卡涩。

（4）合、分闸过程中其他部件无异常卡滞、异响。

（5）合、分闸位置符合厂家技术要求。

（6）调试、测量接地开关合闸同期性、插入深度以及断口距离等技术参数，符合相关技术要求。

（九）电动操作检查

（1）电动操作之前，将主闸刀置于合闸中间位置。

（2）操作电动机"电动/手动"切换把手外观无异常，操作功能正常。

（3）"远方/就地"切换把手、"合闸/分闸"控制把手外观无异常，操作功能正常外观无异常，操作功能正常。

（4）手动操作闭锁正确。

（5）电气闭锁正确可靠：接地开关合上，隔离开关无电操。

（6）电动机行程开关动作正确可靠，操作过程中未出现异常声响现象。

（7）隔离开关分、合到位，机械指示到位，合闸时三相同期满足要求，合闸后过死点，附属接地开关分闸到位。

（8）对隔离开关进行回路电阻测试，回路电阻值应小于制造厂规定值的1.2倍。

（9）对隔离开关"一键顺控"双确认装置进行功能验证（如有）。

（十）设备接地

（1）检查本体与构架采用硬质双接地，截面积应满足热稳定校核要求。

（2）接地应牢固可靠，接地连接应采用焊接或有防松动措施的螺栓连接。

（3）扁钢与扁钢搭接为扁钢宽度的 2 倍，不少于三面施焊，圆钢与圆钢的搭接为圆钢直径的 6 倍，双面施焊，圆钢与扁钢搭接为圆钢直径的 6 倍，双面施焊，扁钢和圆钢与钢管、角钢、互相焊接时，除应在接触部位两侧施焊外，还应增加圆钢搭接件。

（十一）外观维护

（1）完善相色标识和接地标识。

（2）检查金属件镀锌层及油漆，对破损面进行处理。

第三节 隔离开关试验

一、回路电阻测量

（一）测量条件

下列情形之一，测量主回路电阻。

（1）红外热像检测发现异常；

（2）上一次测量结果偏大或呈明显增长趋势，且又有 2 年未进行测量；

（3）自上次测量之后又进行了 100 次以上分、合闸操作；

（4）对核心部件或主体进行解体性检修之后。

（二）检测接线

如图 3-2-55 所示，将电流线接到对应的 I+、I-接线柱，电压线接到 V+、V-接线柱，两把夹钳夹住被测试品的两端，若电压线和电流线是分开接线的，则电压线要接在测试品的内侧，电流线应接在电压线的外侧。

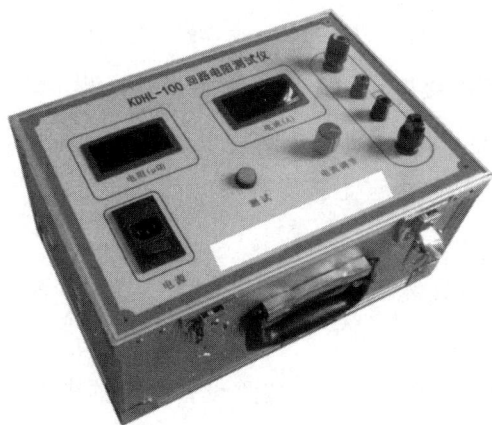

图 3-2-54　回路电阻测试仪　　　　图 3-2-55　回路电阻测试仪接线图

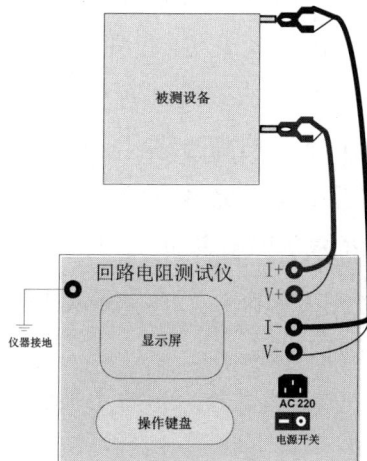

（三）检测步骤

（1）测试前拆除测量回路的接地线或拉开接地刀闸；

（2）对被试设备进行放电，正确记录环境温度；

（3）检查确认被试设备处于导通状态；

（4）清除被试设备接线端子接触面的油漆及金属氧化层，进行检测接线，检查测试接线是否正确、牢固；

（5）接通仪器电源，隔离开关回路电阻时测试电流应调整到 100A，进行测试，电流稳定后读出检测数据，并做好记录；

（6）关闭检测电源，拆除检测测试线，将被试设备恢复到测试前状态。

（四）检测验收

（1）检查检测数据与检测记录是否完整、正确；

（2）恢复被试设备和检测仪器到检测前状态。

（五）检测数据分析和处理

（1）隔离开关设备其主回路电阻应不大于制造商规定值；

（2）将测试结果与规程要求进行比较，同时应与同类设备、同设备的不同相间进行比较，作出诊断结论；

（3）如发现测试结果超标，可将被试设备进行分、合操作若干次，重新测量，若仍偏大，可分段查找以确定接触不良的部位，进行处理；

（4）经验表明，仅凭主回路电阻增大不能认为是触头或联结不好的可靠证据。此时，应该使用更大的电流（尽可能接近额定电流）重复进行检测；

（5）当明确回路电阻较大的部位后，应对接触部位解体进行检查，对于隔离开关以及设备线夹等接触面，应严格按照加工工艺进行清洁、打磨处理。

（六）注意事项

（1）在没有完成全部接线时，不允许在测试接线开路的情况下通电，否则会损坏仪器；

（2）测试时，为防止被测设备突然分闸，应断开被测设备两侧的来电侧电源；

（3）测试线应接触良好、连接牢固，防止测试过程中突然断开。

二、超声波探伤检测

（一）检测条件

存在下列情形之一，需对支柱绝缘子进行超声探伤抽检。

（1）有此类家族缺陷，隐患尚未消除；

（2）经历了有明显震感的地震；

（3）出现基础沉降。

（二）检测准备

（1）检测前，应了解被检测支柱瓷绝缘子数量、型号、制造厂家、安装日期等信息以及运行情况，制定相应的检测方案和技术措施；

（2）配备与检测工作相符的图纸、上次检测的报告、标准化作业工艺卡；

（3）根据现场检测支柱瓷绝缘子类型选择对应的探头类型；

（4）检查超声波探伤仪主机、连接线、探头相互之间连接正确；

（5）检测用斗臂车或其他升降装置正常；

（6）检查环境、人员、仪器、设备满足检测条件；

（7）按相关安全生产管理规定办理工作许可手续。

（三）检测原理

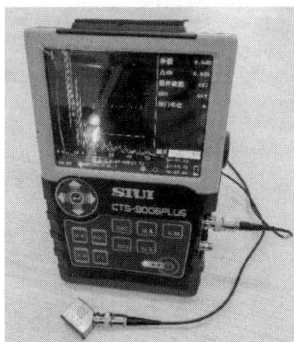

图 3－2－56　超声波
探伤仪

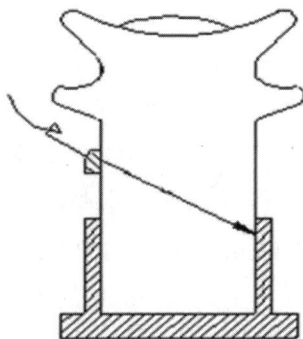

图 3－2－57　纵波斜角超声波
检测原理图

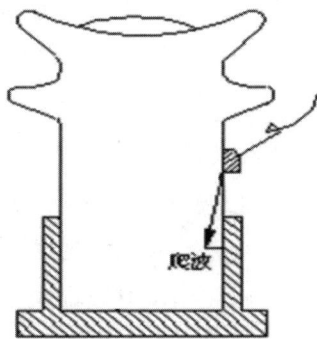

图 3－2－58　爬波斜角
超声波检测原理图

（四）检测步骤

（1）开机，选择进入测声速界面，选择瓷件厚度为所测支柱瓷绝缘子的直径；

（2）用连接线接上专用测声速探头，在支柱瓷法兰与第一片绝缘子之间检测部位涂上耦合剂，进行声速测量；

（3）根据瓷件的材质（普通瓷、高强瓷）、瓷件的类型和直径选择相关的探头，检测实心柱形支柱瓷绝缘子推荐使用小角度纵波斜探头和爬波探头，检测瓷套推荐使用爬波探头；

（4）运行检测软件，调出检测用 DAC 曲线；

（5）用连接线接上专用探头，在探头检测区域涂上耦合剂；

（6）手持探头进行支柱瓷绝缘子的周向探伤扫查，应避开喷砂部位；

（7）发现超标缺陷时，记录缺陷信息（包括缺陷位置、最高反射波幅值大小、指示长度、深度等）；

（8）将探伤检测到的可记录缺陷和超标缺陷的波形进行保存；

（9）对存在有质疑的缺陷，应进行复测，或者结合其他检测方法进行验证；

（10）超声探伤检测完成后，应清理作业现场，将耦合剂擦拭干净，填写检测报告。

（五）检测验收

（1）检查检测数据是否准确、完整；

（2）检测后对设备上的耦合剂进行及时清理，恢复设备到检测前状态。

（六）检测数据分析与处理

（1）采用小角度纵波法检测实心柱形支柱瓷绝缘子，当发现显示屏幕上存在缺陷波形时，且对缺陷反射波幅大于 5mm 深人工切槽 – 6dB 的波形进行记录。缺陷指示长度采用 6dB 法进行测量，应注意缺陷实际深度、水平距离与检测面弧长的差异，必要时进行修正。并应对缺陷做如下分析和处理：

1）当反射波幅达到或超过 5mm 深人工切槽的缺陷时，应评定为不合格；

2）当反射波幅大于 5mm 深人工切槽 – 6dB 的表面缺陷，且缺陷指示长度超过 10mm 的缺陷时，应评定为不合格；

3）当反射波幅大于 5mm 深人工切槽 – 6dB 的内部缺陷，且缺陷指示长度超过 20mm 的缺陷时，应评定为不合格；

4）当缺陷处底波与正常底波比较有明显降低时，应评定为不合格；

5）其他缺陷波形可根据实际情况进行记录和处理。

（2）采用爬波法检测空腔柱形支柱瓷绝缘子，当发现显示屏幕上存在缺陷波形时，且对缺陷反射波幅大于 5mm 深人工切槽 –6dB 的波形进行记录。缺陷指示长度采用 6dB 法或端点 6dB 法进行测量。并应对缺陷做如下分析和处理：

1）当反射波幅达到或超过 5mm 深人工切槽的缺陷时，应评定为不合格；

2）当反射波幅大于 5mm 深人工切槽 –6dB 的缺陷，且缺陷指示长度超过 10mm 的缺陷时，应评定为不合格；

3）其他缺陷波形可根据实际情况进行记录和处理。

第四节　隔离开关典型故障及案例

一、隔离开关操作机构辅助开关回弹故障

（一）故障现象

2019 年 8 月 16 日，±500kV 某某换流站在极 I 极控制保护重启后，发现双极中性母线差动电流 2900 安培，排查发现直流场双极中性线区域 00401 隔离开关本体合闸到位，机构辅助触点合闸信号丢失，现场检查发现隔离开关机构在本体合闸到位的过程中碰触止动销而发生反弹，导致辅助触点在正确切换产生合闸位置信号后回弹断开合闸位置触点，丢失合闸位置信号。后续在 2020 年年度检修时，发现多台隔离开关或接地开关均存在类似问题。

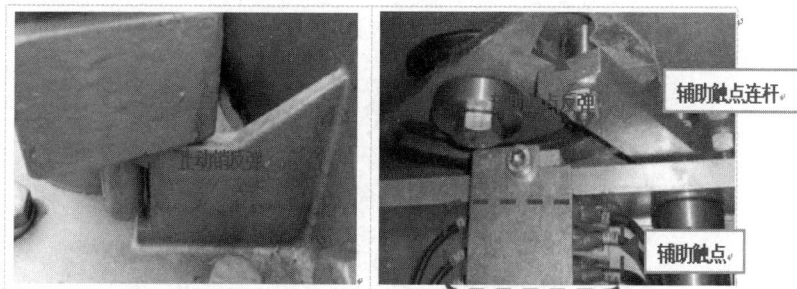

图 3–2–59　机构反弹及机构辅助触点反弹

（二）检查情况

1. 检查处理情况

现场对隔离开关或接地开关进行电动分合闸，发现操动机构分合闸反弹主

要存在三种情况：

（1）止动销反弹：垂直连杆输出轴止动销碰触挡板后反弹，正常情况下两者紧密接触，出现反弹时两者间隙较大。

（2）辅助触点反弹：半月板行程槽内的辅助触点拐臂未停在行程槽末端的半圆槽内。

（3）分合闸信号与实际位置不一致：用万用表直流挡测量辅助触点在端子排上引出端子的出线端子电位，发现其电位对地为一正一负。

2. 对操动机构进行检查发现存在的问题

（1）电机刹车片磨损严重。电机联轴器处刹车片与电机上部接触部位磨损严重。

图 3-2-60　操动机构电机刹车片磨损

（2）机械闭锁装置影响分合闸反弹。隔离开关和接地开关之间加装的闭锁装置在分合闸过程中与垂直连杆存在较大的摩擦，导致机构频发反弹现象。

图 3-2-61　操动机构与接地开关垂直加装闭锁装置

（三）处理情况

（1）调整电机刹车片方向：由于直流场所有隔离开关及接地开关的刹车片均有磨损，现场对所有隔离开关及接地开关的刹车片调整了 180°。

图 3-2-62　刹车片方向调整前　　　图 3-2-63　刹车片方向调整后

（2）拆除机械闭锁装置。

（3）调整半月板角度：松开隔离开关或接地开关机构箱半月板螺栓，调整半月板角度，然后再紧固半月板螺栓。分闸反弹时朝分闸方向（指半月板分闸转动方向）轻微旋转半月板，合闸反弹时朝合闸方向轻微旋转半月板。注意每调整约 1° 就验证一次反弹是否缓解。

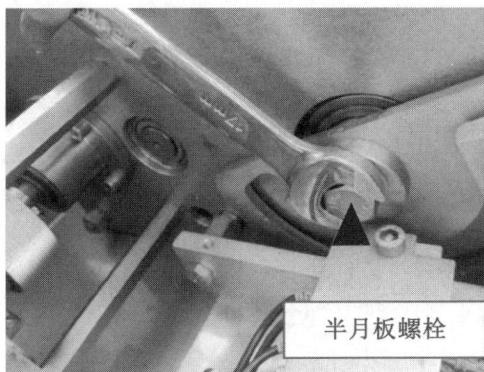 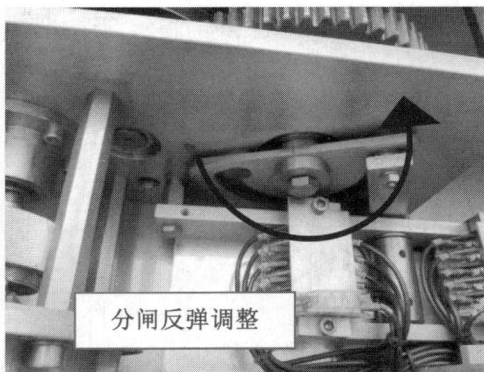

图 3-2-64　松紧半月板螺栓　　　图 3-2-65　半月板调整方法示意图

（4）对止位销挡板进行锉削：将隔离开关或接地开关操作至半分半合位置，利用锉刀对止位销挡板与止位销接触的端面进行锉削。在锉削时应每锉削

1mm 就验证一次反弹是否缓解。

二、隔离开关操作机构微动开关故障

（一）故障现象

2023 年 2 月 8 日 6 时 01 分，某某换流站极Ⅱ高端阀组 800kV 直流穿墙套管外部闪络导致高端阀组差动保护、极Ⅱ极差动保护动作，极Ⅱ闭锁，并开始极Ⅱ低端阀组自动启动逻辑，但由于极Ⅱ高端阀组低压侧刀闸（80212）辅助接点传动机构卡涩，导致极Ⅱ低端阀组自动启动不成功，鲁固直流转为极Ⅰ单极大地回线运行。随后 6 时 14 分、6 时 18 分，扎鲁特站极Ⅰ高端和低端均由于换流变饱和保护动作导致两个阀组相继闭锁，最终造成鲁固直流双极四阀组全部停运。故障导致直流功率损失 4480MW。

（二）检查情况

检查处理情况如下：

现场检查某某站极Ⅱ高端阀组低压侧 80212 刀闸操作机构，发现刀闸实际处于分闸位置，但合闸辅助接点传动机构连板螺栓轻微松动，连板在传动机构回弹过程中略微发生倾斜，引起连板与传动杆不垂直，受微动开关按钮反向作用力发生卡涩，传动机构未完全弹出，连扳未动作到位，合闸辅助接点微动开关仍处于闭合状态，导致阀控主机同时收到 80212 刀闸的合闸和分闸状态，判断刀闸位置错误，停止阀组自动启动逻辑。

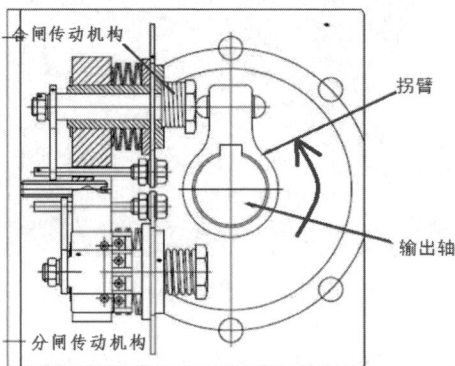

图 3-2-66　刀闸分合闸传动机构俯视图　　图 3-2-67　刀闸分合闸传动机构侧视图

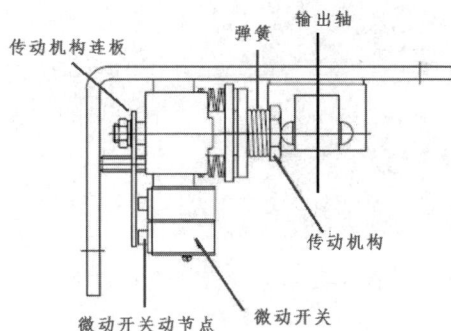

图 3 - 2 - 68　刀闸合闸辅助接点传动机构卡涩

（三）处理情况

现场对 80212 刀闸合闸辅助接点传动机构进行了更换，分合闸操作正常，同时对某某站双极直流场全部 28 把同类型刀闸开展传动试验及辅助接点传动机构连板螺栓坚固性检查，发现极Ⅰ低端阀组 80126 刀闸存在同类问题，紧固后恢复正常。

三、隔离开关直流电阻超标故障

（一）故障现象

2022 年 10 月，±800kV 某某换流站 500kV 第二、四大组交流滤波器设备检修过程中，发现 500kV 56411A、B 相和 56211C 相、56221B 相隔离开关整体导电回路直阻超标（>200μΩ，标准<150μΩ），进行分段测试，确定为静触头内部导电接触面直阻超标。该隔离开关为单柱单臂垂直伸缩式，型号为 GW35 - 550 DW，2016 年出厂，2017 年投运。

（二）检查情况

现场对隔离开关静触头进行解体检修，内部存在积水，静触头与安装底座间的导流接触面严重氧化，判断该接触面即为直阻超标点（如图 3 - 2 - 69、图 3 - 2 - 70）。

图 3-2-69　静触头内部积水

图 3-2-70　静触头的主导电接触面表面氧化

　　该型隔离开关静触头外观为喇叭型，静触头的主导电触头位于喇叭防尘罩内，仅引弧触头外露，主导电触头通过 12 颗 M10 螺栓固定在安装底板上，并通过软导电带与管母线抱箍下的铝板连接，引弧触头尾端的 M12 连接螺杆则穿过安装底板中心螺孔固定在上部的安装板上，如图 104 所示。静触头顶部的引弧触头尾端的 M12 连接螺杆上的螺母被紧固后，其底部外露的中心螺孔因被引弧触头压紧，造成中心螺孔被堵死，导致静触头筒内积水无法排出，如图 5 所示。从该隔离开关静触头结构可以看出，其顶部防水设计不合理，连接螺栓处未涂抹防水胶，且底部未考虑排水设计，雨水通过螺纹间隙渗入静触头内部后很难排出，是造成其内部积水的主要原因，静触头的导电接触面长时间处于潮湿环境，容易使接触面氧化导致直阻增大。

图 3-2-71　静触头顶部螺栓连接方式（无防水设计）

图 3-2-72 静触头主导电触头

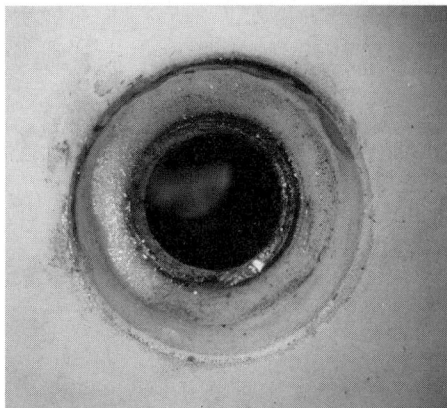

图 3-2-73 静触头引弧触头

（三）处理情况

清理打磨隔离开关静触头的主导电触头、引弧触头与安装底板之间的各导电接触面，复装后测试回路电阻测试合格，并对顶部螺栓全部涂抹防水胶，如图 3-2-74 所示。

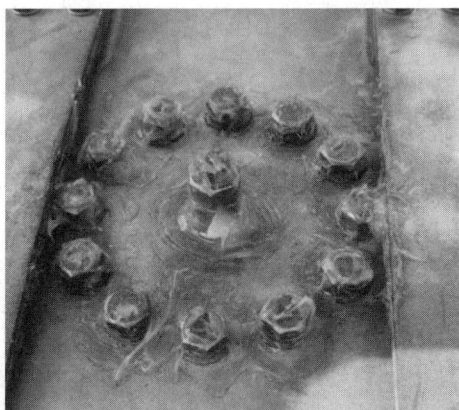

图 3-2-74 静触头的连接螺栓涂抹防水胶

四、隔离开关红外发热故障

（一）故障现象

2018 年 9 月 14 日，某某站极 1 直流系统由极连接转为极隔离，极 2 由单极大地回线转为金属回线方式，功率从 600MW 上升至 1500MW。在全站设备巡视及带电检测中发现极Ⅱ中性母线 00203、双极中性线区域 00401 直流隔离开关发热严重，温度最高点分别为 114℃、105℃。

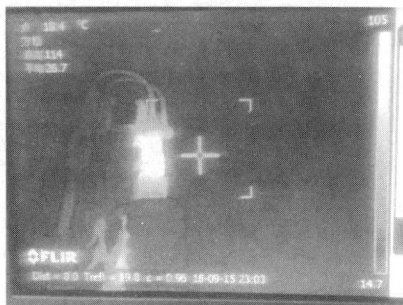

图 3-2-75　00203 南侧刀臂转轴接头
红外图谱

图 3-2-76　00203 南侧刀臂转轴接头
可见光图

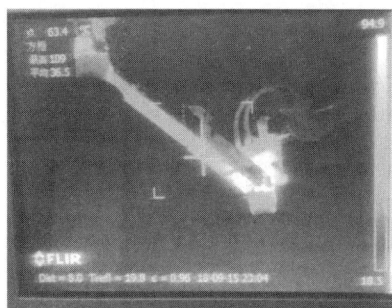

图 3-2-77　00203 北侧刀臂转轴接头
红外图谱

图 3-2-78　00203 北侧刀臂转轴接头
可见光图

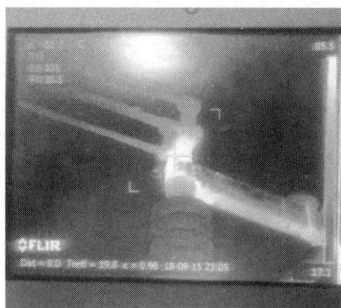

图 3-2-79　00401 东侧刀臂转轴接头
红外图谱

图 3-2-80　00401 东侧刀臂转轴接头
可见光图

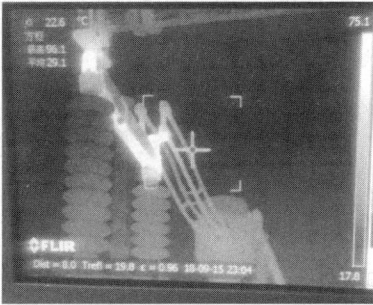

图 3-2-81 00401 西侧刀臂转轴接头
红外图谱

图 3-2-82 00401 西侧刀臂转轴接头
可见光图

（二）检查情况

现场对隔离开关接线座进行解体检查，接线座核心导流部件为导电轴，上部为敞开式结构，与线夹相连，下部为密封式结构，内部填充类似导电膏填充物，与导电臂相接。导电臂与操作/支持绝缘子的连接处采用两排滚球式触头、导电轴与轴套、铜挡块直接接触构成导电通路，传统方式采用导电软连接或螺栓连接构成导电通路。

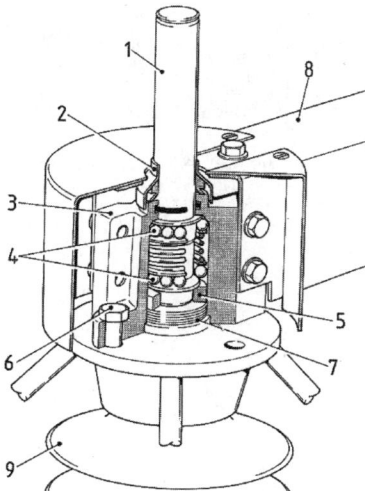

图 3-2-83 隔离开关接线座结构图
1—导电轴；2—套筒；3—轴套；4—滚珠；5—铜挡块；
6—螺栓；7—铜底块；8—主刀；9—绝缘瓷瓶

图 3-2-84 隔离开关接线座实物图

解体检查发现隔离开关导电轴与抱箍线夹紧固螺栓松动，接线座内部导流动接触面磨损、内部填充类似导电膏填充物劣化导致通流性能下降。

（三）处理情况

（1）检查并紧固隔离开关导电轴与抱箍线夹紧固螺栓，对接线座内部导流动接触面磨损的进行更换，对导电填充物劣化的清洁处理接触面并重新使用新的导电填充物。

（2）在导电臂与管母线之间加装铜编织绞线（每处配置 4 根，每根截面积为 50mm^2，以不影响刀闸分合闸为宜。

（3）如上述处理效果不佳的，更换为大容量隔离开关。

图 3-2-85　隔离开关接线座结构图

图 3-2-86　隔离开关接线座实物图

第四篇

GIS

第一章　理　论　知　识

第一节　概　述

六氟化硫封闭式组合电器，国际上称为"气体绝缘开关设备"（Gas Insulated Switchgear）简称 GIS，它将一座变电站中除变压器以外的一次设备，包括断路器、隔离开关、接地开关、电压互感器、电流互感器、避雷器、母线、电缆终端、进出线套管等，经优化设计有机地组合成一个整体。

GIS 设备的研究和开发始于 20 世纪 50 年代的欧洲和日本，我国 GIS 设备的研制工作起步于 60 年代，与世界其他国家基本同步，1971 年我国首次试制成功 110kV GIS 设备，并投入运行。八十年代中后期开始应用在 500kV 电网中，第一套 550kV GIS 在广东江门应用。第一套国内自主生产的 550kV GIS 设备于 1992 年在东北电网应用。

一、组合电器的特点

相对常规电器相比，GIS 在结构性能上有以下特点：

（1）因采用 SF_6 气体作为绝缘介质，导电体与金属地电位壳体之间的绝缘距离大大缩小，占地面积及安装空间减小（相同电压等级常规电器的百分之几到百分之二十左右）。

（2）带电体不暴露在空气中（除架空引线部分），可靠性和安全性高多。

（3）GIS 采用模块化设计，布置方便灵活，可用于各种主接线。

（4）现场安装工期短。GIS 在厂内按现场情况完整装配，并进行出厂试验，整块运输或按运输单元运输，使现场安装调试工作量减少。

（5）设备运行可靠性高，检修维护工作量小。

（6）SF_6 气体是防爆的不燃不爆的惰性气体，外壳绝缘不易发生触电事故，安全性高。

二、组合电器的分类

组合电器按安装方式可分为户外式和户内式两种。户外型运行环境较为恶劣，需要附加防气候措施，以适应户外环境，相对户内式可为用户省去建造建筑物一大费用，扩建间隔更为方便。户内型运行环境可通过空调除湿机进行控制，运行环境较好，但需建造建筑物，费用较高，且扩建间隔较户外式更复杂。

三、组合电器型号表示方法

1. 型号表示方法

$$\Box\Box\Box\Box\Box-\Box\Box/\Box-\Box\Box$$

从左至右含义

（1）产品名称：组合电器，以"Z"表示。

（2）结构特征：封闭式，以"F"表示。

（3）使用场所："N""W"户内、户外。

（4）设计序号。

（5）改进顺序号。

（6）额定电压。

（7）操动机构类别。

（8）额定电流。

（9）额定开断电流。

（10）企业自定符号。

2. 举例

如 ZF7A－126（L）/T2000－40，各字母数字含义分别为：（Z）组合电器、（F）封闭式、（7）设计序号、（A）改进型、（L）SF_6 断路器、（T）弹簧机构、（2000）额定电流、（40）额定开断电流。

四、组合电器的参数

（1）额定电压：指组合电器能承受的正常工作线电压。

（2）额定电流：指组合电器可以长期通过的工作电流。组合电器长期通过额定电流时，其各部分的发热温度不超过允许值。

（3）动稳定电流：指组合电器在闭合位置时，所能通过的最大短路电流，称为动稳定电流，亦称额定峰值耐受电流，它表明组合电器在冲击短路电流作用下，承受电动力的能力。这个值的大小由导电及绝缘等部分的机械强度所决定。

（4）热稳定电流：指组合电器在规定时间内，允许通过的最大电流，它表示组合电器承受短路电流热效应的能力。以短路电流的有效值表示。

五、组合电器的结构

1. 组合电器包含的元件

（1）断路器（CB）：灭弧室为单式变开距（252kV），双压式定开距（126kV），机构配置有，液压操动机构、气动弹簧操动机构、弹簧季候等。

（2）隔离开关（DS）：现有普通型和具有切环流动功能的隔离开关，前者配用电动操动机构，后种配用电动弹簧机构，两种隔离开关都可与一台或两台接地开关进行组合。机构上分为 GR 型（直角型）及 GL（直线型）二种。

（3）接地开关（ES）：配用电动操作机构或手动机构。

（4）关合接地开关（FES）：具有关合短路电流和开合感应电流的能力，配用电动或弹簧操动机构。

（5）母线（BUS）：母线由外壳、固定于盆式绝缘子（或棒式绝缘子）上的分支导体、三相导电杆等组成。为了吸收热胀冷缩变形和装配误差，在导体连接部分采用滑动式触头，如表触头和梅花触头，并在母线连接合适位置安装了波纹管。

（6）电流互感器（TA）：分为绕组内置式和绕组外置式两种，布置与断路器的两侧。

（7）电压互感器（VT）：为电磁式电压互感器，直接连至出线上或通过隔离开关连至母线上。

（8）避雷器（LA）：直接连接在出线上。

（9）终端元件：出线方式有三种，架空线引出方式，终端采用 SF_6 充气瓷套管；电缆引出方式，终端采用电缆终端即出线端与电缆头组合；母线筒与主变压器对接，采用变压器连接套管，一侧充有 SF_6 气体，另一侧则是变压器油。

（10）就地控制柜（LCP）：是对 GIS 进行现场监控的集中控制屏。也是 GIS 间隔内外各元件，以及 GIS 与主控制室之间电气联络的中继枢纽。可以实现元件的操作，监视元件的位置状态，实现本间隔内各个元件之间的电气连锁和告警监视。

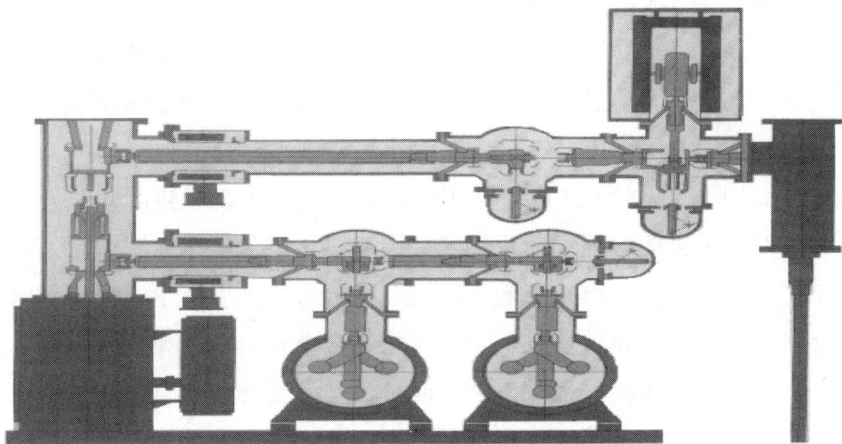

图 4-1-1　组合电器的基本结构

2. 根据母线筒的结构

（1）全分箱式结构，各种高压电器包括母线放在各自独立的接地圆筒形外壳内，相间影响小，不会产生相间短路故障，制造方便。缺点是壳体数量多，耗材多，绝缘子数量多，密封面也随之增加，漏气可能性加大及占地面积和体积增加，钢外壳中感应电流大引起耗损大等，这种型式在今天的各电压等级的 GIS 均有应用；

（2）不完全三相共箱（筒）式结构，即母线采用三相共箱式（三相母线通过绝缘件固定在筒内三角形布置），而断路器及其他电器采用三相分箱式，外壳数量减少，造价降低，在各种电压等级中广泛采用；

（3）全三相共箱（筒）式结构，母线及所有断路器在内的电器都采用共箱式筒体，制造难度较大，技术要求高，内部电场不均匀，相间影响大，但工作量小，消耗钢材少，减少密封环节漏气率大大降低。在 126 千伏等级中受用户欢迎。

3. GIS 的导电结构

GIS 导电回路通过若干元件组成，其中，两个零件通过机械连接方式互相接触而实现导电称为电接触。电接触结构按工作方式，一般可分为三大类：固定接触，用紧固件如螺钉紧固的电接触称为固定接触，固定接触在工作过程中没有相对运动，如触头与盆子的连接等；触头接触，在工作过程中可以分离的电接触称为可分接触，又称触头，GIS 触头中，一个是静触头，另一个是动触头；滑动及滚动接触，在工作过程中，触头间可以互相滑动或滚动，但不能分离的电接触称为滑动及滚动接触，开关电器的中间触头就是采用这种电接触。

4. GIS 的壳体结构

GIS 原理与 72.5 千伏以下电压等级的大气绝缘金属封闭开关设备无多大的区别，但是电压等级提高后对绝缘性能有了更高的要求，气体压力须提高到 0.3MPa（表压）以上，箱式结构从机械轻度上考虑难以满足，因而采用筒式结构。金属筒体一般采用非磁性材料，例如铝合金材料。它既是压力容器又是接地电极；既是散热表面又是发热体；同时还是起支撑和安全隔离的作用。对外壳材料的机械轻度、刚度、气密性都有严格的要求。其结构强度，必须经受规定的压力试验考核，筒内壁必须耐受 SF_6 分解物，特别是低氟化物的腐蚀，并能耐受高温。

第二节　GIS 各部件的组成、作用及原理

一、断路器

断路器的结构：

每个单极有一个罐体，内有灭弧室。灭弧室中运动部件通过主绝缘拉杆与安装在罐体的一端的操动机构相连。如为双断口在断路器两端安装有并联电容器，保证两个断口的电压分布均匀。导电回路由支撑绝缘筒和隔离盆式绝缘子进行支撑，它与两端的盆式绝缘子之间的触头连接。罐体、法兰端盖和隔离盆

式绝缘子构成了断路器的气室；水分及开断产生的 SF_6 分解物由吸附剂吸收。另外，外壳上需要安装有断路器气室的气体接头、密度继电器和防爆装置。

1. 断路器的单极剖面

它主要是由灭弧室、传动机构、操作机构组成，其动作过程是：操作机构带动绝缘拉杆，带动触头运动，从而实现断路器分，合闸操作，如图 4－1－2 所示。

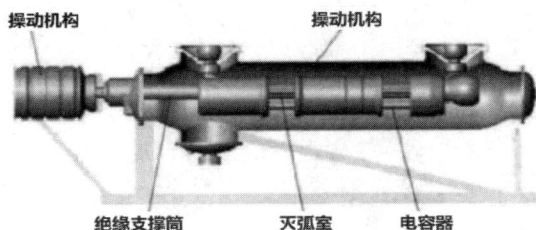

图 4－1－2　断路器的单极剖面

2. 断路器传动机构

断路器传动机构采用直动式操作，通过最少的转换环节，使灭弧室运动部件受力最佳更可靠，如图 4－1－3 所示。

图 4－1－3　断路器传动机构

二、隔离开关

隔离开关、接地开关是 GIS 开关设备的重要组成部分，它以 SF_6 气体作为绝缘介质。隔离开关具有切环流能力，可以切合容性和感性小电流。隔离开关可以隔离线路，它安装在积木式的外壳内，由盆式绝缘子支撑，动触头通过绝缘轴由安装在外壳上的电动操动机构进行单极或三极联动操作（也可手动），触头为直线运动或旋转运动，有位置指示器，还可以通过玻璃观察窗观察检查触头状态。

（一）隔离开关的本体结构

隔离开关采用模块化的制作工艺,可以灵活地实现下图所示四种布置方式使 GIS 的布置多样化。TE、TX 为直线式,TV、TW 为直角式,如图 4-1-4 所示。隔离开关根据结构不同分为两种,即轴向隔离开关和转角隔离开关,可在外壳直接配置接地开关,如图 4-1-5 所示。

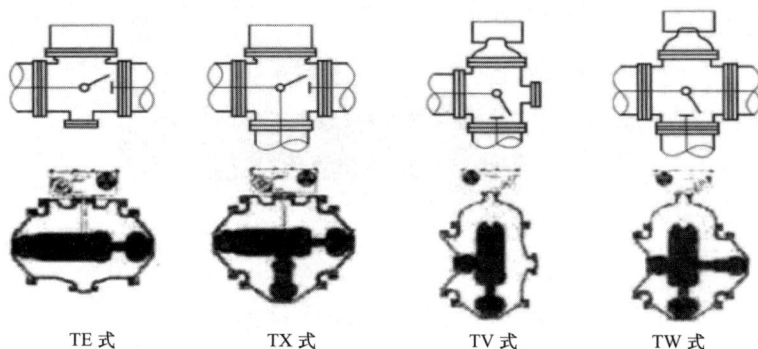

TE 式　　　　TX 式　　　　TV 式　　　　TW 式

图 4-1-4　隔离开关的四种布置方式

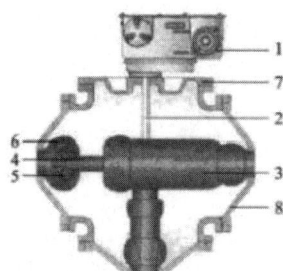

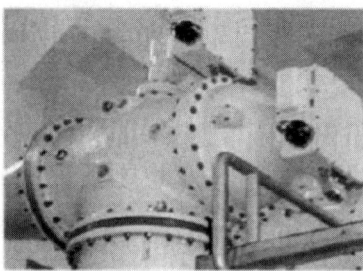

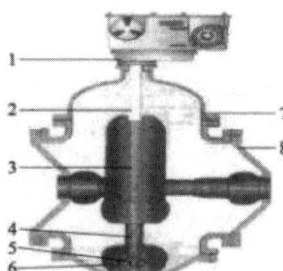

(a)

(b)

图 4-1-5　隔离开关结构

（a）直线式隔离开关;（b）直角式隔离开关

1—电动机构;2—操作绝缘轴;3—触头支持件;4—动触头;5—静触头;6—屏蔽罩;7—外壳;8—盆式绝缘子

轴向隔离开关的结构如图4-1-6所示,转角隔离开关的结构如图4-1-7所示,两种隔离开关使用的壳体均为T型罐体7,它有三个同样大小的连接法兰和一个直径较小的接地开关法兰。但两种隔离开关的操动机构的安装位置及传动方式不同:

在轴向隔离开关T型罐体7三个相同直径的法兰中,与接地开关相对的一个与罐体盖连接,用以连接操动机构。另外两个法兰安装盆式绝缘子,支撑内部的动、静触头。轴向隔离开关中作直线运动的动触头4与绝缘拉杆6的轴线垂直。

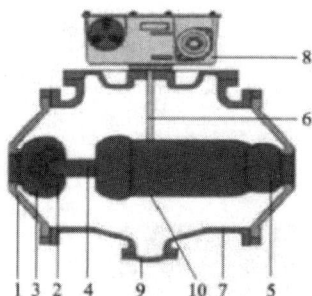

图 4-1-6　轴向隔离开关

1—盆式绝缘子;2—静触头;3—屏蔽罩;4—动触头;
5—触头支撑;6—绝缘拉杆;7—T型罐体;8—操动
机构;9—接地开关EM3连接可选择;10—接地固定
触头连接可选择

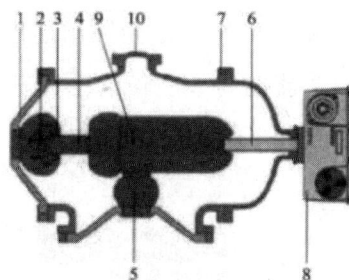

图 4-1-7　转角隔离开关

1—盆式绝缘子;2—静触头;3—屏蔽罩;4—动触头;
5—触头支撑;6—绝缘拉杆;7—壳体;8—操动机构;
9—接地开关EM3连接可选择;10—接地固定触头连接
可选择

在转角隔离开关T型罐体7三个相同直径的法兰中,与接地开关连接法兰垂直的两个法兰任意一个端盖连接,用以连接操动机构。另外两个法兰安装盆式绝缘子,支撑内部的动、静触头。转角隔离开关中作直线运动的动触头4与绝缘拉杆6的轴线同轴。

支撑内部的动、静触头的盆式绝缘子外侧安装固定触头,用以连接相邻的单元。端盖与罐体一起构成隔离开关外壳。在接地开关的连接法兰上,可以安装接地开关或防爆装置。若隔离开关单独形成一个气室,则该项气室需要安装有密度继电器、气体接头和防爆装置。

为满足产品布置的需要,可根据静触头的安装位置(左或右)来改变隔离开关断口的位置。

（二）隔离开关的操动机构

隔离开关既可以单极操作，也可以进行三极联动操作。单极操作时，每相配置单独的操动机构。三极联动时，操作极隔离开关配置操动机构，并且通过传动与另外两相连接。

操动机构通过电动机 2 驱动或经滑动联轴器 1，一对锥齿轮将旋转运动传送到各自开关元件的基本单元，如图 4－1－8 所示。合闸和分闸运动通过改变电机或摇把的旋转方向来选择。开关装置的合分的行程限制通过齿轮箱的减速触头和机械止动进行。滑动联轴器 1 确保电机在齿轮箱被止动器阻滞在极限位置上时无损伤地停止。操作到位后，可以听到清脆的响声，且再转动摇把均不能使连动杆转动。位置指示器 4 通过辅助开关 5 直接与齿轮箱相连。

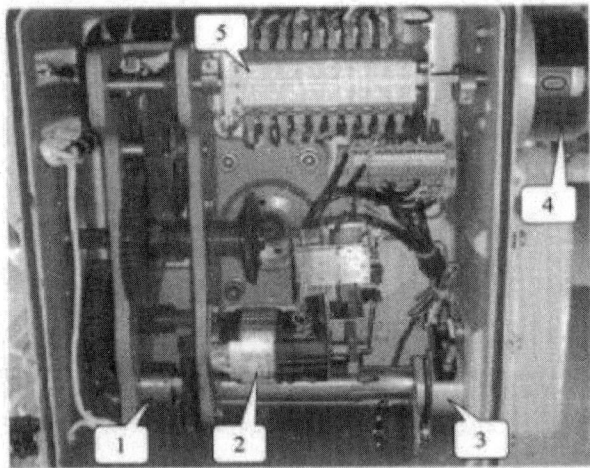

图 4－1－8　主操作箱的内部结构实物图

1—滑动联轴器；2—电动机；3—锁盘；4—位置指示器；5—辅助开关

当通过辅助开关 5 和控制继电器断开电机电流回路，闭锁（极限位置闭锁）就动作。一有电源供给电机或摇把插入进行手动紧急操作，闭锁无效。在拆下锁盘 3 后，摇把可以插入，用摇把进行的操动机构驱动用于试验、调整工作及操动机构的紧急驱动（例如控制电压故障）。

三、接地开关

（一）接地开关的本体结构

接地开关分为线路侧快速接地开关（EB 型）和检修接地开关（EM 型）两种，如图 4-1-9 所示。线路侧快速接地开关（EB 型）具有短路关合能力，也具有开合架空线的容性和感性感应电流的能力。快速接地开关采用电动弹簧操动机构进行单相操作。检修接地开关（EM 型）用于将 GIS 的各个对地绝缘部分接地，以便在维修或大修期间保护人身安全。检修接地开关采用电动操动机构，即可进行单相操作，也可通过连杆进行三相连动。所有接地开关都有位置指示器，触头状态可通过玻璃观察窗观察。根据要求，可挂装机械锁或电磁锁，以防止带电误合接地开关。

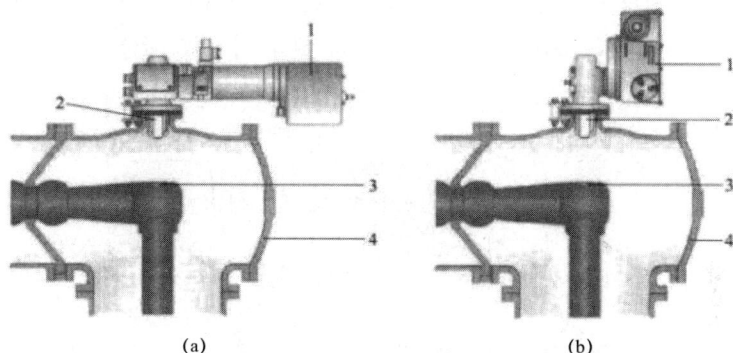

(a)　　　　　　　　　　　　　(b)

图 4-1-9　接地开关结构

（a）EM 型检修用接地开关结构；（b）EB 型快速接地开关结构

1—操动机构；2—接地触头；3—主触头；4—外壳

当接地开关与外壳间加装绝缘衬垫时，可以不打开外壳检查电流互感器的变比和测量主回路电阻及断路器的机械特性。正常运行时，用铜连接件将绝缘衬垫短接。

为了检查核实某接地点是否真正不带电，接地开关上能配置一个电容式抽头，用来和电压测试装置相连接。这个附加的安全装置减少了带电误合接地开关的危险，也可作为局放测试的天线。

接地开关不能单独形成一个气室，它只能和隔离开关或 VT 连接母线进行组合，这时隔离开关或 VT 连接母线需要安装相应的接地开关静触头，并在外壳上安装观察窗，可以使用内窥镜通过观察窗对接地开关动触头上的两条标记进行观察，以判断接地开关是否处于正确的合闸位置。如果只能看到两条标记中的一条，则说明触头接触正确；如果两条标记都能看到，则说明触头接触不充分。

接地基本单元的外壳通过 GIS 设备的接地母线与电站的接地网连在一起。基本单元的触头套是和外壳连系在一起的，管状动触头通过过渡接触片与触头套紧紧接触着，即管状动触头是直接接地的。因此只要管状动触头与隔离开关的静触头座接触，隔离开关就接地。

接地开关用于安装时有接地要求的情况下，例如，保养和检修时。EB3 型快速接地开关的典型适用情况是分压电缆，架空线和变压器的接地保护。

快速接地开关的静触头装配安装在 VT3 连接母线上，VT3 有两个标准法兰接口与 GIS 的任何其他与其相邻的部件连接。EB3 型快速接地开关的操动机构安装在 VT3 连接母线的小法兰口上，如图 4-1-10 所示。

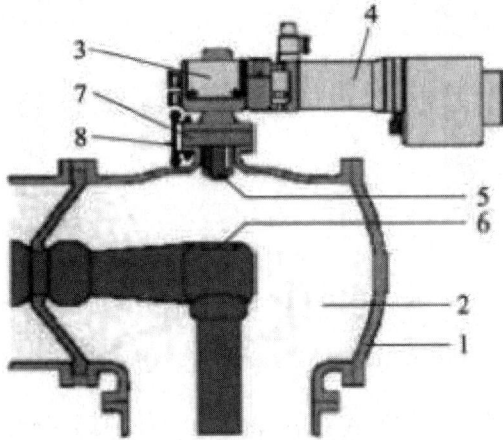

图 4-1-10　快速接地开关现场安装
1—接地罐；2—SF$_6$气体；3—快速接地开关；4—操动机构；5—动触头；
6—静触头；7—绝缘法兰；8—接地连接器

（二）操动机构

如前文所述，在接地开关的操动机构上，维护接地开关和快速接地开关所用的机构不同。通常维护接地开关采用电动机构，而快速接地开关采用电动弹簧机构。DB3 型电动弹簧操动机构用作 EB3 型快速接地开关的操动机构，同

EB3 型快速接地开关本体共同构成了 EB3 型快速接地开关。图 3-3-19 所示为 EB3 型快速接地开关，它可进行电动操作或手动操作，具有体积小、结构紧凑、动作可靠等特点。

　　如图 4-1-11 所示，操动机构包括电动机/齿轮组传动 1（3）弹簧储能装配 1（2）齿轮杠杆 11 接地连接 9 和 BNC 接头 14。电动机受到主要元件里的 SF_6 气体压力。快速接地开关的操动机构内包含动触头 7。通过 VT 型罐体，把静触头 6 安装到不同的机构室里。位置指示器 15 和辅助开关与动触头机械连接并且做出相应动作。

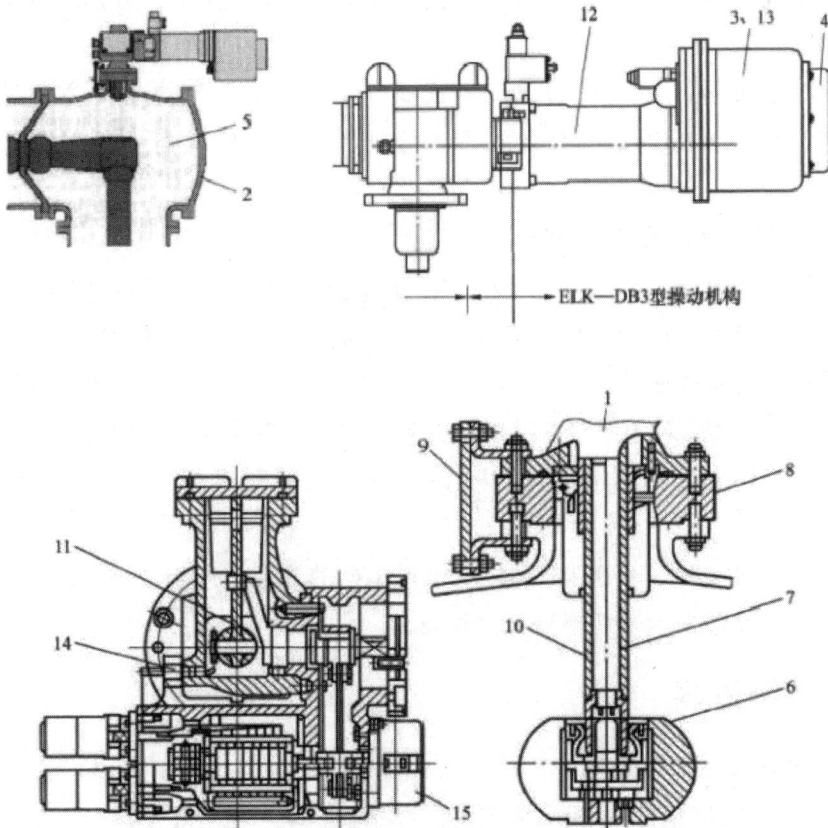

图 4-1-11　快速接地开关

1—机构室；2—快速接地开关（外壳）；3—壳体；4—锁盖；5—SF_6 气体；6—静触头；7—动触头；
8—绝缘子；9—接地连接；10—绝缘拉杆；11—齿轮杠杆；12—弹簧储能装配；13—电动机/齿轮组传动；
14—BNC 接头；15—位置指示器

（三）工作原理

1. 快速接地开关工作原理

快速接地开关是用来将动触头和 GIS 罐体连接在一起的一种开关装置，以此来保证短路部分的接地。快速接地开关就能在额定电流下运行，并能耐受故障状态下短时间内的短路电流。

（1）合闸操作。快速接地开关的电动弹簧机构在电动或手动操作下，压缩弹簧储能。当储能完毕后，弹簧锁扣脱扣，弹簧储存的能量迅速释放，产生 90°旋转运动，带动操作拐臂产生 90°旋转运动，反向拐臂将操作拐臂的旋转运动转变成动弧触头直线运动，从而使动弧触头迅速关合，位置指示器切换到合闸位置。

（2）分闸操作。分闸时电动机或操作手柄旋转方向与合闸方向相反，但弹簧不储能，始终处于释放状态，分闸完毕后，位置指示器切换到分闸位置。

2. 维护接地开关工作原理

（1）合闸操作。维护接地开关的电动操动机构在电动或手动操作下，通过齿轮轴和扇形齿轮使操作拐臂旋转 90°，反向拐臂将操作拐臂的旋转运动转变成动弧触头的直线运动，使动弧触头合闸，同时电动操动机构上的位置指示器切换到合闸位置。对于三极联动的维护接地开关，电动操动机构的运动通过传动杆装配传递到其他两极齿轮机构上，从而带动其他两极接地开关本体同时动作。

（2）分闸操作。分闸时电动机或操作手柄的旋转方向与合闸方向相反，分闸完毕后，位置指示器切换到分闸位置。

四、互感器

1. 电压互感器（TV）

GIS 可按需要配置单相电磁式电压互感器，每个电压互感器是一个独立的气室，可以布置在间隔出线或母线上。电压互感器以 SF_6 气体作为高压绝缘介质，高压一次导体由一个密封的绝缘盆支撑。电压互感器通过密封的绝缘板将二次连接引出壳体直接引到端子箱。

根据用户要求可水平或垂直安装在 GIS 的适当位上，通过盆式绝缘子于

GIS 相连接。二次绕组通过气体密封的多路出线套与外部端子箱内的端子连接。电压互感器的二次端子在一次回路带电时不允许短路。

2. 电流互感器（TA）

GIS 中可根据用户需要配用功能优越的电磁感应式电流互感器，布置在断路器的两侧。高压导体组成了一次绕组，带有二次绕组的铁芯按精度等级和功能要求来设计。另外通过互感器的二次连接可切换不同变比的抽头，抽头通过密封的绝缘板引出壳体外，直接接到端子箱。SF_6 气体作为一次绕组的绝缘介质，金属外壳屏蔽了电磁干扰。

电流互感器为环形铁芯贯穿式结构，一次回路导体穿过二次线圈的环形铁芯，封闭于充有 0.5MPa SF_6 气体的罐体内，以免外界干扰。在外壳里有一间隙，以防止外壳中产生感应电流降低互感器的精度。二次端子盒装在外壳上。根据用户的不同需要，可提供各种参数（变比和准确级等）的电流互感器。电流互感器的二次端子在一次回路带电时不允许开路。

五、GIS 母线

SF_6 封闭母线为单相式结构，可以用于户内和户外，外壳为铝合金，搞腐蚀性好，并且无涡流损耗。导电部分为电导率很高的铝合金导体，并且由盆式绝缘子作为导电部分的支撑。GIS 主母线是三相分离型母线组成。导体是采用螺旋弹簧触头连接方式，在组装时可自动相连接，补偿因温度变化带来的导体的膨胀或缩小。

（一）GIS 母线分类

GIS 母线具体分为主母线、分相母线、进出母线；详细分为 VI、VG、VT、VX、VL、VW、VP、VQ、HT 连接母线如图 4-1-12 所示。

ZF15—550 型 SF_6 封闭母线为单相式结构，可以用于户内和户外，外壳为铝合金，搞腐蚀性好，并且无涡流损耗。导电部分为电导率很高的铝合金导体，并且由盆式绝缘子作为导电部分的支撑。

（二）GIS 母线的结构

1. VI、VG 连接母线结构

（1）VI 连接母线的结构。VI 连接母线是一种长度较短的直线刚性母线，它的长度可以是任意长度（260~700mm）。VI 连接母线不作为一个单独的气室，但在 VI 连接母线上可以根据需要安装一个气体接头，如果有特殊原因，也可以在 VI 连接母线上安装防爆装置（XC）。

（2）VG 连接母线的结构。VG 连接母线是一种长度较长的直线刚性母线，它的长度可以是任意长度（700～9000mm）。如果长度较长可以通过将几节母线单元连接起来实现这一目的（单个母线单元最大长度一般为 7500mm）。VG 连接母线可以设计为一个单独的气室，需要安装气体接头、密度继电器，以及防爆装置（XC）。

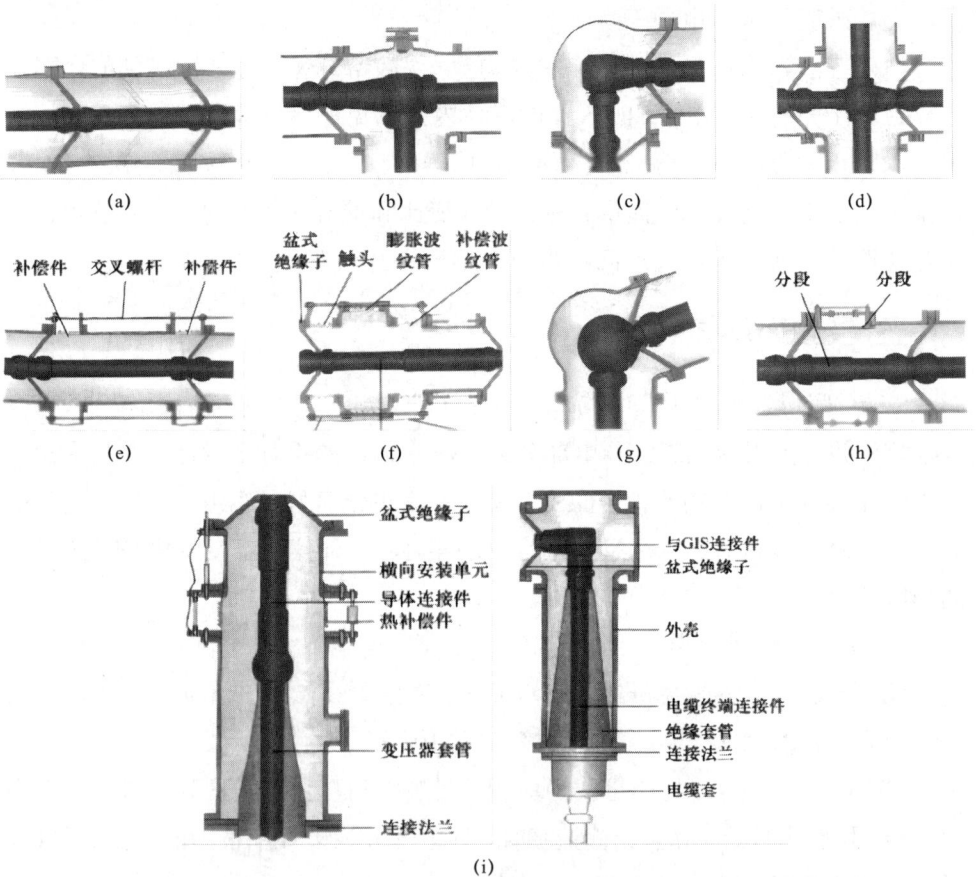

图 4-1-12　连接母线

（a）VI、VG 型连接母线；（b）VT 连接母线；（c）VL 连接母线；（d）VX 连接母线；（e）VP 型并联补偿元件；（f）BD 型轴向补偿件；（g）VW 连接母线；（h）VQ 连接母线；（i）HT 变压器连接件

2. VT、VL、VX 连接母线结构

（1）VT 连接母线结构。VT 连接母线是一种能够形成 90°电流回路 T 形连

接母线。VT 连接母线的壳体与隔离开关的壳体结构相同。

VT 连接母线可以设计成一个单独的气室，并且在壳体上安装气体接头、密度继电器，以及防爆装置（XC）；可以在 VT 连接母线上安装接地开关，同时安装一个观察窗。

（2）VL 连接母线结构。VL 连接母线是一种能够形成 90° 转弯的刚性连接母线。

VL 连接母线需安装盆式绝缘子来支持内部的导体，不作为一个单独的气室，没有充气接头和密度继电器。

（3）VX 连接母线结构。VX 连接母线是一种四通型连接母线，VX 连接母线的壳体与隔离开关 ［TE（3）TV3］ 的壳体结构相同。

VX 连接母线可以设计成一个单独的气室，并且在壳体上安装气体接头、密度继电器，以及防爆装置（XC）；可以在 VT 连接母线上安装接地开关，同时安装一个观察窗。

3. VW 连接母线结构

VW 连接母线是一种从 1°～60° 转角的刚性连接母线。转角取决于产品布置的需要，并且只能是一种固定的角度。

VW 连接母线需安装盆式绝缘子来支持内部的导体，不作为一个单独的气室，没有充气接头和密度继电器。

4. VP 连接母线结构

VP 连接母线（中间连接一段 VG/VI）两端安装有伸缩节。运行时靠 12 根长螺杆来承受 SF_6 气体压力。依靠伸缩节的弹性变形来补偿较大的线膨胀和角度偏差。

5. VQ 连接母线结构

母线各个分段之间、长母线管道、变压器和电力电缆的终端都需要安装 VQ 型侧向拆装单元。VQ 型侧向拆装单元可以在不影响相邻单元的情况下，利用一段可以滑动的外壳和导体从侧面进行安装或拆卸，使安装和维修更加方便，也可以利用它为扩建的部分提供绝缘距离。同时可以补偿一部分装配的偏差。导体由两端的触头装配来进行支撑，触头直接或间接固定在盆式绝缘子上。VQ 型侧向拆装单元可根据需要安装防爆装置（XC）。VQ 型侧向拆装单元不能形成一个单独的气室，没有气体接头和密度继电器。考虑壳体回流，导电带跨接在滑动罐体的两端，数量根据壳体回流的电流值来确定。

6. HT 变压器连接件结构

通过 HT 变压器连接件可以实现 GIS 与变压器套管的直接连接，而且在不影响相邻元件的情况下，从侧面利用一个可滑动的罐体和可拆卸导体进行拆卸或安装。利用这一特点对 GIS 或变压器进行电气测试。

HT 变压器连接件可以形成一个独立的气室，需安装充气接头和密度继电器和防爆装置（XC）。伸缩节可以防止变压器的电动力引起的振动波影响到GIS 中，并作为热膨胀的补偿元件。

六、防爆装置

由于 GIS 外壳由铝合金制成，一旦母线或其他元件内部出现电弧故障，却又不能及时解除故障时，电弧会使内部的 SF_6 气体的压力升高，尤其是容积较小的气室，压力升得更高。为了防止外壳爆炸，可在该气室上安装防爆装置。当气室中的气体压力达到防爆膜的额定压力时，防爆膜片破裂，气室内的气体压力瞬时降低，起到保护外壳的作用。每个气室均装有防爆膜，其外形如图 4 - 1 - 13 所示。

防爆装置 XC 有一个拱形金属碟片，被压紧于密封性好的两个法兰之间，使 SF_6 气体与外界空气隔开。

开关隔室　　　　　　　　　　其他隔室

图 4 - 1 - 13　防爆膜外形

七、密度继电器

1. 密度继电器主要功能

SF_6 密度继电器是 SF_6 断路器的重要在线监测装置。密度继电器的原理就是以 20℃时气体的密度为参考，将现场实际检测到的密度值归算到 20℃的气体压力变化，并以相对于 20℃为额定气体压力值的下降多少作为报警和闭锁值。当气体下降到报警值时，发出报警提示补齐。

2. 密度继电器结构原理

气体密度继电器由密度表和继电器组成，它的结构形式比较多，按原理可分为机械式和非机械式。机械式气体密度继电器按结构分为波纹管式和弹簧管式，从功能上可分为不带压力显示盒和带压力显示（带温度补偿压力表）。

（1）密度表。图 4-1-14（a）所示为 SF_6 气体密度表，它主要由弹性金属曲管、齿轮机构、指针、双层金属带等零部件组成。空心的弹性金属曲管内部空间与其断路器中的 SF_6 气体相通，端部与双层金属带连接，双层金属带与齿轮机构和指针机构连接。其中双金属带的主要作用是温度补偿，即环境温度不是 20℃时，双层金属带按照环境温度与 20℃的差进行补偿。

指示器刻度分为绿色和红色两个区域，绿色表示 SF_6 气体压力正常，红色表示 SF_6 气体压力处于危险状态。绿色和红色区域相接处为密度继电器的报警值。

（2）密度继电器。图 4-1-14（b）所示为密度继电器，图中表计接头与GIS 的气室相连，波纹管外面充以标准六氟化硫气体，由于波纹管上、下的 SF_6 气体压力的大小不同，使波纹管上升或下降。同时，连杆（9）将波纹管的运动传给微动开关从而发出电信号。

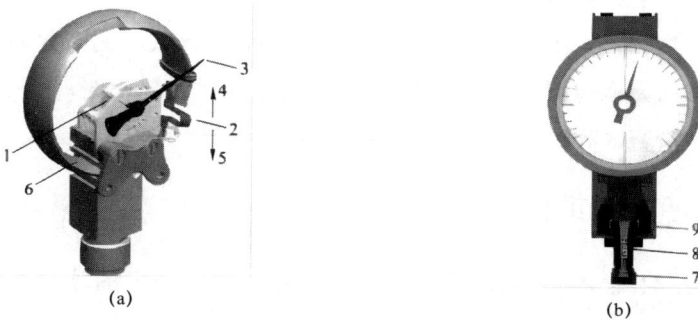

(a)　　　　　　　　　　　　　(b)

图 4-1-14　SF_6 气体密度继电器
（a）SF_6 气体密度表；（b）密度继电器
1—齿轮机构；2—双层金属带；3—指针；4—压力增大时的运动方向；5—压力减小时的运动方向；
6—弹性金属曲管；7—表计接头；8—波纹管；9—连杆

第二章　技　能　实　践

第一节　组合电器运行维护

一、运行的基本要求

（1）运行人员经常进入的户内 SF_6 设备室，每值至少通风一次，换气 15 分钟，换气量应大于 3~5 倍的空气体积，抽风口应安装在室内下部；对工作人员不经常出入的设备场所，在进入前应先通风 15min。

（2）运行中 GIS 对于运行、维修人员易触及的部位，在正常情况下，其外壳及构架上的感应电压不应超过 36V。其温升在运行人员易触及的部分不应超过 30K；运行人员易触及但操作时不触及的部分不应超过 40K；运行人员不易触及的个别部位不应超过 65K。

（3）SF_6 开关设备巡视检查，运行人员每天至少一次，无人值班变电所按照省电力公司《无人值班变电所运行导则》规定进行巡视。巡视 SF_6 设备时，主要进行外观检查，设备有无异常，并作好记录。

二、巡视检查项目

SF_6 封闭组合电器（GIS）的巡视检查应按表 4-2-1 的项目、标准要求进行。

表 4-2-1　　SF_6 封闭组合电器（GIS）的巡视检查项目和标准

序号	项目	标准
1	标志牌	名称、编号齐全、完好
2	外观检查	无变形、无锈蚀、连接无松动；传动元件的轴、销齐全无脱落、无卡涩；箱门关闭严密；无异常声音、气味等

续表

序号	项目	标准
3	气室压力	在正常范围内，并记录压力值
4	闭锁	完好、齐全、无锈蚀
5	位置指示器	与实际运行方式相符
6	套管	完好、无裂纹、无损伤、无放电现象
7	避雷器	在线监测仪指示正确，并记录泄漏电流值和动作次数
8	带电显示器	指示正确
9	防爆装置	防护罩无异样，其释放出口无障碍物，防爆膜无破裂
10	汇控柜	指示正常，无异常信号发出；操动切换把手与实际运行位置相符；控制、电源开关位置正常；连锁位置指示正常；柜内运行设备正常；封堵严密、良好；加热器及驱潮电阻正常
11	接地	接地线、接地螺栓表面无锈蚀，压接牢固
12	设备室	通风系统运转正常，氧量仪指示大于 18%，SF_6 气体含量不大于 1000mL/L。无异常声音、异常气味等
13	基础	无下沉、倾斜

图 4-2-1　标志牌

图 4-2-2　外观检查

图 4-2-3　气室压力

图 4-2-4　闭锁

图 4-2-5　位置指示器

图 4-2-6　套管

图 4-2-7　避雷器

图 4-2-8　带电显示器

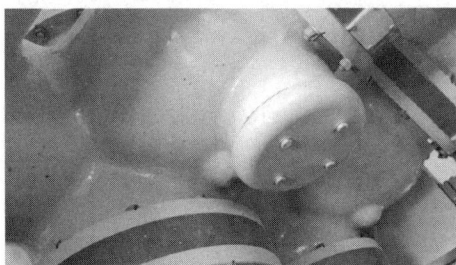

图 4-2-9　防爆装置

图 4-2-10　汇控柜

三、GIS 红外测温

检测套管、引线接头、绝缘子等，红外热像图显示应无异常温升、温差和/或相对温差判断时，应该考虑测量时及前 3h 负荷电流的变化情况。测量和分析方法可参考 DL/T 664《带电设备红外诊断应用规范》。

四、日常维护

SF_6 气体绝缘设备与空气绝缘设备不相同，它不受外部环境条件影响，诸如污秽，水分和锈蚀等等，因而能长期保持良好的性能。由于 SF_6 气体的优良灭弧性能和绝缘性能，可以使得触头和其他零件的寿命得到延长、结构简化、机械性能进一步改善。在以上几方面，GIS 的实用性能远比传统设备优越。运行人员维护检查的目的是保证 GIS 及其附属设备的性能。预防事故发生。

（1）对气动机构三个月或每半年对防尘罩和空气过滤器清扫一次。防尘罩由运行人员处理，空气过滤器由检修人员来检查处理，运行人员应及时作好联系工作。

图 4-2-11　GIS 集中空气站

（2）对液压机构应每周打开操动机构箱门检查液压回路有无漏油现象。夏季高温期间，由于国产密封件质量不过关易发生泄漏的，应特别加强定期检查工作。做好油泵累计启动时间记录，平时注意油泵起动次数或打压时间，若出现频繁起动或打压时间超长的情况，需要及时与检修人员联系进行处理。

图 4-2-12　液压机构图

（3）定期检查记录：

如 SF_6 压力值、液压机 构油位、避雷器动作次数等。

五、GIS 设备的验收

（1）GIS 设备应固定牢靠，外表清洁完整，无锈蚀。

（2）电气连接可靠且接触良好，引线、金具完整，连接牢固。

（3）各气室气体漏气率和含水量应符合规定。

（4）组合电器及其传动机构的联动应正常，无卡组现象，分、合闸指示正确，调试操作时，辅助开关及电气闭锁装置应动作正确可靠。

（5）各气室配备的密度继电器的报警、闭锁值符合规定，电气回路传动应正确。

（6）出线套管等瓷质部分应完整无损、表面清洁。

（7）油漆应完整，相色标识正确，外壳接地良好。

（8）机构箱、汇控柜内端子及二次回路连接正确，元件完好。

（9）竣工验收应移交下列资料和文件：

1）变更设计的证明文件；

2）制造厂提供的产品说明书、试验记录、合格证件及安装图纸等技术文件；

3）安装技术记录；

4）调整试验记录；

5）备品、备件、专用工具及测试仪器清单。

六、组合电器的故障及处理

（一）产生故障的原因

（1）制造厂家方面：制造车间清洁度差造成金属微粒、粉尘和其他杂物残留在 GIS 内部；装配的误差大造成元件摩擦产生金属粉末遗留在零件隐蔽部位；不遵守工艺规程造成零件错装、漏装现象；材料质量不合格。

（2）安装方面：安装现场清洁度差，导致绝缘件受潮、被腐蚀，外部的尘埃、杂物侵入 GIS 内部；不遵守工艺规程造成零件错装、漏装现象；与其他工程交叉作业造成异物进入 GIS 内部。

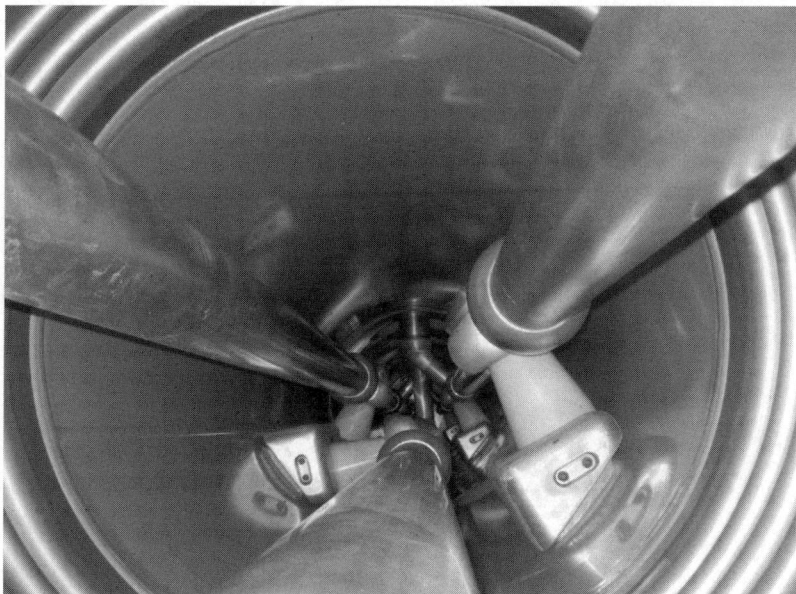

图 4-2-13　GIS 内部应清洁

上述原因会使 GIS 投入运行后，造成内部闪络、绝缘击穿、内部接地短路和导体过热等故障。根据目前国内 GIS 设备运行情况，盆式绝缘子和隔离开关造成故障的比率最高。

（二）常见故障及处理

（1）异常响声，当气室内部电气元件发生异常响声时应根据声音的变化判别是屏蔽罩松动、内部有异物，当出现明显放电声时应采取停电措施。

（2）室外 GIS 设备发生爆炸或严重漏气等事故时，人员接近设备要谨慎，应选择从上风侧接近设备，穿安全防护服并佩带隔离式防毒面具、手套和护目眼镜；对室内安装运行的 GIS 设备，为防止 SF_6 气体漫延，必须将通风机全部开启 15min 以上，进行强力排换，待含氧量和 SF_6 气体浓度符合标准，并采取充分措施准备后，才能进入事故设备装置室进行检查。

（3）设备防爆膜破裂，说明内部出现严重的绝缘问题，电弧使设备部件损坏，引起内部压力超过标准，因此，必须进行停电处理。

（4）气压较低，位于告警值。需要补充 SF_6 气体，遵循以下步骤，用扳手卸掉气瓶上的盲盖和补气气室进气口的护盖。用 1/4 英寸直径的软管，通过一个安全阀、调压器和接头 A、B 连接进气口和气瓶阀口。（进气口处采用自封接头，正常运行时，该接头处于"自封"状态，需要接通时将自封接头顶开，将气管接上，即可将 SF_6 气路接通。）从气瓶中放出一定量的 SF_6 气体吹出气管和调压器内部的空气。拧紧接头 A、B，保证气管可靠连通。

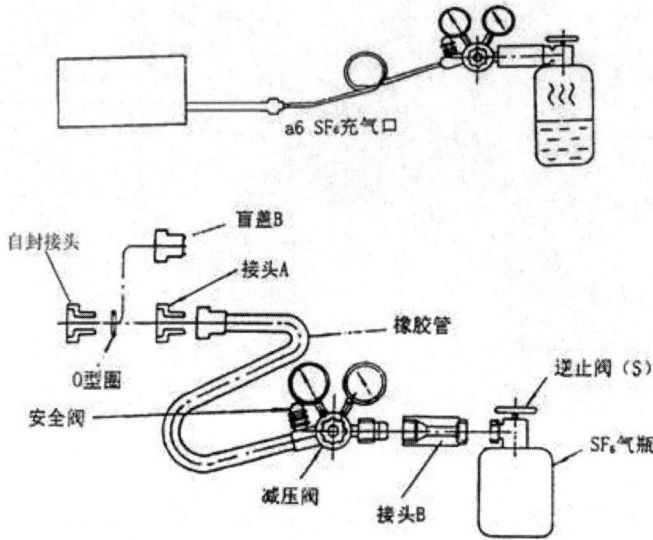

图 4-2-14 GIS 设备 SF_6 补气工作原理图

（5）打开气瓶阀门、调压器的阀门。使气室内气压升至额定气压。但一般不要超过额定值 0.2kg/cm² （0.02MPa）气室补气后，要盖紧气瓶盲盖和自封头的护盖，以防泄漏。气瓶中的 SF_6 气体靠潜热气化需要时间较长。禁止用火焰加热来加快汽化过程。

七、组合电器的试验

（一）出厂试验项目

（1）外壳压力试验；

（2）接线检查；

（3）辅助回路及控制回路绝缘试验；

（4）断路器、隔离开关、接地开关机械试验和机械操作试验；

（5）电气、气动的辅助装置试验；

（6）主回路导电电阻测量；

（7）密封性试验（SF_6泄漏试验，空气泄漏试验）；

（8）局部放电试验；

（9）回路及辅助回路耐压试验。

（二）交接试验项目

（1）SF_6气体湿度试验及气体的其他检测项目；

（2）SF_6气体泄漏试验；

（3）SF_6密度监视器（包括整定值）检验；

（4）压力表校验（或调整），机构操作压力（气压、液压）整定值校验，机械安全阀校验；

（5）辅助回路及控制回路绝缘电阻测量；

（6）主回路耐压试验；

（7）辅助回路及控制回路交流耐压试验；

（8）断口间并联电容器的绝缘电阻、电容量和 $\tan\delta$；

（9）合闸电阻值和合闸电阻投入时间；

（10）断路器的分、合闸速度特性（若制造厂家有明确质量保证不必测量速度，则现场试验可免测分、合闸速度）；

（11）断路器分、合闸不同期时间；

（12）分、合闸电磁铁的动作电压；

（13）导电回路电阻测量；

（14）分、合闸直流电阻测量；

（15）测量断路器分、合闸线圈的绝缘电阻值；

（16）操动机构在分闸、合闸、重合闸下的操作压力（气压、液压）下降值；

（17）液（气）压操动机构的泄漏试验；

（18）油（气）泵补压及零起打压的运转时间；

（19）液压机构及采用差压原理的气动机构的防失压慢分试验；

（20）闭锁、防跳跃及防止非全相合闸等辅助控制装置的动作性能；

（21）GIS 中的电流互感器、电压互感器和避雷器试验；

（22）测量绝缘拉杆的绝缘电阻值；

（23）GIS 的联锁和闭锁性能试验。

第二节 组合电器检修

一、A类检修

（一）设备开箱检查

（1）资料检查：检查发运清单，核对物品与清单一致；据制造厂提供相关资料，查看设备到货的状态与出厂时的状态相符。

（2）外观检查：检查冲撞记录仪数据符合制造厂要求，运输方向有特殊要求的，对运输方向正确性进行检查；充有气体的运输单元，按产品技术规定检查压力值，并做好记录，有异常情况时应及时采取措施。组合电器元件包装箱拆除后所有部件要完整无损：件外壳无损伤、变形、裂纹、锈蚀，设备漆面完好、无油污、无划伤；玻璃制品或其他易碎品须完好，设备紧固件无明显松动、脱落、损坏现象，上架组合运输的套管，检查瓷件无损伤。

（3）部件检查：元件的接线端子、插接件及载流部分应光洁、无锈蚀；各分隔气室的压力值和含水量应符合产品的技术规定；密度继电器和压力表应检验合格；紧固螺栓应齐全，无松动；密封良好；检查备件及专用工具数量、尺寸、规格符合订货合同约定。

（4）安装前试验：对每一充气运输部件应进行气压检查，如发现问题，则应返厂处理 为及早发现因长途运输所引起的部件内部结构变化，安装前应及时测量各部件回路及主回路电阻。新 SF_6 气体应具有出厂试验报告及合格证件，运到现场后每瓶都应做含水量检验，并抽样做全分析。

（二）安装前处理

（1）筒体内表面的处理：用吸尘器将筒体内表面的灰尘、漆皮、金属粉末等杂物清除干净；用拧干的无水酒精布擦拭筒体内表面；若发现筒体内表面有明显的凸起可用#360砂纸打磨平，并将金属粉末等杂物清除干净。

（2）法兰面对接前的处理：用吸尘器从上至下将法兰外圆表面和密封面上所附着的灰尘、漆皮、金属粉末等杂物清除干净；用醮有清洗液的白绸布从上至下将法兰外圆表面和密封面上的油污擦拭干净；用百洁布在法兰密封面上沿圆周方向顺时针擦拭两遍；用醮上无水酒精的白绸布在法兰密封面上沿圆周方向顺时针擦拭两遍；检查法兰密封面应光滑、无划痕、无异常的凸出。

（3）金属密封槽的处理：对即将对接的金属密封面（槽）用#600 以上细砂纸沿圆周方向轻轻打磨两遍；用蘸上无水酒精并拧干的白绸布对密封面（槽）进行清洁处理；用白布蘸上润滑脂均匀涂抹密封面。涂抹后应检查确认润滑脂上没有粘到灰尘和线头。

（4）环氧树脂绝缘件表面的处理：对即将对接的绝缘件表面，用蘸有无水酒精的无毛纸从中心导体沿绝缘件表面向外旋转擦拭进行清理，最后用干净的白绸布采用同样的方法擦一遍；在筒体法兰面、螺栓孔及装配好的法兰面涂上润滑脂，最后在垂直错位部位涂上硅脂；在确认润滑脂或硅脂表面没有附着灰尘等杂质之后再进行装配；与 SF_6 气体有接触的绝缘件部位不能有润滑脂。如果不慎沾上，应用丙酮清除干净；处理干净了的绝缘件用塑料薄膜包裹，避免受到污染或吊车落下的污物影响其绝缘性能。

（5）导电杆镀银表面的处理：仔细检查导电杆或电联接触指内圆形镀银面不应有突出的金属部分、漆层和其他异物以及镀银层剥落、起泡等现象；用沾有无水酒精的白绸布将镀银层表面擦拭干净；在镀银面上均匀地涂抹薄层的 B8 润滑脂；迅速装上对应关联元件，压紧电接触面，用力矩扳手将紧固螺栓拧紧。

（6）导电杆非镀银表面的处理：仔细检查导体的非镀银表面圆滑、无尖角。如有突出部分，用#400 砂纸轻轻打磨至平滑；导体为对铝合金表面时，先用蘸有清洁剂的白布清除异物后再用干燥的白布擦拭干净。

（7）法兰对接处涂胶：涂润滑脂前应对法兰周边和密封面用酒精布进行擦拭、清洁；无 O 形密封圈的密封面，用布薄薄地涂敷一层润滑脂；O 形密封圈，只涂密封圈以外；涂抹润滑脂后，应确认润滑脂表面无尘埃或线头粘附；装配螺栓紧固后，密封上溢到外面的润滑脂必须用布轻轻地擦拭，不得使润滑脂落入与 SF_6 气体有接触的部位。

（三）部件安装

1. 断路器安装

（1）清理壳体与导体：拆除工装封板，开盖的法兰对接面随时扣防尘罩；将导电杆进行检查、清理，导体等零部件表面状况检查满足使用要求（比如镀银层色泽光亮、预充气压无泄压）。

（2）导体安装：三相导电杆的端部相间距及中心标高应符合图纸要求，否则应给予调整。密封面密封圈需重新更换，涂抹密封胶。

（3）断路器就位：准备对接断路器单元，将断路器调整至合闸状态，拆除封口的工装盖板，测试回路电阻、插入量满足要求。

（4）回路电阻测试：测量断路器静侧触头座至母线侧接地开关接地端子间回路电阻。

2. 隔离开关的安装

（1）安装前将隔离开关调整至合闸位置，接地开关合闸调整至合闸位置，进行回路电阻测试合格后进行安装。

（2）本体对接：悬挂好柔性吊带起吊，为保证对接顺畅，起吊后的装配单元应两端水平不偏转。清洁后，安装密封圈起吊，完成与断路器上拔口的对接（注意核对相别一一对应）。然后安装底部支撑件。三相全部对接完毕后，调整相间距和中心标高符合图纸要求。安装隔离接地机构及机构传动系统。

3. 套管安装（如有）

安装前核对现场到货套管防污等级、干弧距离等参数是否正确。起吊时用两套吊装工具分别吊住套管装配的首尾两端，注意使用合适的连接件和 U 形环。两副吊装工具缓慢起吊，将套管离地约 2m 左右时，继续起吊接线板端使瓷套逐渐竖直，时尾端逐渐下降，使瓷套逐渐竖直，竖直后拆下尾端吊具母线导体的安装。拆除工装封板，开盖的法兰对接面随时扣防尘罩。

4. 波纹管的安装

波纹管在吊装安装前应先进行清化，每一节波纹内外都应仔细清理，在每根螺杆上均匀涂抹固体二硫化钼，达到润滑作用。随后再用扳手将波纹管长度压缩以便于安装的方便吊装进入罐体之间后再反操作松开螺母，将波纹管长度延长至正好与法兰紧密接触。

（四）分子筛的安装

（1）排出气室内的高纯氮气或回收 SF_6 气体至零压力，打开单元上装分子筛的盖板；

（2）检查法兰部位、密封槽、盖板密封面等应清洁无损伤；检查筒体内电连接、屏蔽罩和内部导体，必要时利用吸尘器进行内部清洁并用乙醇擦拭干净；

（3）把盖板上装分子筛的盒子打开，倒入经干燥处理的分子筛；

（4）检查新密封圈应完好无破损，用白布擦拭干净后立即放入绝缘子密封槽内；

（5）装上附有分子筛盒子的盖板；

（6）整个分子筛的安装持续时间不应超过 30min。

（五）管道连接及表计校验

（1）气体配管安装前进行内部清洁；

（2）气体管道现场连接时，先清理密封接头及设备上的连接面，放好密封圈涂好密封胶并紧固；

（3）气体管道的现场加工工艺、弯曲半径及支架布置符合产品技术文件要求；

（4）表计由调试部门在现场完成校验，合格后按照产品技术文件的要求进行安装。

（六）气室处理充六氟化硫气体

（1）气室处理：设备安装就位并调整合格后，应立即更换分子筛后，进行气室抽真空；断路器气室运输充气压力为 0.03～0.05MPa，无需抽真空，可直接补气。在对两侧 CT 气室抽真空时，断路器气室也无须泄压；在进行抽真空处理时，应采用出口带有电磁阀的真空处理设备，且在使用前检查电磁阀动作可靠，防止抽真空设备意外断电造成真空泵油倒灌进入设备内部，并且在真空处理结束后应检查真空管的滤芯是否有油渍。为防止真空度计水银倒灌进入设备中，禁止使用麦氏真空计；用 SF_6 抽真空/充气/回收装置上自带的真空泵对气室抽真空至 133Pa 以下；关闭真空泵管路上的截止阀，停止真空泵；保持气室真空 4h 后，要求在 4h 内起始和最终的压力差不超过 133Pa；重新对气室抽真空至 133Pa 以下，并持续 1h 后停止抽真空。

（2）气室充六氟化硫气体：使用经微水检测合格的 SF_6 气体充气，对国产气体宜采用液相法充气（将钢瓶放倒，底部垫高约 30°），使钢瓶的出口处于液相。对于进口气体，可以采用气相法充气。充气速率不宜过快，以气瓶底部（充气管）不结霜为宜。环境温度较低时，液态 SF_6 气体不易气化，可对钢瓶加热（不能超过 40℃），提高充气速度。当气瓶内压力降至 0.1MPa 时，应停止充气。充气完毕后，应称钢瓶的质量，以计算断路器内气体的质量，瓶内剩余气体质量应标出。将各个气室补充到规定压力，静置 24h 后进行耐压试验。

（七）密封检查、气室检漏

（1）气室检漏：使用 SF_6 检漏仪，要求被测部位无风的影响，如残留 SF_6 气体，也吹拂掉。将准备检漏的部位表面清理干净。用检漏仪探针距离被测点 $1\sim2mm$ 处缓慢移动，听报警声响或观看检漏仪上指针位置。如检漏仪未报警或指针基本不动，说明被测部位密封良好；如果检漏仪报警或指针偏转很大，又怀疑被测部位表面局部残留有 SF_6 气体，则再吹拂被测部位表面后检漏。否则可以判断该部位漏气率超标，应进行定量检漏或采取相应措施。

（2）对经过定性检漏，发现漏气率超标的部位或者怀疑漏气严重的气室可做定量检漏。局部包扎法检漏：被检部位用塑料薄膜和不干胶带包好，形成可以测量计算容积的几何形状。经过一定的时间（一般以 24h），检测塑料薄膜围起的空间内累积漏出的 SF_6 气体浓度，经公式计算出该包扎部位的 SF_6 年漏气率，要求年漏气率≤0.5%。泄漏值的测量应在充气 24h 后进行。

（3）水分含量检测：水分含量检测必须在充气结束 48h 后进行，确保气室的水分分布必须达到平衡；根据 SF_6 断路器要求，对不同的单元气室进行 SF_6 气体水分含量检测应合格；当检测到气室中的 SF_6 气体水分含量超过规定值时，应根据超标程度分析原因，并及时使用 SF_6 回收装置将气体回收，进行抽真空、注气，或回收后充入 99.99%的氮气对气室进行干燥、过滤处理。

（八）底座和支架焊接

GIS 设备安装完毕并通过各项交接试验后，对临时焊接的底座和支架采取完全焊接。支架采取四边满焊，应分段焊接并采取降温和防护措施，防止高温过热造成基础开裂。

（九）电缆敷设及二次接线

（1）机构箱、汇控柜和断路器本体吊装就位后，根据设计图纸安装二次电缆槽盒，将二次电缆敷设到槽盒内并固定好。

（2）按照产品电气控制回路图检查厂方二次接线的正确性和可靠性，完成现场二次回路接线。

（3）按照设计图纸进行电缆接线并核对回路设计与使用产品的符合性，验证回路接线的可靠性。

（4）机构箱、汇控柜二次接线工艺应符合《电气装置安装工程盘、柜及二次回路接线施工及验收规范》的要求。

（5）二次接线完毕，应对电缆槽盒和孔洞封堵密实。

（十）接地

（1）用热镀锌螺栓将接地铜带与设备单元的接地板连接，并用力矩扳手按照规定的力矩值紧固；

（2）螺栓连接必须牢固可靠，接触良好；

（3）在接地铜带与设备单元接地板连接缝处涂胶进行防水处理；

（4）接地铜带刷黄绿相间的相色漆进行标识；

（5）接地线安装要求工艺美观、标识规范。

（十一）试验

（1）断路器低电压动作试验。分闸电磁铁额定电压30%不动作，65%～110%可靠动作（连续3次）；合闸电磁铁额定电压30%不动作，85%～110%可靠动作（连续3次）。

（2）机械特性试验。测量分闸、合闸时间，合-分时间，分闸、合闸同期性，分闸、合闸速度，应符合产品技术规定。

（3）主导电回路接触电阻测量。灭弧室和隔离开关处于合闸位置，通以100A以上直流电流，在其进出线接线板两端（不包括接线板的接触电阻）测量断路器的主回路电阻，应符合产品技术规定，且不得大于出厂值的1.2倍。

（4）控制回路工频耐压。断路器的电气控制回路中，导电部分与底座之间、不同导电回路之间、同一导电回路的各分断触头之间工频耐压2kV/1min，不应发生闪络或击穿，其中电动机绕组、继电器线圈应能承受工频1kV/1min耐压。

（十二）传动操作

（1）对断路器电气控制回路进行检查，验证SF_6气体压力报警与闭锁，操作闭锁，防跳试验，储能超时，非全相试验，分、合闸位置指示，控制回路继电器检验和整定。

（2）操作试验应可靠，指示正确；操作循环和性能满足电网要求；气动和液压机构在操作过程中压力下降值应符合产品技术规定。对隔离开关电气控制回路进行检查，操作五防逻辑应符合要求。

（3）对气动或液压机构的重合闸闭锁试验，应将断路器置于合位，压力释放至重合闸闭锁临界值（未发出重合闸闭锁信号），由继电保护人员配合进行重合闸测试，应可靠重合；当气压或油压泄至重合闸闭锁压力值时，应闭锁重合闸并发闭锁信号，重合闸不动作。

（4）隔离开关动作可靠，闭锁良好。

（十三）外观维护

（1）检查外观完好，并进行清扫。

（2）按运行要求标识相色，接地线防腐并涂刷黄绿标识漆。

（3）检查金属件镀锌层及油漆完好，对破损面进行修复处理。

（4）检查机构箱密封良好，二次电缆槽盒、孔洞封堵检查。

图 4-2-15　设备开箱检查

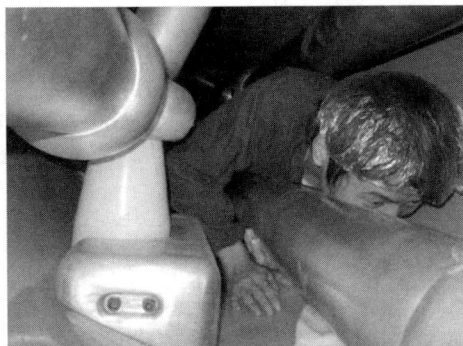

图 4-2-16　安装前处理

图 4-2-17　部件安装

图 4-2-18　分子筛安装

图 4-2-19 管道连接及表计校验

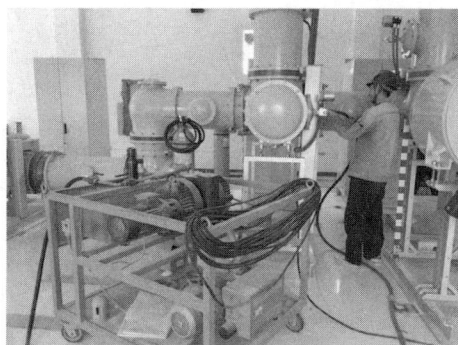

图 4-2-20 气室处理充 SF$_6$ 气体

图 4-2-21 密封检查、气室检漏

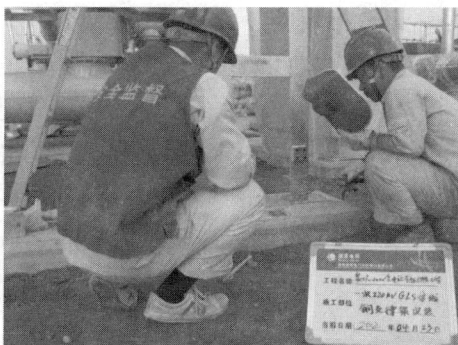

图 4-2-22 底座和支架焊接

图 4-2-23 电缆敷设及二次接线

图 4-2-24 接地

图 4-2-25 试 验

图 4-2-26 传动操作

图 4-2-27 外观维护

二、B 类检修

B 类检修参照 A 类检修完成断路器、隔离开关等组件更换，并完成对应组件的相关试验。

三、C 类检修

（一）断路器气室 C 类检修

1. 低电压动作试验

（1）拆除机构分、合闸防动销，拉开控制电源、合储能电源远近控转换开关切制远控位置。

（2）测量主副分、合闸线圈电阻与出厂值相比差值小于±5%。

（3）测量主副分、合闸线圈绝缘电阻合格。

（4）分闸电磁铁额定电压 30% 不动作，65%～110% 可靠动作。

（5）合闸电磁铁额定电压 30% 不动作，85%～110% 可靠动作。

（6）行程、超行程测试。

2．气动弹簧机构检查

（1）合、分闸电磁铁、挚子动作灵活，无锈蚀，固定牢靠。

（2）对合、分闸电磁铁、扣板、挚子表面污物进行清理，检查磨损情况。

（3）控制阀管道及其相关部件的连接处标记清晰、牢固，记录准确。

（4）控制阀阀体完好，调试合格。

（5）控制阀阀体动作灵活，装复位置严格按规定进行，各运动行程符合产品技术规定。

（6）检查分闸控制阀的活塞、阀杆、阀体，无变形、锈蚀。

（7）对控制阀装配中的零件如掣子、圆柱销、阀杆、凸轮、导板进行检查，不符合要求的应更换，新更换零部件的高、低压进气阀和排气阀为合格的新品，装复后动作灵活，装配紧固，不漏气。

（8）机构提升杆应该光滑无磨损、无毛刺，润滑良好。

3．液压机构检查

（1）合、分闸电磁铁、顶针动作灵活，无锈蚀，固定牢靠。

（2）对合、分闸电磁铁、顶针、挚子表面污物进行清理，检查磨损情况。

（3）检查高低压管路、储压器等压力元器件无渗漏油，元件无外观损坏。

（4）油箱及过滤器清洁，液压油过滤处理，进水或脏污的应更换新油（#10 航空液压油），补充至额定油位。

（5）检查液压机构储能，进行油泵和液压系统排气。

（6）检查压力组件固定良好，防尘罩无松动、掉落。

（7）压力表和安全阀固定良好、校验合格，运行 10 年以上应更换。

4．弹簧机构检查

（1）合、分闸电磁铁、挚子动作灵活，无锈蚀，固定牢靠。

（2）对合、分闸电磁铁、扣板、挚子表面污物进行清理，检查磨损情况。

（3）断开控制电源、电机电源，将机构弹簧释能，插上机构分、合闸防动销。

（4）检查轴、销、锁扣、挡圈、拐臂、连杆等传动部件无松动、变形、串位、严重磨损。

（5）转动部位进行润滑处理。

（6）紧固螺栓力矩校核，严重锈蚀螺栓更换。

（7）检查分合闸弹簧及缓冲器，无渗漏油、无锈蚀。

5．二次元器件检查

（1）快分开关、接触器、继电器、转换开关、按钮、微动开关、计数器、二次端子排等电气元件固定良好，外观无损伤，清扫浮尘，检查动静触点的完好，按要求更换运行 10 年以上或严重锈蚀的二次元器件。

（2）更换存在接点腐蚀、松动变位、接点转换不灵活、切换不可靠现象的辅助开关。

（3）检查温湿度控制器、加热板、照明等工作正常，采用灯泡加热、非智能控制方式必须改造。

（4）电机转动应灵活，无异常声响。

（5）按照二次元器件更换策略要求进行二次元器件更换。

（6）机构内二次元器件接线端子紧固。

（7）二次接线连接紧固，接线端子无严重锈蚀、过热，端子内插入截面不同的线头或三个以上线头应改造，备用芯线套防尘帽，端子排螺丝紧固。

（8）使用 1000V 兆欧表测量控制回路及辅助回路绝缘电阻不小于 2MΩ。

（9）使用 500V 兆欧表测量电机回路绝缘电阻不小于 1MΩ。

6．低电压动作试验（步骤 1 测试合格该步骤可不进行）

（1）拆除机构分、合闸防动销，拉开控制电源、合储能电源远近控转换开关切制远控位置。

（2）测量主副分、合闸线圈电阻与出厂值相比差值小于±5%。

（3）测量主副分、合闸线圈绝缘电阻合格。

（4）分闸电磁铁额定电压 30%不动作，65%～110%可靠动作。

（5）合闸电磁铁额定电压 30%不动作，85%～110%可靠动作。

7．机构箱检查

（1）机构箱内清扫、除尘。

（2）机构箱密封检查，恢复脱落密封条，封堵电缆孔洞，处理通风窗、密度表安装过孔、门密封、机构与瓷套法兰、构架结合面渗漏等问题。

（3）箱门及机构箱外壳接地完好。

（4）机构箱锈蚀的部位进行防腐处理。

（5）机构箱体位置观测、压力观测窗口应完好。

（6）加热驱潮回路检查。

8. SF_6 密度继电器检查

（1）检查并记录 SF_6 现场指示值，环境温度。

（2）检查 SF_6 管路、接头紧固，无渗漏，是否存在粉化锈蚀，SF_6 密度继电器防雨罩应完好。

（3）记录厂家、型号、报警压力、上次校验日期等参数。

（4）采用模拟气体泄流的方式对 SF_6 表计报警信号进行核对，报警节点闭合、复归正常，后台信号动作一致。

（5）对于采用不拆卸校验安装方式的 SF_6 密度继电器，表计校验后应将截止阀置于开启位置，开启位置和关闭位置要有标示。

（6）接线桩头应接触良好，无异发热、无破损开裂，螺栓力矩值符合要求，出丝（2~3 个丝扣）。

（7）检查充气管道、接头无裂纹，套管金属件无裂纹。

（8）检查设备运行记录，是否再存补气周期超过 1 年 2 次，如果超过应提前策划检漏、补漏。

9. 集中供气系统检查与维护

（1）检查空气压缩机，机油无渗漏，机油乳化应更换匹配的合格润滑油，换油时应彻底清洗干净后加油，并清洗或更换进气滤芯。

（2）运行 4 年以上或存在渗漏缺陷的机构密更换封圈；运行 6 年以上或存在渗漏缺陷的机构更换缸盖。

（3）校核压力开关、压力表、安全阀和电磁排污阀，运行 10 年以上需更换。

（4）排水阀、逆止阀更换，非日产空压机应在逆止阀后加装截止阀。

（5）检查各连接管道及阀门无渗漏，工作正常。

（6）检查储气罐的罐体，内外均不得有裂纹等缺陷。

（7）检查储气罐安全装置、阀门等，应清洁、完好、灵敏。

（8）检查储气罐紧固件齐全、完整、紧固、可靠。

（9）压力开关应完整无损，紧固件无松动。

（10）处理压力开关及管道等泄漏点。

（11）压力开关检修后按规定进行各项压力值试验，并满足相关要求。

10. 液压机构储能系统检查

（1）电机转动应灵活，无异常声响，直流电机整流子磨损深度不超过规定。

（2）油泵打压正常、无异常响声、转动灵活。

11. 弹簧机构检查

（1）储能电机转动应灵活，无异常声响，电刷无异常电火花，直流电机整流子磨损深度不超过规定。

（2）储能电机输出轴及齿轮件润滑良好。

12. 气动弹簧机构断路器调试

（1）拆除机构分、合闸防动销，合上控制电源、储能电源。

（2）断路器合闸信号保持、分闸后不跳跃。

（3）机构非全相跳闸功能正常。

（4）分闸、合闸闭锁可靠。

（5）确认储压罐阀门已关闭，合上电机电源，用万用表监视压力接点动作情况，读取相应接点的动作压力，调整压力组件符合要求。

（6）检查后台信号动作正确。

13. 液压机构断路器调试

（1）恢复电机电源、操作电源，并进行以下油压值核对测量。

（2）预充氮气压力值；

（3）油泵启动油压值；

（4）油泵停止油压值；

（5）安全阀开启油压规定值；

（6）安全阀关闭油压规定值；

（7）重合闸闭锁油压值；

（8）重合闸闭锁解除油压值；

（9）合闸闭锁油压值；

（10）合闸闭锁解除油压值；

（11）主分闸闭锁油压值；

（12）主分闸闭锁解除油压值；

（13）副分闸闭锁油压值；

（14）副分闸闭锁解除油压值；

（15）零压闭锁油压值；

（16）零压闭锁解除油压值；

（17）单合一次压降值；

（18）单分一次压降值；

（19）合分一次压降值；

（20）每一次操作前后，检查动作计数器的动作正确。

14. 保压试验

额定空气压（液压）力时，合闸位置历时（12）h 压降合格。

15. 非全相继电器、储能继电器时间调整校核

（1）采用机构非全相保护的时间继电器时间调整值校核，需要继电保护配合。

（2）确认非全相使用的是本体还是保护装置，如使用保护非全相保护应短接机构内部非全相保护。

（3）储能打压超时时间及工作方式调整值校核合格。

16. 断路器闭锁、跳跃、非全相、防失压慢分调试及传动信号试验，信号核对

（1）气压泄至重合闸闭锁压力值时，应闭锁重合闸并发闭锁信号，重合闸不动作。

（2）气压泄至分合闸闭锁压力值时，应闭锁分合闸并发闭锁信号，分合闸不动作。

（3）空压机运转时，发出电机运转信号，打开排水阀，3～5min 内发"打压超时"信号，核对电源跳闸信号正确（有些开关有打压超时回路设计只发信，不会动作切断电机电源）。

（4）当 SF_6 密度下降至报警值时，应发报警信号，至主、副闭锁值时应能闭锁断路器分合闸并发闭锁信号，分合闸不动作。

（5）合闸后保持合闸命令、分闸后不跳跃。

（6）采用机构非全相保护的非全相跳闸功能正常。

（7）按运行值班人员要求逐条进行传动试验。

（8）后台相应的信号动作正确。

17. **试验数据交接核实**

（1）检修方试验数据交高压试验班，双方签名确认。

（2）核实其他试验数据满足例试规程要求。

18. **断路器本体检查**

（1）外壳锈蚀，无污垢，油漆无剥落。

（2）检查金属外壳之间的连接铜排是否齐全，连接是否可靠，安装是否牢固，法兰处等电位连接的导通测试。

（3）检查金属外壳清洁、无锈蚀，如为户外设备还应检查各密封连接部位防水胶层有无破损、脱落现象。

（4）盆式绝缘子外观良好，无裂纹，法兰无裂纹。

（5）对有气体泄漏的本体进行检漏。

（6）压力释放装置外观无异常，释放出口无异物。

19. **机构箱外观检查**

（1）机构箱内清扫、除尘。

（2）机构箱密封检查，恢复脱落密封条，封堵电缆孔洞，处理通风窗、密度表安装过孔、门密封、机构与瓷套法兰、构架结合面渗漏等问题。

（3）箱体内部二次接地排应该与电缆沟二次接地排连接，箱门及机构箱外壳接地完好。

（4）机构箱体内部加热驱潮装置应该完好。

20. **整体外观检查与维护**

（1）外壳、支架等无锈蚀、松动、损坏，外壳漆膜无局部颜色加深或烧焦、起皮，检查所有金属件镀锌层、防腐涂层，对破损、锈蚀面进行处理，刷环氧富锌底漆二遍，同色的丙烯酸聚氨酯面漆一遍。

（2）外观清洁，标志清晰、完善。

（3）压力释放装置无异常，其释放出口无障碍物。

（4）盆式绝缘子外观良好，无龟裂、起皮，颜色标示正确。

（5）各类管道及阀门无损伤、锈蚀，阀门的开闭位置正确，管道的绝缘法兰与绝缘支架良好。

（6）检查波纹管安装是否满足自由伸缩补偿要求，固定螺栓是否顶伤波纹管片；检查波纹管材质为磁性/非磁性不锈钢。

21. 汇控柜检查与维护

（1）驱潮装置是否完好并按要求投入运行，改造采用灯泡加热、驱潮的机构箱、汇控柜。

（2）驱潮装置的温度设定、湿度设定、传感器安装、加热电阻技术规格是否符合要求。

（3）排查有无进水受潮或凝露迹象。

（4）检查二次元器件接点是否锈蚀严重，根据《二次元件差异化更换策略》更换必须更换的二次元件。

（5）电缆孔洞封堵是否完全。

（6）箱门有无软铜接地线与箱体连接。

（7）检查箱门锁是否损坏。

（8）箱体内部二次接地排应该与电缆沟二次接地排连接，箱门及机构箱外壳接地完好。

22. 带电显示器检查与维护

检查带电显示器外观及接地良好，指示正确（指示是否正确宜在停电操作前检查）。

（二）隔离开关气室 C 类检修

1. 隔离开关本体检查

（1）外壳锈蚀，无污垢，油漆无剥落。

（2）检查金属外壳之间的连接铜排是否齐全，连接是否可靠，安装是否牢固，法兰处等电位连接的导通测试。

（3）检查金属外壳清洁、无锈蚀，如为户外设备还应检查各密封连接部位防水胶层有无破损、脱落现象。

（4）盆式绝缘子外观良好，无裂纹，法兰无裂纹。

（5）对有气体泄漏的本体进行检漏。

（6）压力释放装置外观无异常，释放出口无异物。

2. SF$_6$密度继电器及压力值检查

（1）检查 SF$_6$管路接头紧固，无渗漏，密度继电器防雨罩完好（室内 GIS 无此要求）。

（2）确认 SF$_6$密度继电器校核合格，拆卸后应更换密封垫，SF$_6$密度继电器校验应提前联系仪表班。

（3）户外安装的 SF$_6$密度表的二次插把防水是否良好。

（4）压力表开关应该开启状态，状态位置指示应该清晰。

3. 传动部位（含连杆等）检查

（1）检查拐臂、连杆等传动部件无松动、变形、严重磨损。

（2）转动部位等应清洁后涂二硫化钼锂基脂润滑。

（3）机械限位、闭锁应可靠，满足技术文件要求。

（4）检查缓冲器无渗漏油、无锈蚀。

4. 机构元器件检查

（1）快分开关、接触器、转换开关、二次端子排等电气元件固定良好，外观无损伤，清扫浮尘，检查动静触点的完好，按要求更换运行 10 年以上或严重锈蚀的二次元器件。

（2）电机转动应灵活，无异常声响，直流电机整流子磨损深度不超过规定值。

5. 二次回路检查

（1）二次接线连接紧固，接线端子无严重锈蚀、过热，端子内插入截面不同的线头或三个以上线头应改造，备用芯线套防尘帽。

（2）使用 1000V 兆欧表测量控制回路及辅助回路绝缘电阻，不小于 2MΩ。

（3）使用 500V 兆欧表测量电机回路绝缘电阻不小于 1MΩ。

6. 防误闭锁装置检查

（1）机械闭锁装置可靠。

（2）电气闭锁正确可靠：隔离开关合上，接地开关不能电操。接地开关合上，隔离开关不能电操。

7. 机构箱外观检查

（1）机构箱内清扫、除尘。

（2）机构箱密封检查，恢复脱落密封条，封堵电缆孔洞。

（3）箱门及机构箱外壳接地完好。

8. 动作情况检查

（1）分合闸到位（以指示针尖位于指示牌凹槽内为准），动作顺滑无卡阻，启停正常。

（2）三工位隔离开关位置正确，指示牌有无松动、脱落。

（3）按运行值班人员要求逐条进行传动试验，信号核对正常。

9. 间隔设备导电回路电阻测试

测间隔内导电回路电阻。

（三）电流互感器气室 C 类检修

1. 电流互感器本体检查

（1）外壳锈蚀，无污垢，油漆无剥落。

（2）检查金属外壳之间的连接铜排是否齐全，连接是否可靠，安装是否牢固，法兰处等电位连接的导通测试。

（3）检查金属外壳清洁、无锈蚀，如为户外设备还应检查各密封连接部位防水胶层有无破损、脱落现象。

（4）盆式绝缘子外观良好，无裂纹，法兰无裂纹。

（5）对有气体泄漏的本体进行检漏。

（6）压力释放装置外观无异常，释放出口无异物。

（7）户外安装的 TA 二次接线盒二次插把防水是否良好。

2. SF_6 密度继电器及压力值检查

（1）检查 SF_6 管路接头紧固，无渗漏，密度继电器防雨罩完好（室内 GIS 无此要求）。

（2）确认 SF_6 密度继电器校核合格，拆卸后应更换密封垫，SF_6 密度继电器校验应提前联系仪表班。

（3）户外安装的 SF_6 密度表的二次插把防水是否良好。

（4）压力表开关应该开启状态，状态位置指示应该清晰。

（四）电压互感器气室 C 类检修

1. 电压互感器本体检查

（1）外壳锈蚀，无污垢，油漆无剥落，相序标识齐全。

（2）检查金属外壳之间的连接铜排是否齐全，连接是否可靠，安装是否牢固，法兰处等电位连接的导通测试。

（3）检查金属外壳清洁、无锈蚀，如为户外设备还应检查各密封连接部位防水胶层有无破损、脱落现象。

（4）盆式绝缘子外观良好，无裂纹，法兰无裂纹。

（5）对有气体泄漏的本体进行检漏。

（6）压力释放装置外观无异常，释放出口无异物，不得对准人行通道。

（7）户外安装的 TA 二次接线盒二次插把防水是否良好。

2. SF_6 密度继电器及压力值检查

（1）检查 SF_6 管路接头紧固，无渗漏，密度继电器防雨罩完好（室内 GIS 无此要求）。

（2）确认 SF_6 密度继电器校核合格，拆卸后应更换密封垫，SF_6 密度继电器校验应提前联系仪表班。

（3）户外安装的 SF_6 密度表的二次插把防水是否良好。

（4）压力表开关应该开启状态，状态位置指示应该清晰。

（五）避雷器气室 C 类检修

1. 避雷器本体检查

（1）外壳锈蚀，无污垢，油漆无剥落。

（2）检查金属外壳之间的连接铜排是否齐全，连接是否可靠，安装是否牢固。

（3）检查金属外壳清洁、无锈蚀，如为户外设备还应检查各密封连接部位防水胶层有无破损、脱落现象。

（4）盆式绝缘子外观良好，无裂纹，法兰无裂纹。

（5）对有气体泄漏的本体进行检漏。

（6）压力释放装置外观无异常，释放出口无异物。

2. SF_6 密度继电器及压力值检查

（1）检查 SF_6 管路接头紧固，无渗漏，密度继电器防雨罩完好。

（2）确认 SF_6 密度继电器校核合格，拆卸后应更换密封垫，SF_6 密度继电器校验应提前联系仪表班。

（3）户外安装的 SF_6 密度表的二次插把防水是否良好。

3．放电计数器检查

（1）放电计数器是否全部更换为带泄漏电流指示的计数器，不符合要求进行更换。

（2）避雷器泄露电流表上小套管清洁、螺栓紧固，避雷器放电计数器完好，内部不进潮，读数正确。

（3）避雷器与放电计数器之间的连接引线是否连接良好。

（六）母线气室 C 类检修

1．母线筒本体检查

（1）外壳锈蚀，无污垢，油漆无剥落。

（2）检查金属外壳之间的连接铜排是否齐全，连接是否可靠，安装是否牢固，法兰处等电位连接的导通测试。

（3）检查金属外壳清洁、无锈蚀，如为户外设备还应检查各密封连接部位防水胶层有无破损、脱落现象。

（4）检查波纹管安装是否满足自由伸缩补偿要求，固定螺栓是否顶伤波纹管片。

（5）盆式绝缘子外观良好，无裂纹，法兰无裂纹。

（6）对有气体泄漏的本体进行检漏。

（7）压力释放装置外观无异常，释放出口无异物，不得对准巡视通道。

2．SF_6 密度继电器及压力值检查

（1）检查 SF_6 管路接头紧固，无渗漏，密度继电器防雨罩完好（室内 GIS 无此要求）。

（2）确认 SF_6 密度继电器校核合格，拆卸后应更换密封垫，SF_6 密度继电器校验应提前联系仪表班。

（3）户外安装的 SF_6 密度表的二次插把防水是否良好。

（4）压力表开关应该开启状态，状态位置指示应该清晰。

（七）出线气室 C 类检修

瓷套检查与清扫。

（1）瓷套清抹，表面无污垢，无裂纹、无闪络痕迹、缺损面积≤40mm²。

（2）法兰无裂纹，法兰和瓷套胶合面补涂防水密封胶，套管无渗漏油。

（3）外绝缘参数测量（没有历史测量数据）。

（4）按防污治理工作要求进行防污治理，防污闪涂料应无起皮、龟裂、憎水性丧失，不合格者应补涂或重新喷涂。复合伞裙（辅助伞裙）应无脱胶、脆化、粉化、破裂、漏电起痕、蚀损、电弧灼伤、憎水性丧失，不合格者应处理或更换。

（八）电缆终端气室 C 类检修

1. 电缆检查

（1）电缆头及外绝缘是否有发热、放电痕迹，电缆头未出现熔胶现象。

（2）出线电缆无交叉布置现象，电缆无破损、未挂有铝质吊牌，吊牌应清晰可见。

（3）电缆头伞群安装方向应向下，复合伞裙（辅助伞裙）应无脱胶、脆化、粉化、破裂、漏电起痕、蚀损、电弧灼伤、憎水性丧失等现象。

（4）电缆接地方式应正确，应可靠：三相电缆应两侧接地，单相电缆应单侧接地。

（5）电缆护管应封堵完好。

（6）三相电缆头不得有交叉搭接，三相电缆头部得与其他接地金属搭接。

2. 电缆试验

电缆试验合格。

（九）设备基础 C 类检修

构支架及接地检查与维护。

（1）检查是否满足双接地及动热稳定要求，不合格整改。

（2）构支架、接地引下线紧固螺栓力矩校核并采取防松措施。

（3）接地扁铁油漆完好。

图 4-2-28　断路器机构检查

图 4-2-29　SF$_6$密度继电器检查

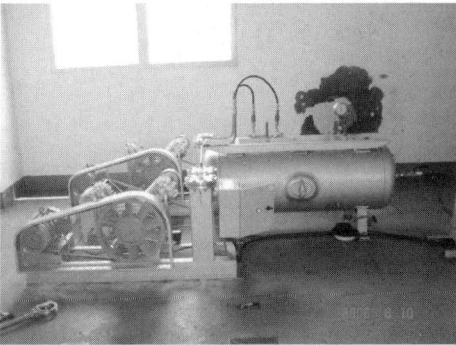

图 4-2-30　集中供气系统空气压缩机检查

图 4-2-31　集中供气系统储气罐及管道检修

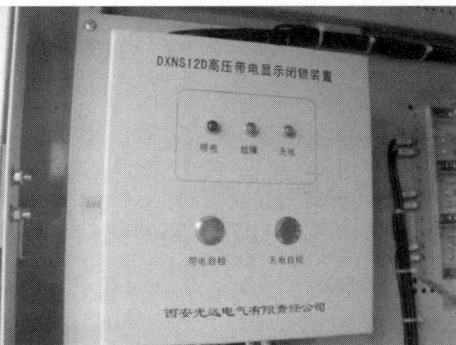

图 4-2-32　带电显示器检查

图 4-2-33　隔离开关传动部位检查

图4-2-34　气室本体检查

图4-2-35　瓷套本体检查

四、SF$_6$密度继电器更换

（1）将 SF$_6$ 密度继电器与本体气室的连接气路断开，确认 SF$_6$ 密度继电器与本体之间的阀门已关闭。

（2）断开 SF$_6$ 密度继电器报警闭锁回路相关电源。

（3）拆除 SF$_6$ 密度继电器接线并用绝缘胶带包扎。

（4）拆除 SF$_6$ 密度继电器，裸露管道接口应封堵或包扎。

（5）校验新 SF$_6$ 密度继电器合格，检查外观完好，无破损、漏油等。

（6）检查接头、密封圈良好无破损。

（7）安装 SF$_6$ 密度继电器，安装牢固，电气回路端子接线正确，电气接点切换准确可靠、绝缘电阻符合产品技术规定，并做记录。

（8）恢复 SF$_6$ 密度继电器与本体气室的连接气路，打开关闭的阀门，检查阀门状态开闭正确。

（9）检查 SF$_6$ 气压指示正确，报警闭锁压力值正确。

（10）SF$_6$ 密度继电器及管路密封良好，漏气率符合产品技术规定。

第三节　组合电器试验

一、例行试验

（一）红外热像检测

1. 检测周期

330~750kV：1 月；

220kV：3 月；

110（66）kV：半年；

35kV 及以下：1 年。

2. 检测方法

红外热像检测原理是基于物体辐射的热量特性，通过红外辐射的测量来确定物体的温度。其检测方法如图 4-2-36 所示。

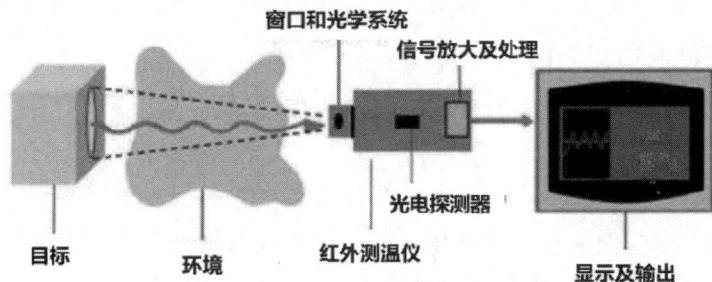

图 4-2-36　红外热像检测

3. 检测步骤

（1）一般检测。

1）仪器开机，进行内部温度校准，待图像稳定后对仪器的参数进行设置。

2）根据被测设备的材料设置辐射率，作为一般检测，被测设备的辐射率一般取 0.9 左右。

3）设置仪器的色标温度量程，一般宜设置在环境温度加 10~20K 左右的温升范围。

4）开始测温，远距离对所有被测设备进行全面扫描，宜选择彩色显示方式，调节图像使其具有清晰的温度层次显示，并结合数值测温手段，如热点跟踪、区域温度跟踪等手段进行检测。

5）环境温度发生较大变化时，应对仪器重新进行内部温度校准。

6）发现异常后，再有针对性地对异常部位和重点被测设备进行精确检测。

7）测温时，应确保现场实际测量距离满足设备最小安全距离及仪器有效测量距离的要求。

（2）精确检测。

1）为了准确测温或方便跟踪，应事先设置几个不同的方向和角度，确定最佳检测位置，并可做上标记，以供今后的复测用，提高互比性和工作效率。

2）将大气温度、相对湿度、测量距离等补偿参数输入，进行必要修正，并选择适当的测温范围。

3）正确选择被测设备的辐射率，特别要考虑金属材料表面氧化对选取辐射率的影响。

4）检测温升所用的环境温度参照物体应尽可能选择与被测试设备类似的物体，且最好能在同一方向或同一视场中选择。

5）测量设备发热点、正常相的对应点及环境温度参照体的温度值时，应使用同一仪器相继测量。

6）在安全距离允许的条件下，红外仪器宜尽量靠近被测设备，使被测设备（或目标）尽量充满整个仪器的视场，以提高仪器对被测设备表面细节的分辨能力及测温准确度，必要时，可使用中、长焦距镜头。

7）记录被检设备的实际负荷电流、额定电流、运行电压，被检物体温度及环境参照体的温度值。

4. 检测标准及分析

检测各单元及进、出线电气连接处，红外热像图显示应无异常温升、温差和/或相对温差。分析方法参考 DL/T 664 《带电设备红外诊断应用规范》。判断时，应该考虑测量时及前 3h 负荷电流的变化情况。

如果红外热线结果显示设备存在发热，应判断缺陷的等级、分析可能的原因，并有针对性的消缺。

（二）SF₆气体湿度测试

1. 检测周期

3 年。

2. 检测方法

SF₆气体湿度可以用冷凝露点式、电阻电容式湿度计和电解式湿度计测量，现场常采用露点法。采用导入式的取样方法，取样点必须设置在足以获得代表性气体的位置并就近取样。测量时将湿度计与待检测设备用气路接口连接，连接方法如图所示。

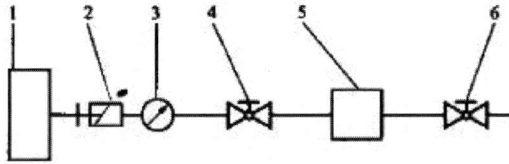

图 4-2-37　SF₆气体湿度检测连接图

1—待测电气设备；2—气路接口（连接设备与仪器）；3—压力表；4—仪器入口阀门；

5—测试仪器；6—仪器出口阀门

3. 检测步骤

（1）冷凝式露点仪采用导入式的取样方法。取样点必须设置在足以获得代表性气样的位置并就近取样；

（2）取样阀选用死体积小的针阀。取样管道不宜过长，管道内壁应光滑清洁；管道无渗漏，管道壁厚应满足要求；

（3）当测量准确度较低或测量时间较长时，可以适当增大取样总流量，在气样进入仪器之前设置旁通分道；

（4）环境温度应高于气样露点温度至少 3℃，否则要对整个取样系统以及仪器排气口的气路系统采取升温措施，以免因冷壁效应而改变气样的湿度或造成冷凝堵塞；

（5）采用 SF₆气体检漏仪对仪器气路系统进行试漏；

（6）根据取样系统的结构、气体湿度的大小用被测气体对气路系统分别进行不同流量、不同时间的吹洗，以保证测量结果的准确性；

（7）测量时缓慢开启调节阀，仔细调节气体压力和流速。测量过程中保持测量流量稳定,并从仪器直接读取露点值。检测过程中随时监测被测设备的气体压力,防止气体压力异常下降。

4. 检测标准及分析

有电弧分解物的气室湿度应不大于 300μL/L;

无电弧分解物的气室湿度应不大于 500μL/L。

由于环境温度对设备中气体湿度有明显的影响,测量结果应折算到 20℃时的数值。如设备生产厂提供有折算曲线、图表,可采用厂家提供的曲线、图表进行温度折算。湿度不合格可能是存在泄露或者吸附剂失效导致。

(三)特高频局放检测

1. 检测周期

(1)1 年;

(2)新安装及 A、B 类检修重新投运后 1 个月内。

2. 检测方法

特高频局放检测原理如图 4-2-38 所示。

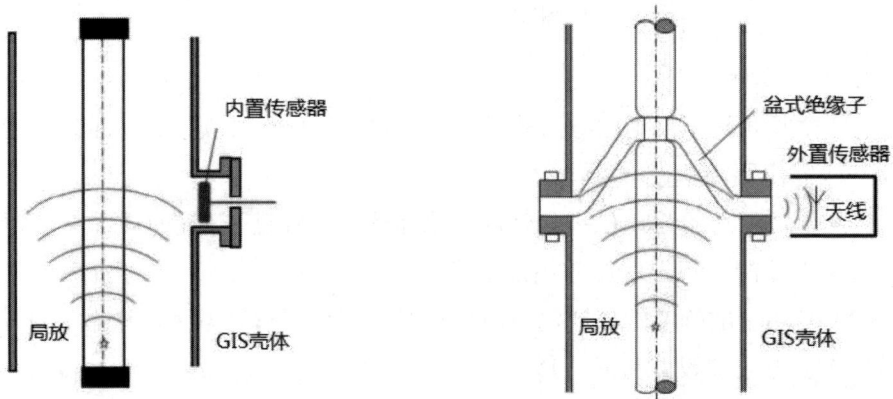

图 4-2-38 特高频局放检测原理图

3. 检测步骤

(1)按照设备接线图连接测试仪各部件,将传感器固定在盆式绝缘子非金属封闭处,传感器应与盆式绝缘子紧密接触并在测量过程保持相对静止,并避开紧固绝缘盆子螺栓,将检测仪相关部件正确接地,电脑、检测仪主机连接电源,开机。

（2）开机后，运行检测软件，检查仪器通信状况、同步状态、相位偏移等参数。

（3）进行系统自检，确认各检测通道工作正常。

（4）设置变电站名称、检测位置并做好标注。对于 GIS 设备，利用外露的盆式绝缘子处或内置式传感器，在断路器断口处、隔离开关、接地开关、电流互感器、电压互感器、避雷器、导体连接部件等处均应设置测试点。一般每个 GIS 间隔取 2～3 点，对于较长的母线气室，可 5～10m 取一点，应保持每次测试点的位置一致，以便于进行比较分析。

（5）将传感器放置在空气中，检测并记录为背景噪声，根据现场噪声水平设定各通道信号检测阈值。

（6）打开连接传感器的检测通道，观察检测到的信号，测试时间不少于30 秒。如果发现信号无异常，保存数据，退出并改变检测位置继续下一点检测。如果发现信号异常，则延长检测时间并记录多组数据，进入异常诊断流程。必要的情况下，可以接入信号放大器。测量时应尽可能保持传感器与盆式绝缘子的相对静止，避免因为传感器移动引起的信号而干扰正确判断。

（7）记录三维检测图谱，在必要时进行二维图谱记录。每个位置检测时间要求 30s，若存在异常，应出具检测报告。

（8）如果特高频信号较大，影响 GIS 本体的测试，则需采取干扰抑制措施，排除干扰信号，干扰信号的抑制可采用关闭干扰源、屏蔽外部干扰、软硬件滤波、避开干扰较大时间、抑制噪声、定位干扰源、比对典型干扰图谱等方法。

4. 检测标准及分析

（1）适用于非金属法兰绝缘盆子，带有金属屏蔽的绝缘盆子可利用浇注开口进行检测，具备内置探头的和其他结构参照执行。

（2）首先根据相位图谱特征判断测量信号是否具备典型放电图谱特征或与背景或其他测试位置有明显不同，若具备，继续如下分析和处理：排除外界环境干扰，将传感器放置于绝缘盆子上检测信号与在空气中检测信号进行比较（对于无金属屏蔽的绝缘子应沿绝缘子外侧加装屏蔽带或采取屏蔽措施，防止设备内部信号从绝缘子传出被空气中传感器接收到造成误判），若一致并且信号较小，则基本可判断为外部干扰。若不一样或变大，则需进一步检测判断。对于分相布置的设备，也可采用同位置不同相之间的比较，如果三相之间存在较大差异，则基本可判断为内部信号，如三相之间无明显差异，则需结合超声波、高频局放等检测手段进一步判断信号源位置。

（3）检测相邻间隔的信号，根据各检测间隔的幅值大小（即信号衰减特性）初步定位局放部位。

（4）必要时可使用工具把传感器绑置于绝缘盆子处进行长时间检测，时间不少于 15 分钟，进一步分析峰值图形、放电速率图形和三维检测图形，综合判断放电类型。

（5）在条件具备时，综合应用超声波局放仪、示波器等仪器进行精确定位。

（四）超声波局放检测

1. 检测周期

（1）220～750kV：1 年；

110（66）kV：2 年。

（2）新安装及 A、B 类检修重新投运后 1 个月内。

2. 检测方法

检测原理如图 4-2-39 所示。

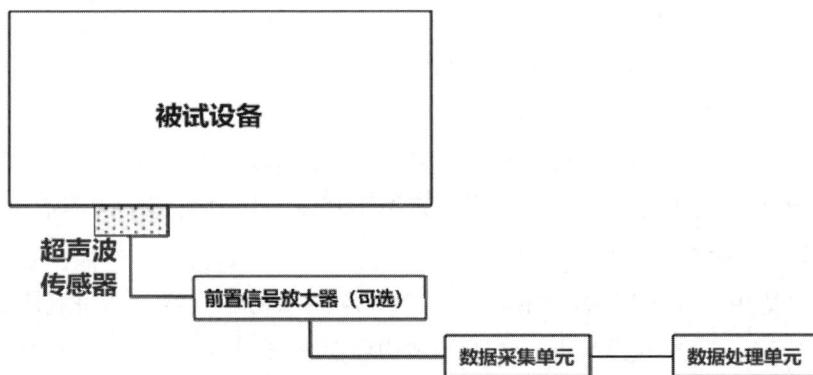

图 4-2-39　超声波局部放电检测原理图

3. 检测步骤

（1）检查仪器完整性，按照仪器说明书连接检测仪器各部件，将检测仪器正确接地后开机。

（2）开机后，运行检测软件，检查界面显示、模式切换是否正常稳定。

（3）进行仪器自检，确认超声波传感器和检测通道工作正常。

（4）若具备该功能，设置变电站名称、设备名称、检测位置并做好标注。

（5）将检测仪器调至适当量程，传感器悬浮于空气中，测量空间背景噪声并记录，根据现场噪声水平设定信号检测阈值。

（6）将检测点选取于断路器断口处、隔离开关、接地开关、电流互感器、电压互感器、避雷器、导体连接部件以及水平布置盆式绝缘子上方部位，检测前应将传感器贴合的壳体外表面擦拭干净，检测点间隔应小于检测仪器的有效检测范围，测量时测点应选取于气室侧下方。

（7）在超声波传感器检测面均匀涂抹专用检测耦合剂，施加适当压力紧贴于壳体外表面以尽量减小信号衰减，检测时传感器应与被试壳体保持相对静止，对于高处设备，例如某些 GIS 母线气室，可用配套绝缘支撑杆支撑传感器紧贴壳体外表面进行检测，但须确保传感器与设备带电部位有足够的安全距离。

（8）在显示界面观察检测到的信号，观察时间不低于 15s，如果发现信号有效值/峰值无异常，50Hz/100Hz 频率相关性较低，则保存数据，继续下一点检测。

（9）如果发现信号异常，则在该气室进行多点检测，延长检测时间不少于30s 并记录多组数据进行幅值对比和趋势分析，为准确进行相位相关性分析，可利用具有与运行设备相同相位关系的电源引出同步信号至检测仪器进行相位同步。亦可用耳机监听异常信号的声音特性，根据声音特性的持续性、频率高低等进行初步判断，并通过按压可能震动的部件，初步排除干扰。

4. 检测标准及分析

检测结果应无无异常。

根据连续图谱、时域图谱、相位图谱和特征指数图谱判断测量信号是否具备 50Hz/100Hz 相关性。若是，说明可能存在局部放电，继续如下分析和处理：

a）同一类设备局部放电信号的横向对比，相似设备在相似环境下检测得到的局部放电信号，其测试幅值和测试图谱应比较相似，例如对同一 GIS 间隔A、B、C 三相断路器气室同一位置的局部放电图谱对比，可以帮助判断是否有放电。

b）同一设备历史数据的纵向对比，通过在较长的时间内多次测量同一设备的局部放电信号，可以跟踪设备的绝缘状态劣化趋势，如果测量值有明显增大，或出现典型局部放电图谱，可判断此测试部位。

c）若检测到异常信号，可借助其他检测仪器（如特高频局部放电检测仪、示波器、频谱分析仪以及 SF_6 分解物检测分析仪），对异常信号进行综合分析，并判断放电的类型，根据不同的判据对被测设备进行危险性评估。在条件具备时，利用声声定位/声电定位等方法，根据不同布置位置传感器检测信号的强度变化规律和时延规律来确定缺陷部位，以 GIS 检测为例，一般先确定缺陷位于的气室，再精确定位到高压导体/壳体等部位。同时进行缺陷类型识别，可以根据超声波检测信号的 50Hz/100Hz 频率相关性、信号幅值水平以及信号的相位关系，进行缺陷类型识别。

（五）SF_6 气体分解物

1. 检测周期

（1）500kV 及以上：3 年；

（2）怀疑 SF_6 气体质量存在问题，或者配合事故分析时，可选择性地进行 SF_6 气体成分分析；

（3）新安装及 A、B 类检修重新投运后 1 周内。

2. 检测方法

检测方法包括三种：一是电化学法传感器检测法，二是气体检测管检测法，三是气相色谱检测法。三种方法的检测原理和试验步骤各不相同。

3. 电化学法传感器检测法

（1）检测原理

根据被测气体中的不同组分改变电化学传感器输出电信号，从而确定被测气体中的组分及其含量。现场检测连接图如图 4－2－40 所示。

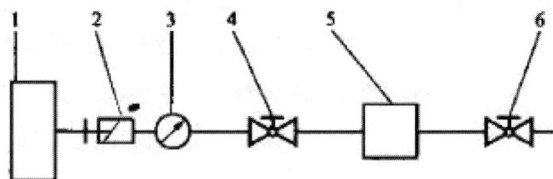

图 4－2－40　电化学法传感器检测连接图

1—待测电气设备；2—气路接口（连接设备与仪器）；3—压力表；4—仪器入口阀门；
5—测试仪器；6—仪器出口阀门（可选）

（2）检测步骤

1）仪器开机进行自检；

2）检测前，应检查测量仪器电量，若电量不足应及时充电，用高纯度 SF_6 气体冲洗检测仪器，直至仪器示值稳定在零点漂移值以下，对有软件置零功能的仪器进行清零；

3）用气体管路接口连接检测仪与设备，采用导入式取样方法测量 SF_6 气体分解产物的组分及其含量。检测用气体管路不宜超过 5m，保证接头匹配、密封性好。不得发生气体泄漏现象；

4）检测仪气体出口应接试验尾气回收装置或气体收集袋，对测量尾气进行回收。若仪器本身带有回收功能，则启用其自带功能回收；

5）根据检测仪操作说明书调节气体流量进行检测，根据取样气体管路的长度，先用设备中的气体充分吹扫取样管路的气体。检测过程中应保持检测流量的稳定，并随时注意观察设备气体压力，防止气体压力异常下降；

6）根据检测仪操作说明书的要求判定检测结束时间，记录检测结果，重复检测两次；

7）检测过程中，若检测到 SO_2 或 H_2S 气体含量大于 $10\mu L/L$ 时，应在本次检测结束后立即用 SF_6 新气对检测仪进行吹扫，至仪器示值为零；

8）检测完毕后，关闭设备的取气阀门，恢复设备至检测前状态。

4. 气体检测管检测法

（1）检测原理

被测气体与检测管内填充的化学试剂发生反应生成特定的化合物，引起指示剂颜色变化，根据颜色变化指示长度得到备测气体所测组分的含量。

（2）检测步骤

1）气体采集装置检测方法。

a）用气体管路接口连接气体采集装置与设备取气阀门，按检测管使用说明书要求连接气体采集装置与气体检测管；

b）打开设备取气阀门，按照检测管使用说明书，通过气体采集装置调节气体流量，先冲洗气体管路约 30s 后开始检测，达到检测时间后，关闭设备阀门，取下检测管；

c）从检测管色柱所指示的刻度上，读取被测气体中所测组分指示刻度的最大值；

d）检测完毕后，恢复设备至检测前状态。用 SF_6 气体检漏仪进行检漏，如发生气体泄漏，应及时维护处理。

2）气体采样容器检测方法。

a）气体取样；

b）按照采样器使用说明书，将气体检测管与气体采样容器和采样器连接，按照检测管使用说明书要求对采样容器中的气体进行检测，达到检测时间后，取下检测管，关闭采样容器的出气口；

c）从检测管色柱所指示的刻度上，读取被测气体中所测组分指示刻度的最大值；

d）检测完毕后，恢复设备至检测前状态。用 SF_6 气体检漏仪进行检漏，如发生气体泄漏，应及时维护处理。

5. 气相色谱检测法

（1）检测原理

气相色谱是以惰性气体（载气）为流动相，以固体吸附剂或涂渍有固定液的固体载体为固定相的柱色谱分离技术，配合热导检测器（TCD），检测出被测气体中的 CF_4 含量。

（2）检测步骤

1）色谱仪标定。

采用外标法，在色谱仪工作条件下，用 CF_4 标准及分析气体进样标定。

2）检测前准备工作。

先打开载气阀门，接通主机电源，连接色谱仪主机与工作站。调节合适的载气流量，设置色谱仪工作参数（热导检测器温度和色谱柱温度等）。待温度稳定后，加桥流，观察色谱工作站显示基线，确定色谱仪性能处于稳定待用状态。

3）气体的定量采集。

将色谱仪六通阀置于取样位置，连接设备取气阀门与色谱仪取样口。按照色谱仪使用条件，打开设备阀门，控制流量，冲洗定量管及取样气体管路约1min 后，关闭设备取气阀门。

4）检测分析。

在色谱仪稳定工作状态下，旋转六通阀至进样位置，直至工作站输出显示 CF_4 峰，记录 CF_4 峰面积或峰高），分析完毕，将六通阀转至取样位置；检测完毕后，恢复设备至检测前状态。用 SF_6 气体检漏仪进行检漏，如发生气体泄漏，应及时维护处理。

6. 检测标准及分析

$SO_2 \leqslant 1\mu L/L$

$H_2S \leqslant 1\mu L/L$

若检出 SO_2 或 H_2S 等杂质组分含量异常，应结合 CO、CF_4 含量及其他检测结果、设备电气特性、运行工况等进行综合分析。

（六）主回路电阻测试

1. 检测周期

（1）3 年；

（2）自上次试验之后又有 100 次以上分、合闸操作。

2. 检测方法

如图 4-2-41 所示，将电流线接到对应的 I+、I- 接线柱，电压线接到 V+、V- 接线柱，两把夹钳夹住被测试品的两端，若电压线和电流线是分开接线的，则电压线要接在测试品的内侧，电流线应接在电压线的外侧。

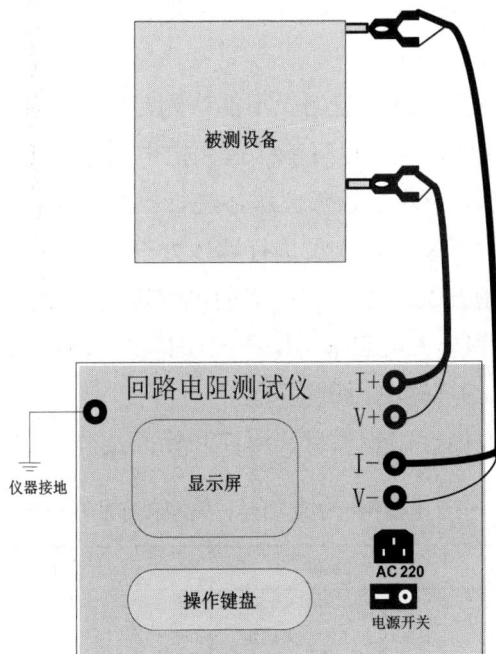

图 4-2-41　回路电阻测试仪接线图

3. 检测步骤

1）测试前拆除测量回路的接地线或拉开接地刀闸；

2）对被试设备进行放电，正确记录环境温度；

3）检查确认被试设备处于导通状态；

4）清除被试设备接线端子接触面的油漆及金属氧化层，进行检测接线，检查测试接线是否正确、牢固；

5）接通仪器电源，测试电流应调整到≥100A，进行测试，电流稳定后读出检测数据，并做好记录；

6）关闭检测电源，拆除检测测试线，将被试设备恢复到测试前状态。

4. 检测标准及分析

测量电流可取 100A 到额定电流之间的任一值，测试数据≤制造商规定值。

将测试结果与规程要求进行比较，当测试结果出现异常时，应与同类设备、同设备的不同相间进行比较，作出诊断结论；如发现测试结果超标，可将被试设备进行分、合操作若干次，重新测量，若仍偏大，可分段查找以确定接触不良的部位，进行处理。

经验表明，仅凭主回路电阻增大不能认为是触头或联结不好的可靠证据。此时，应该使用更大的电流（尽可能接近额定电流）重复进行检测；当明确回路电阻较大的部位后，应对接触部位解体进行检查，对于组合电器设备内部回路电阻超标的，应由厂家专业人员进行解体处理。

对少数 GIS 接地开关导电杆与外壳的电气连接不能分开，可先测量导体和外壳的并联电阻 R_0 和外壳电阻 R_1，按下式计算主回路电阻 $R = R_0 R_1 / (R_1 - R_0)$。

（七）组合电器的其他例行试验项目

组合电器的其他例行试验项目、周期和标准及分析如表 4-2-2 所示。

表 4-2-2　　　　　组合电器例行试验项目、周期和标准及分析

序号	项目	周期	标准	说明
1	元件试验	按设备技术文件规定或根据状态评价结果确定	参考各元件的标准要求	
2	断口间并联电容器的绝缘电阻、电容量和 $\tan\delta$	3 年	罐式断路器（包括 GIS 中的 SF_6 断路器）按制造厂规定	试验方法按制造厂规定进行

续表

序号	项目	周期	标准	说明
3	合闸电阻值和合闸电阻的投入时间	3年（罐式断路器除外）	（1）除制造厂另有规定外，阻值变化允许范围不得大于±5%； （2）合闸电阻的有效接入时间按制造厂规定校核	参考交流SF$_6$断路器

二、诊断性试验

表4-2-3　　　　　　　　　　组合电器的诊断性试验项目

序号	项目	诊断前提	标准	说明
1	主回路绝缘电阻	交流耐压试验前、后	用2500V绝缘电阻表测量，无明显下降或符合设备技术文件要求（注意值）	
2	主回路电阻测量	1）自上次试验之后又有100次以上分、合闸操作； 2）必要时	≤制造商规定值（注意值）	见例行试验章节
3	交流耐压试验	1）对核心部件或主体进行解体性检修之后； 2）检验主回路绝缘时	1）试验电压为出厂试验值的80%，频率不超过300Hz，耐压时间为60s； 2）试验时，电磁式电压互感器和金属氧化物避雷器应与主回路断开，耐压结束后，恢复连接，并应进行时间为5min的试验	参考SF$_6$断路器
4	局部放电测量	可结合耐压试验同时进行	1）可结合耐压试验同时进行； 2）试验时，电磁式电压互感器和金属氧化物避雷器应与主回路断开，耐压结束后，恢复连接，并应进行时间为5min的试验	需进行超声波局放检测和特高频局放检测，方法参考例行试验章节
5	气体密封性检测	1）气体密度表显示密度下降时； 2）定性检测发现气体泄漏时	≤0.5%/年或符合设备技术文件要求（注意值）	参考SF$_6$断路器
6	气体密度表（继电器）校验	1）数据显示异常时； 2）达到制造商推荐的校验周期时	符合设备技术文件要求	参考SF$_6$断路器
7	气体纯度	必要时	1）断路器灭弧室气室：纯度≥99.5%； 2）其他气室：纯度≥97%	参考SF$_6$断路器

第四节　组合电器典型故障及案例

500kV某变电站500kVⅠ母故障事件报告

（一）事件概况

500kV某变电站第一串间隔基建工程扩建完工，对500kVⅠ母充电过程中，发生母线B相故障，差动保护动作，充电开关5061跳闸，未造成负荷损失。经现场气体成分检查发现，500kVⅠ母7号气室B相SF_6气体组分超标，SO_2含量为50.8μL/L，判断为该气室B相内部放电。

（二）事件经过

7日前500kV某变电站500kV#1母停电配合扩建工程母线对接及耐压试验工作。5日前后完成500kV#1母8号气室与本次扩建#Ⅰ母9号气室对接、抽真空、注气、静置等工作。2日前，按出厂值80%完成对接后500kV#1母耐压试验，结果合格。（前期已按出厂值100%完成扩建部分GIS设备独立耐压试验，结果合格）。

当日00时06分13秒，站端合上5061开关对500kV#1母充电。00时06分13秒500kV#1母（1）2号母线保护动作，5061开关三相跟跳，跳开5061开关。从故障录波和保护动作报告综合分析，判断为500kV#1母母线B相发生接地故障，故障电流为9.6kA。

故障母线单元主要由止气型盆式绝缘子、壳体、导体、吸附剂、防爆膜及配管等，典型结构见图4-2-23。

（三）现场检查情况

1. 气体检测情况

现场对全部母线间隔进行SF_6组分检测，发现500kV#1母母线01-7B气室SF_6组分异常，且SO_2含量为50.8μL/L，判断为该气室B相内部放电。

2. 保护录波情况

00:06:13，500kV#1母（1）2号母线保护动作，5061开关三相跟跳，跳开5061开关。从故障录波和保护动作报告综合分析，判断为500kV#1母母线B相发生接地故障，故障电流约为9.6kA。

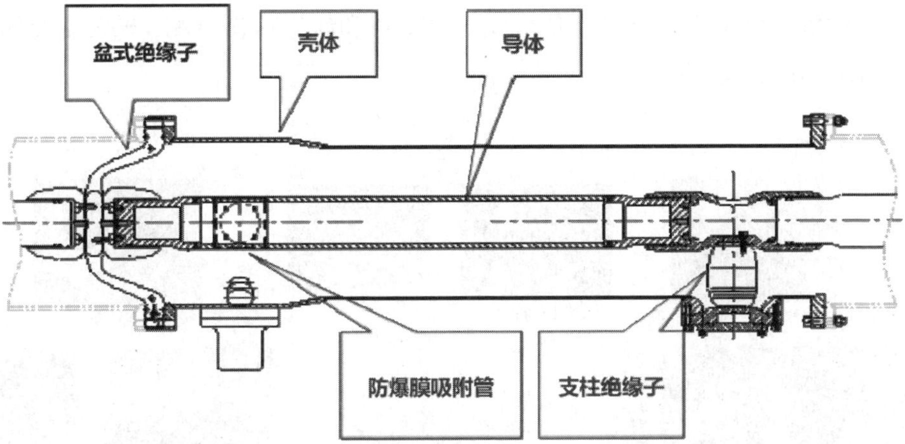

图 4-2-42　故障母线单元典型结构

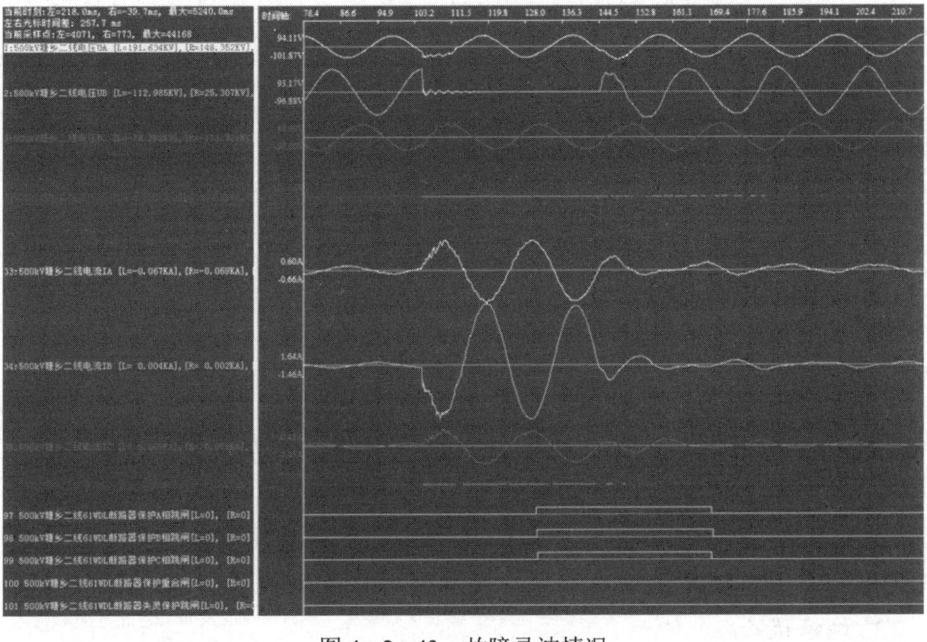

图 4-2-43　故障录波情况

3. 现场解体情况

第二日对故障气室进行现场解体，发现（7）8 号气室间盆式绝缘子屏蔽罩、导体端部、筒体法兰边沿处烧蚀严重，盆式绝缘子、筒体内壁出现大面积熏黑及金属熔融物；盆式绝缘子表面未见贯穿性放电通道和明显裂纹等机械损伤；筒体放电点附近发现金属颗粒、金属丝等异物，烧蚀部位打磨后发现存在坑洞。对故障气室筒体烧蚀部位坑洞开展着色和超声探伤检测，未发现筒体有内部制造和安装缺陷。

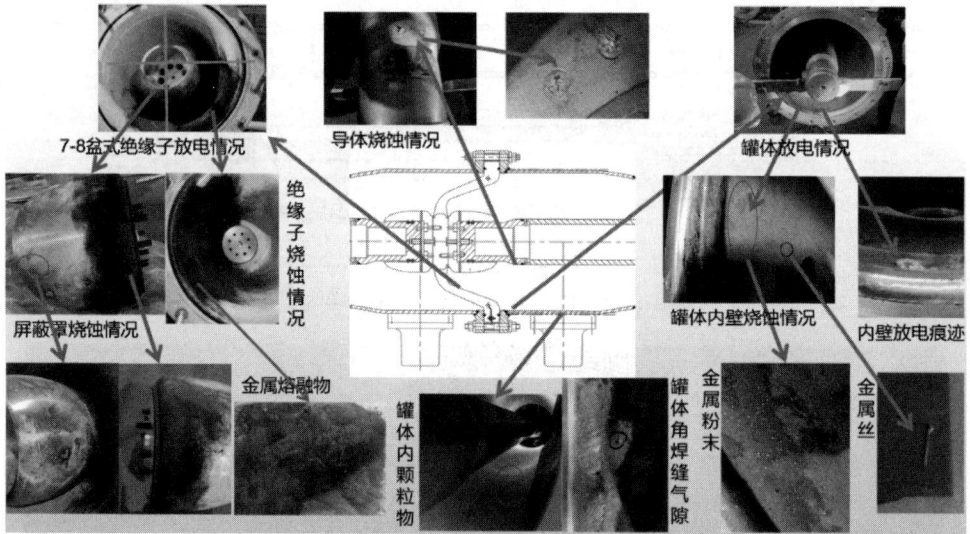

图 4-2-44　现场解体情况

（四）返厂检查试验

1. 取样成分分析

在现场解体后及返厂实验前，在壳体底部、绝缘盆子等 21 处重点部位取样，其中，现场拆解时取样 12 处，返厂后取样 9 处，并分别在电科院和厂家进行了成分分析。样本主要成份为：C、O、F、Mg、Al、Si、S 等成分，C、O 等成分主要来源盆式绝缘子等有机材料，F、S 等成分主要来源于 SF_6，Al、Mg 主要来源于铝合金壳体、导体，未发现外源性成分。

2. 绝缘试验

在技术人员见证下，现场对盆式绝缘子重新清洗打磨后，进行了耐压及局部放电试验，均满足标准要求。

3. 理化性能试验

（1）尺寸复测

通过对拆解后盆式绝缘子关联尺寸对的尺寸复核，确认测量结果符合厂家图纸和制造工艺的要求。

（2）着色和 X 射线检测

对返厂盆式绝缘子进行着色和 X 射线探伤，确认盆子内部结构无异常。

（3）水压试验

对返厂盆式绝缘子开展水压测试，试验结果符合设计及相关标准要求。

（4）玻璃化温度测定

对返厂盆式绝缘子样品进行取样，试验结果符合设计及相关标准要求。

（五）一期与二期结构对比

1. 盆式绝缘子结构对比

500kV 某站的母线共有两种结构的盆式绝缘子，两种盆式绝缘子的直径、深度，以及螺栓孔的大小、位置均一致，仅中心嵌件结构不一致，一期盆式绝缘子中心嵌件为空心结构，二期盆式绝缘子中心嵌件为实心结构，具体结构如图 4-2-45 所示。

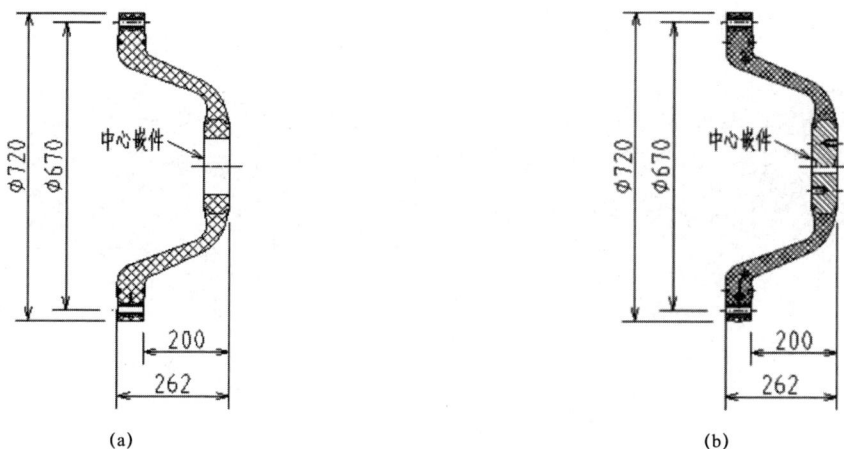

图 4-2-45 绝缘盆子结构对比
（a）一期；（b）二期

2. 母线结构对比

500kV 某站一期母线筒体直径与二期母线筒体存在差异，且在电连接、导体安装方式、法兰盘焊接方式上存在了差异，具体结构如图 4-2-46 所示。

为对比两种结构母线内部的电场分布情况，对母线进行电场仿真计算，其中计算条件为施加电压 1675kV，判据为在报警气压 0.45MPa（表压）下，电场强度不大于 27.5kV/mm。计算结果如图 4-2-47、图 4-2-48 所示。

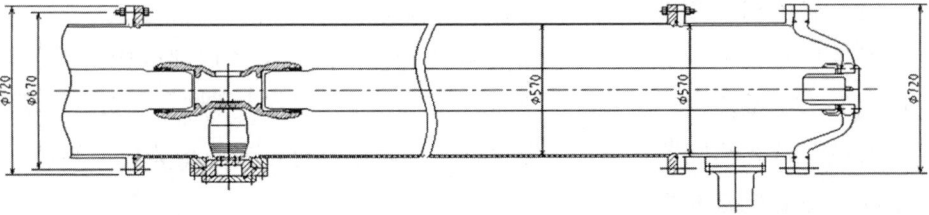

(a)

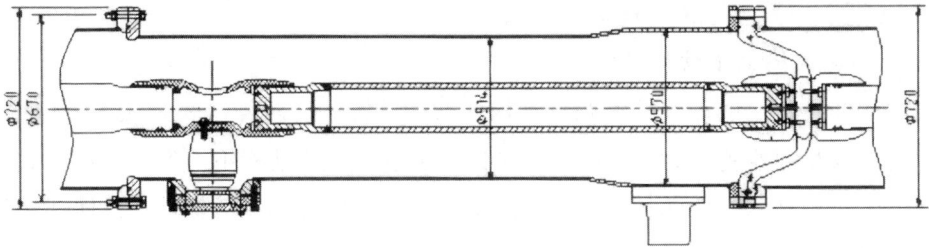

(b)

图 4-2-46　母线结构对比

（a）一期母线结构；（b）二期母线结构

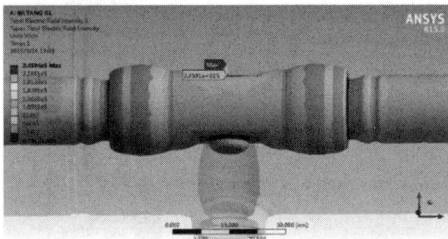

(a)

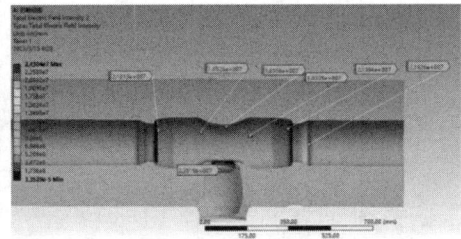

(b)

图 4-2-47　支柱绝缘子部位的电场对比

（a）一期母线结构；（b）一期母线结构

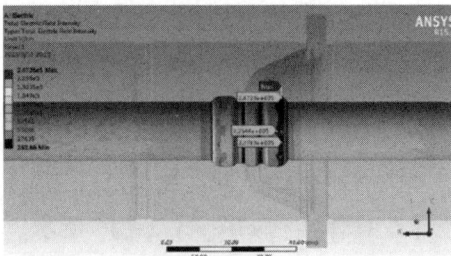

(a)

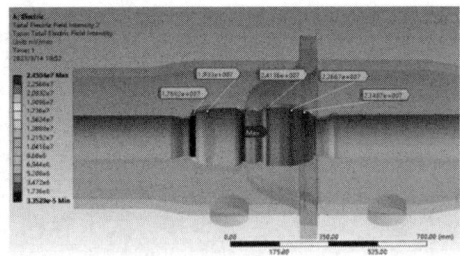

(b)

图 4-2-48　盆式绝缘子部位的电场对比

（a）一期母线结构；（b）一期母线结构

仿真结果表明：一期母线（直径为 ϕ 570）的支柱绝缘字部位最大场强为 24.59kV/mm，盆式绝缘子部位最大场强为 24.73kV/mm，二期母线（壳体直径为 ϕ 514）的支柱部位最大电场为 21.75kV/mm，盆式绝缘子部位最大场强为 24.14kV/mm，可以看出二期母线电场得到了相应优化，且均小于允许场强 27.5kV/mm。

（六）故障原因分析

根据现场解体检查、返厂试验和讨论分析，确认本次故障发展过程为：Ⅰ母充电时，（7）8 号气室间盆式绝缘子凹面（7 号气室侧）的连接导体与筒体之间发生气隙击穿、起弧；电弧在电动力及热气流作用下沿导体向屏蔽罩、盆式绝缘子移动，造成盆式绝缘子屏蔽罩、筒体法兰边沿处烧蚀严重，绝缘子、筒体内壁出现大面积熏黑及金属熔融物，放电路径如图 4-2-49 所示。

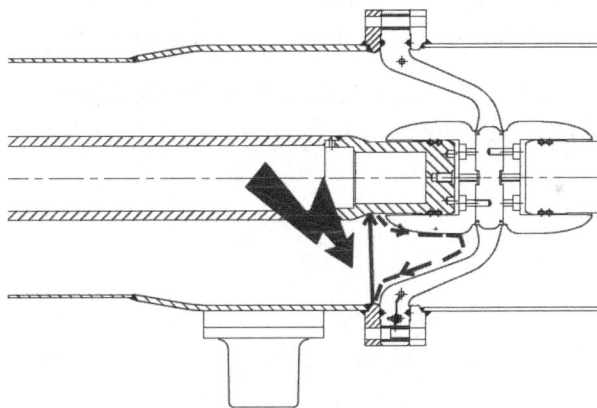

图 4-2-49　放电路径示意图

经各位专家对上述故障现象和检测试验结果进行细致分析讨论，一致判断设备故障原因为：母线筒体现场安装过程中进行对接时，制造厂家现场对接过程中，螺栓与法兰螺栓孔对中不良，螺栓孔被螺栓刮擦产生铝合金异物，同时在法兰螺栓紧固前，制造厂家对筒体的孔口部位的异物检查清理不到位，导致异物残留在壳体内部。3 月 1 日送电过程中，异物在在操作电压产生的电动力和机械力作用下发生运动，导致母线筒体内部气隙击穿放电。

（七）下一步整改措施

1. 加强母线对接工艺监督

加强母线对接工艺监督，严格执行现场作业指导书的标准化作业流程，具体要求包括：正确运用导向工具，确保螺栓与法兰螺栓孔的可靠对中；要求采用手电式记录仪，对点检、异物确认等细节进行全程录像；加强母线孔口的部位自检和互检，要求每次对接口合拢前不少于两名人员分别进行检查。

2. 严控现场施工环境

加强对施工现场的环境把控，要设备厂家、施工单位、建管单位等对 GIS 安装区域进行全面的环境确认，排查周围扬尘区域，并采取隔离、洒水等降尘措施，确保安装环境的粉尘度、温湿度等符合作业标准。

3. 强化监测技术应用

完善在线监测装置配置，按断路器（GIS）设备"压力（断路器）＋机械＋特高频（GIS）"监测提升路线，加大涉及电网风险的关键设备在线监测装置配置。同时，加强内置式特高频在线监测装置准确性和有效性的校验，并对其布置点位情况进行校核和优化，提升关键设备的状态管控能力。

第五篇

开关柜

第一章 理 论 知 识

第一节 概 述

高压开关柜是成套配电装置的一种，它是由制造厂以断路器为主生产的成套电气设备。制造厂根据电气主接线的要求，针对使用场合、控制对象及主要电气元件的特点，将有关控制电器电器、测量仪表、保护装置和辅助设备装配在封闭半封闭式的金属柜体内柜中，用于电力系统中接受和分配电能。其优点是结构紧凑，占地少，维护检修方便，大大地减少现场的安装工作量，并缩短施工工期。

开关柜的类型及型号含义：高压开关柜主要依据断路器的安装方式及柜体的结构型式的不同分为金属封闭式、一般固定式及特殊环境使用型三类。

高压开关柜的型号含义（国产）如下：

1️⃣2️⃣3️⃣4️⃣—5️⃣/6️⃣7️⃣8️⃣

1——产品名称：K（铠装式）；J（间隔式）；X（箱式）；G（高压开关柜）。

2——结构特征：Y（移开式或手车式）；C（手车式）；F（封闭式）；G（固定式）；S（双母线式）；P（旁路母线式）；K（矿用）。

3——使用条件：N（户内）；W（户外）。

4——设计系列序号。

5——额定电压（kV）。

6——一次方案号。

7——操动方式：D（电磁操动）；T（弹簧操动）；S（手动）。

8——环境特征代号：TH（湿热带型）；G（高海拔型）。

第二节 开 关 柜 结 构

一、真空开关柜的结构

KYN28 开关柜：KYN28－12 户内交流金属铠装抽出式开关设备，系 10kV 三相交流 50Hz 单母线分段系统的成套配电装置。主要用于发电厂、变电所、中小型发电机送电、工矿企事业单位配电以及大型高压电动机起动等。作为接受和分配电能，并对电路实行控制、保护及监测。

开关柜型号的含义：

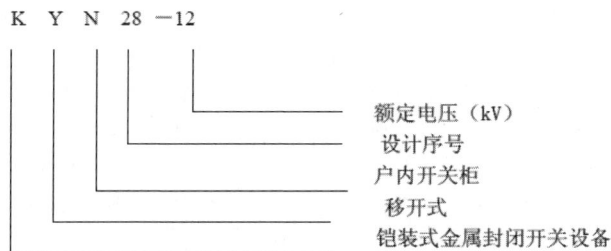

```
K  Y  N  28  －12
                    额定电压（kV）
                    设计序号
                    户内开关柜
                    移开式
                    铠装式金属封闭开关设备
```

1. 整体结构

开关柜由固定的柜体和可移开部件两大部分组成。根据柜内电气设备的功能，柜体用隔板分成四个不同的功能单元，如图 5－1－1 所示的断路器室 A、母线室 B、电缆室 C 和低压仪表室 D。柜体的外壳和各功能单元之间的隔板均采用敷铝锌板弯折而成。

2. 金属铠装式高压开关柜具有的特点

（1）断路器或其他主电器可以是抽出式（即手车式），手车上装有机械装置，使手车能接通和分断位置之间移动，手车上还带有自动调整和连接一次回路和二次回路的隔离装置。

（2）一次回路的主要电气元件，即断路器、母线、互感器、控制用电源等，全部用金属隔板封闭，且金属隔板的防护等级与金属外壳相同或更高。

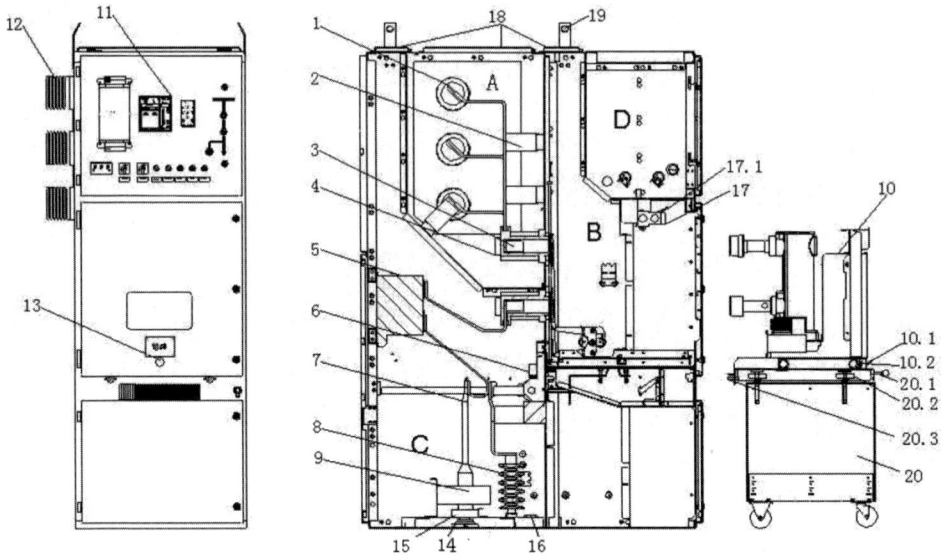

图 5-1-1 开关柜结构

1—母线；2—绝缘子；3—静触头；4—触头盒；5—电流互感器；6—接地开关；7—电缆终端；
8—避雷器；9—零序电流互感器；10—断路器手车；10.1—滑动把手；10.2—锁键（联到滑动把手）；
11—控制和保护单元；12—穿墙套管；13—丝杆机构操作孔；14—电缆密封圈；15.—连接板；
16—接地排；17—二次插头；17.1—联锁杆；18—压力释放板；19—起吊耳；20—运输小车；
20.1—锁杆；20.2—调节轮；20.3—导向杆；
A—母线室；B—断路器室；C—电缆室；D—低压仪表室

（3）所有带电部分均应封闭在接地的金属隔室之内。当可抽出元器件处于分断、试验或抽出位置时，用自动挡板或其他装置防止带电的固定触头外露。

（4）主母线导体和连接器件全部采用绝缘材料覆盖。仪器、仪表、继电器、二次回路控制元件及其配线，均采用接地的金属隔板与所有主电路元器件进行隔离。

（5）有机械联锁装置，以保证正确的安全操作顺序。

二、开关柜的"五防"要求及功能

（一）"五防"的要求

所谓"五防"就是在电气运行操作中要：

（二）真空断路器的结构

VS1 真空断路器

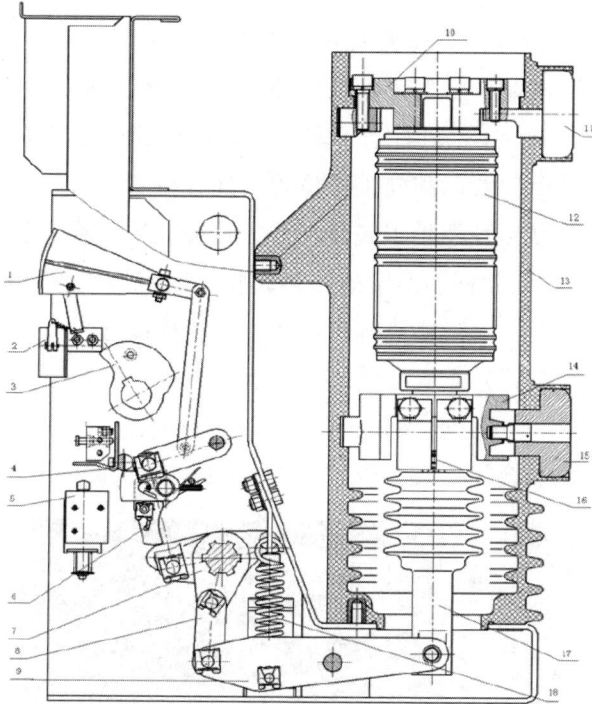

图 5-1-2　开关柜内部结构图

1—分合指示牌；2—计数器；3—凸轮；4—脱扣半轴；5—分闸电磁铁；6—合闸保持掣子；7—主轴传动拐臂；
8—传动连板；9—传动拐臂；10—上支架；11—上出线座；12—真空灭弧室；13—绝缘筒；14—下支架；
15—下出线座；16—软连接；17—绝缘拉杆；18—分闸弹簧

（1）防止误分、合断路器；

（2）防止带负荷分、合隔离开关；

（3）防止带电挂接地线（或合接地开关）；

（4）防止带接地线（或接地开关合上）合断路器（或合隔离开关）；

（5）防止误入带电间隔。

（三）开关柜的"五防"联锁功能

1. 防止误分、合断路器

采用专用钥匙防误联锁。为保证作为计量用的隔离手车，不能在带负荷的情况拉合手车。配合计量柜用的仪表室盘面板上的断路器在分、合闸控制开关上加装有带钥匙的锁，只有用专用钥匙开锁后才能操作断路器。此外，倒闸操作前还应检查所操作开关柜的带电显示器是否完好，操作完毕应查看带电显示器变化正常。

2. 防止带负荷操作隔离开关或隔离插头

断路器柜的隔离触头防误采用强制性的机构联锁。即断路器处于合闸状态时，手车不能推入或拉出，只有当手车上的断路器处于分闸位置时，手车才能从试验位置（冷备用位置）移向工作位置（运行位置），反之也一样。

该联锁是通过联锁杆及手车底盘内部的机械装置及合、分闸机构同时实现的，断路器合闸通过联锁杆作用于断路器底盘上的机械装置，使手车无法移动。只有当断路器分闸后，联锁才能解除，手车才能从试验位置（冷备用位置）移向工作位置（运行位置）或从工作位置（运行位置）移向试验位置（冷备用位置）。并且只有当手车完全到达试验位置（冷备用位置）或工作位置（运行位置）时，断路器才能合闸。装置位置如图 5-1-3 所示。

图 5-1-3　防止开关合闸后进出的连杆与底盘车进出联锁机构

3. 防止带电合接地开关

只有当断路器手车在试验位置（冷备用位置）及线路无电时，接地开关才能合闸。

（1）采用机械强制联锁。断路器手车处于试验位置（冷备用位置）时，接地开关操作孔上的滑板应能按动自如，同时导轨上的挡板和导轨下的挡块应随滑板灵活运动如图 5－1－4 所示；手车处于工作位置（运行位置）或工作与试验中间位置时（运行与冷备用中间位置时），滑板应无法按下。

图 5－1－4　接地开关闭锁装置

（2）采用电气强制联锁。只有当接地开关下侧电缆不带电时，接地开关才能合闸。安装强制闭锁型带电指示器，接地开关安装闭锁电磁铁，将带电指示器的辅助触点接入接地开关闭锁电磁铁回路，带电指示器检测到电缆带电后闭锁接地开关合闸。如图 5－1－5 所示。

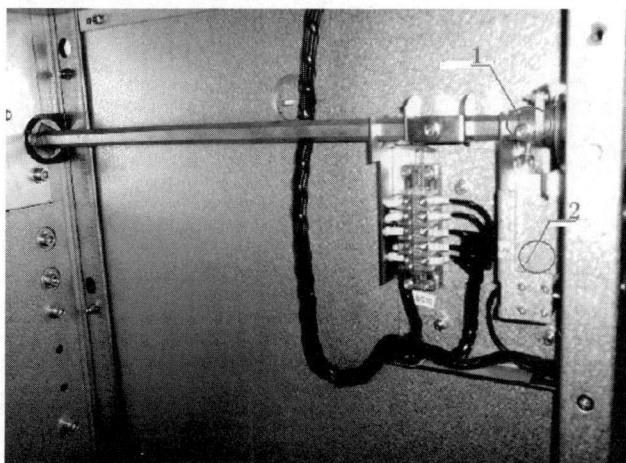

图 5－1－5　接地开关电缆门联锁
1—接地开关传动杆；2—闭锁电磁铁

4. 防止接地开关合上时送电

接地开关位于合闸位置时，由于操作接地开关时按下了滑板，其传动机构带动柜内手车右导轨上的挡板挡住了手车移动的路线，同时挡板下方的另一块挡块顶住了手车的传动丝杆联锁机构，使手车无法移动；因而实现接地开关合闸时无法将手车移入工作位置（运行位置）的联锁功能如图 5-1-6 所示。

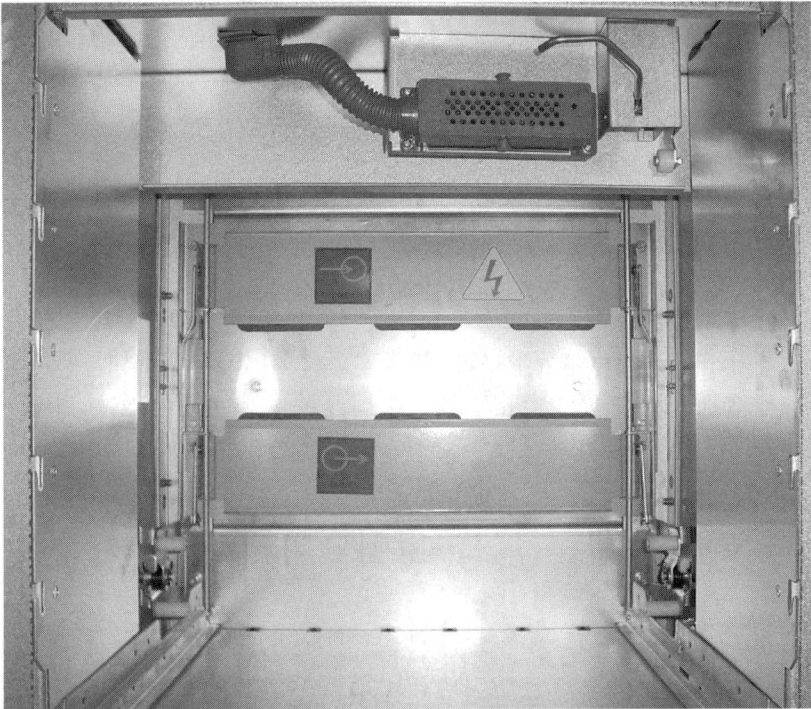

图 5-1-6 活门与手车联锁

5. 防止误入带电间隔

（1）断路器室门上的开门把手只有用专用钥匙才能开启。

（2）断路器手车拉出后，手车室活门自动关上，隔离高压带电部分。

（3）活门与手车机械联锁：手车摇进时，手车驱动器压动手车左右导轨传动杆，带动活门与导轨连接杆使活门开启，同时手车左右导轨的弹簧被压缩，手车摇出时，手车左右导轨的弹簧使活门关闭。如图 5-1-6 所示。

（4）开关柜后封板采用内五角螺栓锁定，只能用专用工具才能开启。

（5）实现接地开关与电缆室门板的机械联锁。在线路侧无电且手车处于试验位置（冷备用位置）时合上接地开关，门板上的挂钩解锁，此时可打开电缆室门板如图5-1-7、图5-1-8所示。

（6）检修后电缆室门板未盖时，接地开关传动杆被卡住，使接地开关无法分闸。如图5-1-8所示。

图5-1-7　接地开关未合闸时后门打不开
1—闭锁把手

图5-1-8　后门接地联锁机构，后门未关时，接地开关无法分闸
1—联锁挡块

除以上功能外，手车试开关柜还有防误拔开关柜二次线插头功能。开关柜的二次线与手车的二次线联络是通过手动二次插头来实现的。只有当手车处于试验隔离位置（冷备用位置）时，才能插上和拔下二次插头。手车处于工作位置（运行位置）时，二次插头被锁定，不能拔下如图5-1-9所示。

图5-1-9　二次插头联锁图
1—二次插头；2—二次插闭锁杆

第二章 技 能 实 践

第一节 开关柜运行维护

一、基本原理

高压开关柜作为电力系统中的重要设备，正常运行对于保障电力系统的安全稳定具有重要意义。为了确保高压开关柜的可靠性和安全性，需要进行巡视检查工作。以高压开关柜巡视检查项目为展开，详细介绍高压开关柜巡视检查的内容和要点。

二、高压开关柜外观巡视检查

在巡视维护中，第一步是对高压开关柜的外观进行检查。其中包括开关柜外壳、门锁、密封条、标志等检查，比如柜体表面是否有明显的损坏或腐蚀，检查地脚螺栓是否有松动或腐蚀，检查面板上的指示灯和开关是否正常工作、检查开关柜的开关机构是否正常，是否存在卡滞或阻力过大等问题等，确保高压开关柜完整无损，防止外界因素对设备的影响。

三、高压开关柜内部维护检查

电气连接检查：检查开关柜内部的电气连接是否紧固可靠，检查接线端子有无松动或腐蚀现象，是否存在漏电现象，确保电气连接的正常运行。

绝缘检查：使用绝缘测试仪对开关柜内绝缘部件进行测试，检查绝缘衬套、隔板等是否存在破损或腐蚀，确保其绝缘性能符合要求，防止漏电等安全隐患。

接地检查：检查接地电阻是否符合要求、接地线路是否正常，确保其接地符合要求，防小动物措施应完好，防止安全隐患。

红外测温检查：使用红外测温仪对开关柜内部各部位进行测温，检查断路器、隔离开关是否存在异常声音或过热现象，发现温度异常现象，及时排除潜在故障点。

防护装置检查：高压开关柜中的保护装置是保障电力系统安全运行的重要部分，因此在巡视检查中需要对保护装置进行检查。包括检查过流保护装置、接地保护装置、过压保护装置等是否正常工作，是否存在误动作或失灵等情况。

四、高压开关柜清洁检查

高压开关柜巡视检查的最后一项内容是清洁检查。清洁检查主要包括对高压开关柜内外进行清洁，确保开关柜表面无灰尘、油污等杂物。清洁检查还包括对开关柜的通风孔、散热器等通风设备进行清理，保证设备的散热效果。

五、高压开关柜巡视注意事项

（1）巡视维护应由专业人员进行，确保操作规范和安全；

（2）巡视维护时应注意安全防护，带好个人防护用具，防止触电和短路等危险；

（3）巡视维护应按照一定的周期进行，根据设备的重要程度和工作环境变化，合理制定巡视维护计划，确保检查全面和准确；

（4）巡视维护结果应及时记录和整理，记录详细的巡视情况，对于发现问题及时处理。

六、高压开关柜的特殊巡视

（1）在出现下列情况时应对高压开关柜进行特殊巡视：

1）新投入的高压开关柜，应加强特巡，投运72h后转为正常巡视；

2）高温季节，高峰负荷期间，高压开关柜室内的温度较高时，应加强巡视；

3）高压开关柜内有不正常的声响时；

4）高压开关柜柜体或母线槽因电磁场谐振发出异响时。

（2）高压开关柜的特殊巡视要求如下：

1）高压开关柜投运后的巡视应特别注意接头（柜体外表）无过热，柜内无异常声响等。

2）开关柜在接近额定负荷的情况下运行时应加强对开关柜的测温，无法直接进行测温的封闭式开关柜，巡视时可用手触摸各开关柜的柜体，以确认开关柜是否发热。或者开关室内的温度较高时应开启开关室所有的通风设备，若此时温度还不断升高，必要时应转移部分负荷。

3）开关柜内部有不正常的声响时运行人员应密切观察该异常声响的变化情况，必要时上报将此开关柜停役检查；

4）开关柜柜体或母线槽因电磁场谐振发出异常声响时运行人员加强巡视和对设备的测温工作。

七、小结

高压开关柜巡视维护是确保设备安全运行的重要工作。通过对高压开关柜的外观、内部、保护装置、操作和清洁等方面进行全面检查，可以及时发现问题并进行处理，确保设备的可靠性和安全性。在进行巡视检查时，需要注意操作规范和安全，确保巡视检查的有效性和高效性。只有做好巡视检查工作，才能保障电力系统的安全稳定运行。

第二节　开 关 柜 检 修

一、检修分类及要求

检修工作分为四类：A 类检修、B 类检修、C 类检修、D 类检修。四类检修工作定义与第一篇第二章第二节断路器检修分类内容一致，同时检修周期均按照设备状态评价决策进行，并符合厂家说明书要求。

二、开关柜检修

（一）仪表室检查

（1）智能操控装置、状态指示装置及仪表检查

1）确认控制电源、储能电源已断开。

2）检查智能操控装置、状态指示装置等是否工作正常。

3）检查电流表、电压表等表计指示状态正常。

4）信号回路、遥控操作回路是否正常。

（2）二次元件检查

1）快分开关、指示灯、带电显示装置、综合显示面板等电气元件固定良好，外观无损伤，清扫浮尘，检查动静触点的完好，按二次元器件差异化检修要求更换运行 10 年以上或严重锈蚀的二次元器件。

2）二次元件标识应齐全准确。

（3）二次回路检查

1）二次端子无锈蚀、螺栓应紧固、无过热现象，号码桶应齐全准确，二次电缆绝缘层无变色、老化、损坏现象。

图 5-2-1 二次回路检查

2）二次接线布置整齐，无松动、无损坏。

3）端子内插入截面不同的线头或三个以上线头应改造，备用芯线套防尘套。

4）仪表室清扫。清扫仪表室积灰、异物。

（4）仪表室温控及防凝露检查

1）对仪表室温控、加热器进行检查。对损坏的进行更换，对参数整定不正确的进行重新调整。温控、加热回路不得与其他功能回路共用。

2）检查是否存在凝露的痕迹，如果有则需对防凝露设备进行改造。

（二）断路器修前试验

（1）测量分、合闸线圈电阻，与出厂值相比差值小于±5%。

（2）测量分、合闸线圈绝缘电阻。

（3）分闸电磁铁额定电压 30%不动作，65%～110%（直流）可靠动作（至少 3 次）。

（4）合闸电磁铁额定电压 30%不动作，85%～110%可靠动作（至少 3 次）。

（三）导电回路检查

（1）触头检查，弹簧完好无过热痕迹、无变形。触指无损伤，烧蚀深度小于 0.5mm 或面积小于 30%，必要时更换。

图 5-2-2　触头检查

（2）用百洁布及无水酒精清洁触头，有轻微烧蚀时用什锦锉修复。

（3）对触头及弹簧均匀涂凡士林润滑。

（4）触头固定螺栓应紧固，力矩值应符合标准。

（5）检查隔离动触头支架是否有位移现象，隔离触头是否发热，触指压紧弹簧是否疲劳、断裂。

（6）检查加装的测温触指完好，验证无线测温装置功能正常，对于早期加装的绑扎式测温传感器应拆除（如有）。

（四）断路器机构检查

（1）机构传动部位检查。

1）就地分合闸，释放弹簧能量。

2）打开断路器面板。

3）检查轴、销、锁扣、挡圈、拐臂、连杆等传动部件无松动、变形、严重磨损。

4）在各轴销、传动链条及弹簧处适当涂二硫化钼锂基润滑脂，掣子部位禁止使用润滑脂。

5）紧固传动部件各连接螺栓。

6）油缓冲器无渗漏，无变形。

（2）合、分闸电磁铁检查。电磁铁铁芯动作灵活，无锈蚀、卡涩。

（3）二次回路及元器件检查。

1）航空插头、快分开关、转换开关、指示灯、转换开关、二次端子排等电气元件固定良好，外观无损伤，清扫浮尘，检查动静触点的完好，按要求更换运行 10 年以上或严重锈蚀的二次元器件。

2）更换存在接点腐蚀、松动变位、接点转换不灵活、切换不可靠现象的辅助开关、转换开关。

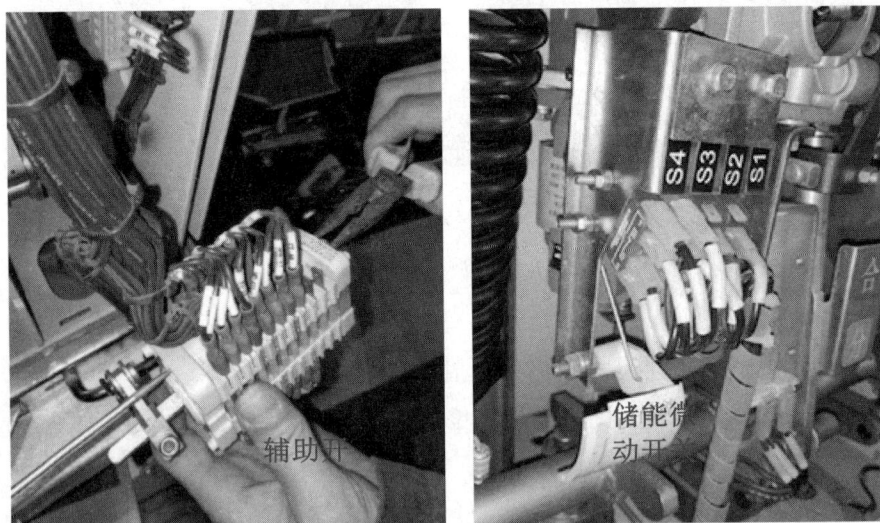

图 5-2-3　二次元件更换

3）二次端子无锈蚀、过热现象，二次电缆绝缘层无变色、老化、损坏现象。

4）二次接线布置整齐，无松动、无损坏。

5）端子内插入截面不同的线头或三个以上线头应改造，备用芯线套防尘套。

6）使用 1000V 兆欧表测量分合闸及辅助回路绝缘电阻，不小于 2MΩ。

7）用 500V 兆欧表测量电机回路绝缘电阻，不小于 1MΩ。

（五）断路器调试

1．电动操作检查

（1）盖上断路器面板。

（2）插上航插，合上控制电源、储能电源。

（3）电机转动应灵活，无异常声响，直流电机整流子磨损深度不超过规定值。

（4）分合闸位置指示与实际位置是否一致、清晰，指示牌无松动、脱落等，计数器清晰正常。记录动作次数。

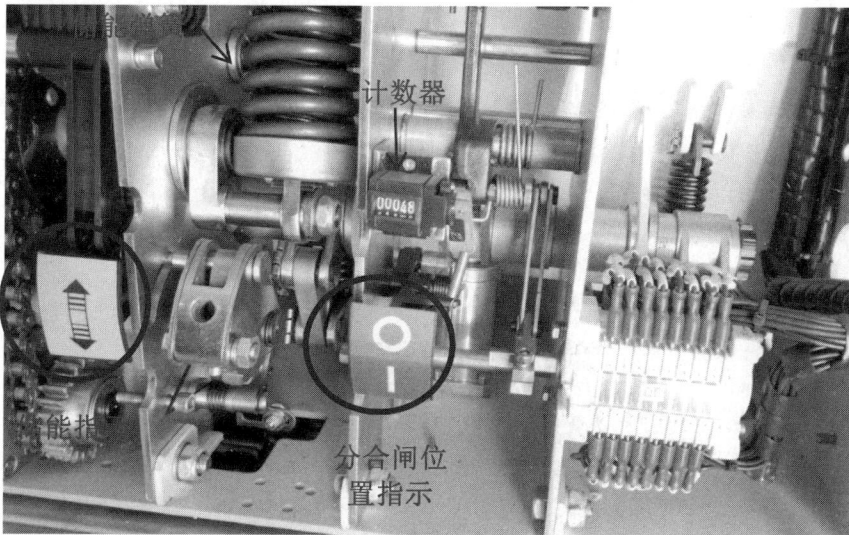

图 5-2-4　断路器小车面板内部检查

（5）储能弹簧已储能位置指示与实际位置是否一致、清晰，指示牌无松动、脱落等。

（6）测试储能打压时间不大于产品规定值，对储能打压超时的机构，应查明原因进行处理。

（7）就地操作断路器分合闸 2 次，本体到位，机构指示正确。

2. 低电压动作试验

（1）拔掉航插，断开控制电源、储能电源。

（2）分闸电磁铁额定电压30%不动作，65%～110%可靠动作（连续3次）。

（3）合闸电磁铁额定电压30%不动作，85%～110%可靠动作（连续3次）。

3. 传动信号试验

（1）插上航插，合上控制电源、储能电源。

（2）断路器远方操作正常、位置信号正确。

（3）弹簧储能状态信号及闭锁正确。

（4）电源跳闸信号正确。

（5）电机运转信号正确。

（6）检查并验证电动底盘车功能正常，动作正确（如有）。

（六）电缆隔室检查

1. 电缆检查

（1）电缆头及外绝缘是否有发热、放电痕迹，电缆头未出现熔胶现象。

（2）电缆头应采用冷缩头，接头部位的热缩盒应完整，热缩盒件开裂、脱落、鼓孔、脏污等缺陷应更换热缩盒。

（3）出线电缆无交叉布置现象，电缆无破损、未挂有铝质或不锈钢质吊牌。

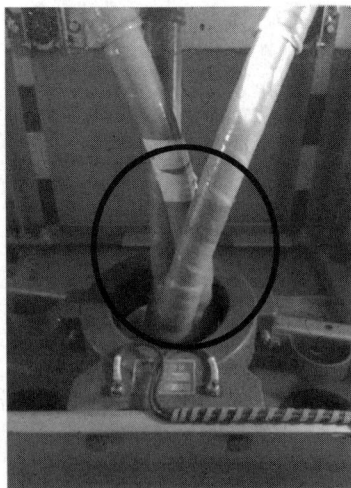

图5-2-5　出线电缆交叉

（4）电缆头伞群安装方向应向下，复合伞裙（辅助伞裙）应无脱胶、脆化、粉化、破裂、漏电起痕、蚀损、电弧灼伤、憎水性丧失等现象。

（5）电缆接地方式应正确，应可靠：三相电缆应两侧接地，单相电缆应单侧接地。

2. 避雷器、电流互感器检查

（1）外绝缘、复合绝缘无破损、无老化。

（2）一次接线牢固，接线正确。

（3）引线对地或构架等的安全距离符合规定，相间运行距离符合规定，柜体内设备引线对地与相间空气绝缘净距离应满足要求：≥125mm（对 12kV），≥300mm（对 40.5kV）。

（4）接地线无损伤，连接牢固。

（5）瓷绝缘避雷器及过电压保护器应更换为复合绝缘氧化锌避雷器。

（6）避雷器引线外绝缘与电缆外绝缘未接触。

（7）避雷器引线应无交叉布置现象，电缆无放电现象。

（8）避雷器用专用的铜排或塑铜线与接地扁铁连接且截面积应该符合要求，严禁通过设备外壳与地网连接。

3. 接地检查

（1）接地开关操作可靠，传动部分连杆无变形、无锈蚀。

图 5-2-6　接地开关传动连杆检查

（2）接地铜排与各接地线接触良好。

（3）接地开关应与开关柜后柜门、断路器分合闸位置进行可靠联锁。

4. 零序 TA 检查

（1）穿芯式电流互感器等电位线采用软铜线，位于屏蔽罩内，无脱落。

（2）电缆通过零序 TA 时，电缆金属护层和接地线应对地绝缘，电缆接地点在互感器以下时，接地线应直接接地，接地点在互感器以上时，接地线应穿过互感器接地。

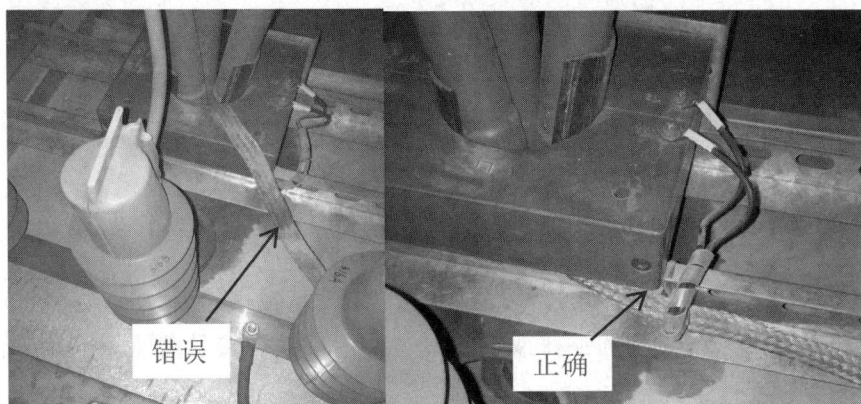

图 5-2-7　零序 TA 电缆接地检查

5. 隔室清扫

（1）清扫接地刀闸、TA 及各绝缘件。

（2）清扫隔室积灰、异物。

（3）封堵良好。

第三节　开关柜试验

一、例行试验

（一）红外热像检测

1. 检测周期

1 年。

2. 检测方法

红外热像检测原理是基于物体辐射的热量特性，通过红外辐射的测量来确定物体的温度。其检测方法如图 5-2-8 所示。

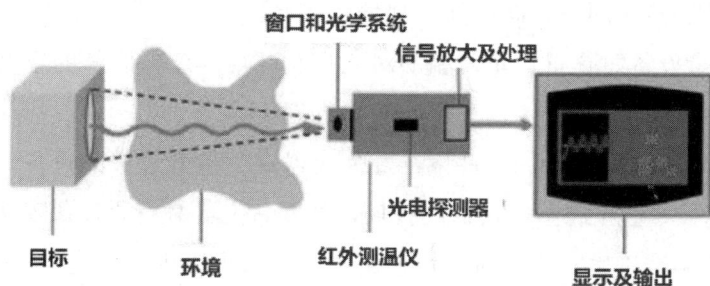

图 5-2-8　红外热像检测

3. 检测步骤

（1）一般检测。

1）仪器开机，进行内部温度校准，待图像稳定后对仪器的参数进行设置。

2）根据被测设备的材料设置辐射率，作为一般检测，被测设备的辐射率一般取 0.9 左右。

3）设置仪器的色标温度量程，一般宜设置在环境温度加 10～20K 左右的温升范围。

4）开始测温，远距离对所有被测设备进行全面扫描，宜选择彩色显示方式，调节图像使其具有清晰的温度层次显示，并结合数值测温手段，如热点跟踪、区域温度跟踪等手段进行检测。

5）环境温度发生较大变化时，应对仪器重新进行内部温度校准。

6）发现异常后，再有针对性地对异常部位和重点被测设备进行精确检测。

7）测温时，应确保现场实际测量距离满足设备最小安全距离及仪器有效测量距离的要求。

（2）精确检测。

1）为了准确测温或方便跟踪，应事先设置几个不同的方向和角度，确定最佳检测位置，并可做上标记，以供今后的复测用，提高互比性和工作效率。

2）将大气温度、相对湿度、测量距离等补偿参数输入，进行必要修正，并选择适当的测温范围。

3）正确选择被测设备的辐射率，特别要考虑金属材料表面氧化对选取辐射率的影响。

4）检测温升所用的环境温度参照物体应尽可能选择与被测试设备类似的物体，且最好能在同一方向或同一视场中选择。

5）测量设备发热点、正常相的对应点及环境温度参照体的温度值时，应使用同一仪器相继测量。

6）在安全距离允许的条件下，红外仪器宜尽量靠近被测设备，使被测设备（或目标）尽量充满整个仪器的视场，以提高仪器对被测设备表面细节的分辨能力及测温准确度，必要时，可使用中、长焦距镜头。

7）记录被检设备的实际负荷电流、额定电流、运行电压，被检物体温度及环境参照体的温度值。

（3）检测标准及分析。

检测各单元及进、出线电气连接处，红外热像图显示应无异常温升、温差和/或相对温差。分析方法参考 DL/T 664 《带电设备红外诊断应用规范》。判断时，应该考虑测量时及前 3h 负荷电流的变化情况。

如果红外热线结果显示设备存在发热，应判断缺陷的等级、分析可能的原因，并有针对性的消缺。

（二）暂态地电压检测

1. 检测周期

（1）至少一年一次。

（2）新安装及 A、B 类检修重新投运 1 个月内。

2. 检测方法

开关柜局部放电会产生电磁波，电磁波在金属壁形成趋肤效应，并沿着金属表面进行传播，同时在金属表面产生暂态地电压，暂态地电压信号的大小与局部放电的严重程度及放电点的位置相关。利用专用的传感器对暂态地电压信号进行检测，从而判断开关柜内部的局部放电故障，也可根据暂态地电压信号到达不同传感器的时间差或幅值对比进行局部放电源定位。

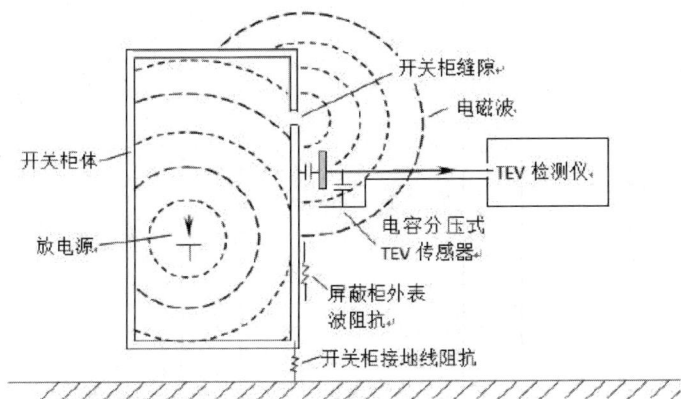

图 5－2－9　开关柜暂态地电压局部放电检测原理图

3．检测步骤

（1）有条件情况下，关闭开关室内照明及通风设备，以避免对检测工作造成干扰。

（2）检查仪器完整性，按照仪器说明书连接检测仪器各部件，将检测仪器开机。

（3）开机后，运行检测软件，检查界面显示、模式切换是否正常稳定。

（4）进行仪器自检，确认暂态地电压传感器和检测通道工作正常。

（5）若具备该功能，设置变电站名称、开关柜名称、检测位置并做好标注。

（6）测试环境（空气和金属）中的背景值。一般情况下，测试金属背景值时可选择开关室内远离开关柜的金属门窗；测试空气背景时，可在开关室内远离开关柜的位置，放置一块 20cm×20cm 的金属板，将传感器贴紧金属板进行测试。

（7）每面开关柜的前面和后面均应设置测试点，具备条件时（例如一排开关柜的第一面和最后一面），在侧面设置测试点，检测位置可参考图。

（8）确认洁净后，施加适当压力将暂态地电压传感器紧贴于金属壳体外表面，检测时传感器应与开关柜壳体保持相对静止，人体不能接触暂态地电压传感器，应尽可能保持每次检测点的位置一致，以便于进行比较分析。

（9）在显示界面观察检测到的信号，待读数稳定后，如果发现信号无异常，幅值较低，则记录数据，继续下一点检测。

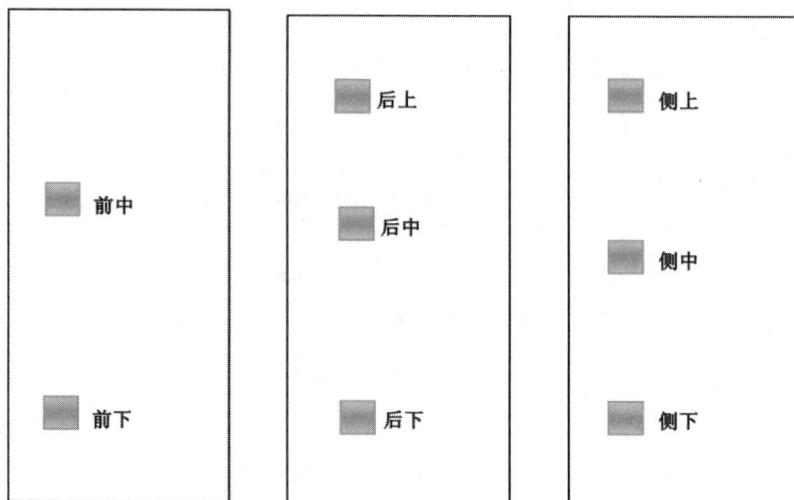

图 5-2-10 暂态地电压局部放电检测推荐检测位置

（10）如存在异常信号，则应在该开关柜进行多次、多点检测，查找信号最大点的位置，记录异常信号和检测位置。

（11）出具检测报告，对于存在异常的开关柜隔室，应附检测图片和缺陷分析。

4. 检测标准及分析

检测结果应无异常放电。

若开关柜检测结果与环境背景值的差值大于 20dBmV，需查明原因。

若开关柜检测结果与历史数据的差值大于 20dBmV，需查明原因。

若本开关柜检测结果与邻近开关柜检测结果的差值大于 20dBmV，需查明原因。

必要时，进行局放定位、超声波检测等诊断性检测。

（三）超声波局放检测

1. 检测周期

（1）1 年。

（2）新安装及 A、B 类检修重新投运后 1 个月内。

2. 检测方法

检测原理如图 5-2-11 所示。

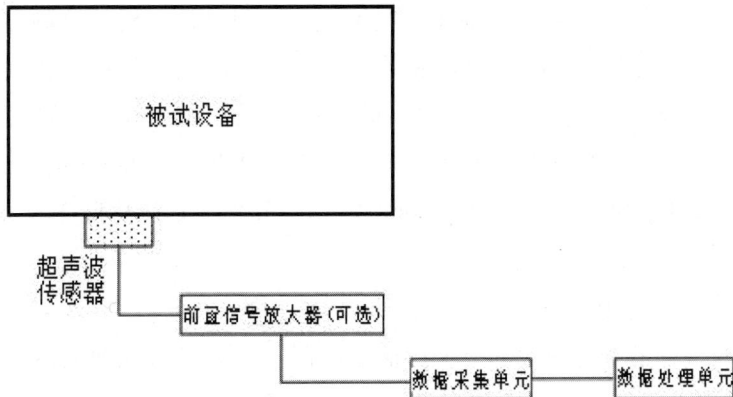

图 5-2-11 超声波局部放电检测原理图

3．检测步骤

（1）检查仪器完整性，按照仪器说明书连接检测仪器各部件，将检测仪器正确接地后开机。

（2）开机后，运行检测软件，检查界面显示、模式切换是否正常稳定。

（3）进行仪器自检，确认超声波传感器和检测通道工作正常。

（4）若具备该功能，设置变电站名称、设备名称、检测位置并做好标注。

（5）将检测仪器调至适当量程，传感器悬浮于空气中，测量空间背景噪声并记录，根据现场噪声水平设定信号检测阈值。

（6）将检测点选取于断路器断口处、隔离开关、接地开关、电流互感器、电压互感器、避雷器、导体连接部件以及水平布置盆式绝缘子上方部位，检测前应将传感器贴合的壳体外表面擦拭干净，检测点间隔应小于检测仪器的有效检测范围，测量时测点应选取于气室侧下方。

（7）在超声波传感器检测面均匀涂抹专用检测耦合剂，施加适当压力紧贴于壳体外表面以尽量减小信号衰减，检测时传感器应与被试壳体保持相对静止，对于高处设备，例如某些 GIS 母线气室，可用配套绝缘支撑杆支撑传感器紧贴壳体外表面进行检测，但须确保传感器与设备带电部位有足够的安全距离。

（8）在显示界面观察检测到的信号，观察时间不低于 15s，如果发现信号有效值/峰值无异常，50Hz/100Hz 频率相关性较低，则保存数据，继续下一点检测。

（9）如果发现信号异常，则在该气室进行多点检测，延长检测时间不少于30s并记录多组数据进行幅值对比和趋势分析，为准确进行相位相关性分析，可利用具有与运行设备相同相位关系的电源引出同步信号至检测仪器进行相位同步。亦可用耳机监听异常信号的声音特性，根据声音特性的持续性、频率高低等进行初步判断，并通过按压可能震动的部件，初步排除干扰。

4. 检测标准及分析

检测结果应无无异常。

（1）一般检测频率在 20～100kHz 之间的信号。若有数值显示，可根据显示的 dB 值进行分析。对于以 mV 为单位显示的仪器，可根据仪器生产厂建议值及实际测试经验进行判断。

（2）若检测到异常信号可利用特高频检测法、频谱仪和高速示波器等仪器和手段进行综合判断；异常情况应缩短检测周期。

（四）交流耐压试验

1. 试验周期

4 年。

2. 试验方法

对于高压开关柜，可采用外施工频耐压方法。

外施工频耐压方法接线如图 5－2－12 所示。

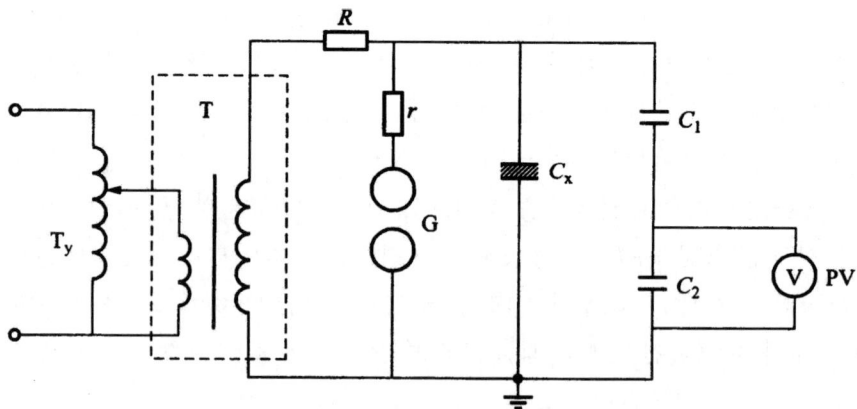

图 5－2－12　外施工频交流耐压试验原理接线图

T_y—调压器；T—试验变压器；R—限流电阻；r—球隙保护电阻；G—球间隙；C_x—被试品电容；C_1、C_2—电容分压器高、低压臂；PV—电压表

3．试验步骤

（1）被试品在耐压试验前，应先进行其他常规试验，合格后再进行耐压试验。被试品试验接线并检查确认接线正确。

（2）接通试验电源，开始升压进行试验，升压过程中应密切监视高压回路，监听被试品有何异响。

（3）升至试验电压，开始计时并读取试验电压。

（4）计时结束，降压然后断开电源。并将被试设备放电并短路接地。

（5）耐压试验结束后，进行被试品绝缘试验检查，判断耐压试验是否对试品绝缘造成破坏。

4．试验标准及分析

（1）合闸时，试验电压施加于各相对地及相间；分闸时，施加于各相断口。试验电压为出厂试验值的 80%，耐压时间为 60s，试验中如无破坏性放电发生，且耐压前后的绝缘电阻无明显变化，则认为耐压试验通过。

（2）在升压和耐压过程中，如发现电压表指示变化很大，电流表指示急剧增加，调压器往上升方向调节，电流上升、电压基本不变甚至有下降趋势，被试品冒烟、出气、焦臭、闪络、燃烧或发出击穿响声（或断续放电声），应立即停止升压，降压、停电后查明原因。这些现象如查明是绝缘部分出现的，则认为被试品交流耐压试验不合格。如确定被试品的表面闪络是由于空气湿度或表面脏污等所致，应将被试品清洁干燥处理后，再进行试验。

（五）主回路绝缘电阻试验

1．试验周期

4 年。

2．试验方法

同真空断路器绝缘电阻试验。

3．试验步骤

（1）将被试品断电，充分放电并有效接地；

（2）采用 500V 电压对绝缘电阻表进行自检；

（3）按不同的测试项目要求进行接线，注意由绝缘电阻表到被试品的连线应尽量短；

（4）经检查确认无误，绝缘电阻表到达额定输出电压后，待读数稳定或60s时，读取绝缘电阻值，并记录；

（5）读取绝缘电阻值后，如使用仪表为手摇式兆欧表应先断开接至被试品高压端的连接线，然后将绝缘电阻表停止运转；如使用仪表为全自动式兆欧表应等待仪表自动完成所有工作流程后，断开接至被试品高压端的连接线，然后将绝缘电阻表停止工作；

（6）测量结束时，被试品还应对地进行充分放电。

4. 检测标准及分析

应在交流耐压试验前、后分别进行。绝缘电阻测试值应符合制造厂规定。

（六）开关柜的其他例行试验项目

开关柜的其他例行试验项目、周期和标准如表 5-2-1 所示。

表 5-2-1　　　　　开关柜其他例行试验项目、周期和标准及分析

序号	项目	周期	标准	说明
1	辅助回路和控制回路绝缘电阻	4 年	用 1000V 兆欧表，绝缘电阻≥2MΩ	
2	电压抽取（带电显示）装置检查	1）4 年； 2）必要时	符合行业标准 DL/T 538《高压带电显示装置》	
3	五防性能检查	1）4 年； 2）必要时	应符合制造厂规定	
4	断路器特性及其他要求	1）4 年； 2）必要时	参考真空断路器章节	参考真空断路器章节

二、诊断性试验

表 5-2-2　　　　　　　开关柜的诊断性试验项目

序号	项目	试验前提	标准	说明
1	辅助回路和控制回路交流耐压试验	必要时	试验电压 2kV	可采用 2500kV 兆欧表测量
2	超声波局部放电检测	必要时	同例行试验	试验方法、步骤、标准同例行试验
3	交流耐压	必要时	同例行试验	试验方法、步骤、标准同例行试验

第四节　开关柜典型故障及案例

一、220kV 某某变电站 10kV #3 接地变 314 断路器合闸线圈烧损故障

（一）故障概述

2017 年 11 月 16 日下午五点钟，九华变运行人员在对 10kV 314 断路器进行操作时，闻到烧焦味道，经过检查，发现 314 断路器合闸线圈烧损。

2017 年 04 月 15 日，某某变电站 314 断路器发生过同样的缺陷，也为 314 断路器合闸线圈烧损，对合闸线圈进行更换，更换后断路器动作特性合格。

220kV 某某变电站 314 断路器型号为 VS1－12/1230－31.5，厂家为衡阳森源电力设备有限公司；314 开关柜型号为 KYN28A－12。厂家为湖南华力通电器制造有限责任公司。

（二）故障检查

到达现场时，首先将断路器弹簧机构释放能量，手动分合闸一次，将合闸线圈拆下来检查，经过检查，线圈已烧损，闻起来有烧焦味道，旧线圈如图 5－2－13 所示。

图 5－2－13　旧合闸线圈

（三）故障处理

安装新的合闸线圈，新线圈如图 5－2－13 所示。更换合闸线圈后，对断

路器进行手动储能，断路器的合闸回路电阻测量为 420Ω，新合闸线圈的电阻经测量为 198Ω。通过万用表对断路器合闸回路进行逐节测量，检查出合闸回路中有一处接线接线不良，导致合闸回路电阻增大，合闸电磁铁动作值较小，导致断路器不能动作，辅助开关不能正确动作，无法切断合闸回路，回路通流时间过长，烧坏合闸线圈，对合闸回路接触不良位置进行处理，合闸回路电阻为 200Ω，然后对断路器进行低电压动作试验，试验合格，试验班的动作试验合格，设备投入运行。

现场重新制作接线头，使铜线充分抵近接线鼻子并压接牢固。线头制作完毕后，恢复 4D:62 端子接线，再次模拟 5623 开关远方合闸，合闸命令正确执行，5623 三相合闸正常。

（四）故障原因分析

通过对现场进行分析，合闸线圈烧损原因主要为合闸回路中靠近线圈接线位置接线通过插接式端子连接，长期运行端子金属片疲劳接触不良，导致电阻较大，现场照片如图 5-2-14 所示：

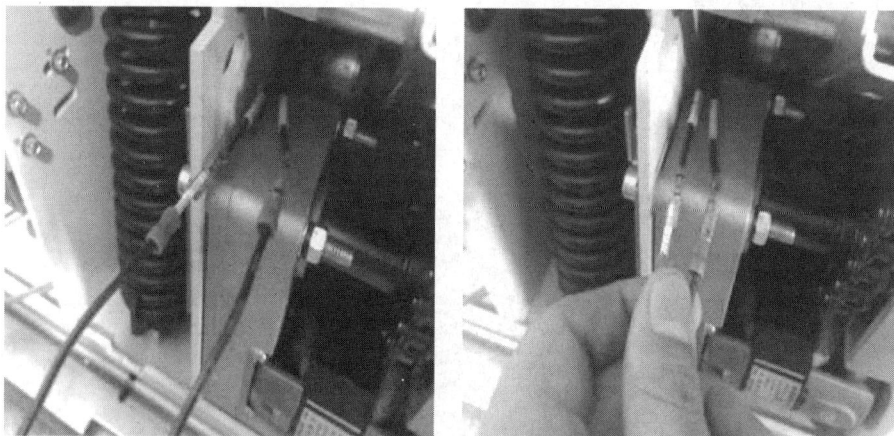

图 5-2-14 旧合闸线圈

通过接线方式分析，插接式端子虽然便于线圈等零部件更换，但长期运行端子金属片易疲劳，导致端子连接处接触不良，从而导致合闸回路电阻过大，断路器合闸时，回路自保持节点运行，回路持续通流，因为合闸回路电阻增大，导致合闸电磁铁动作幅度过小，无法合闸，辅助开关不能正确动作，无法切断合闸回路，合闸回路通流时间过长，烧损线圈。

断路器二次控制回路图的照片如图 5－2－15 所示。

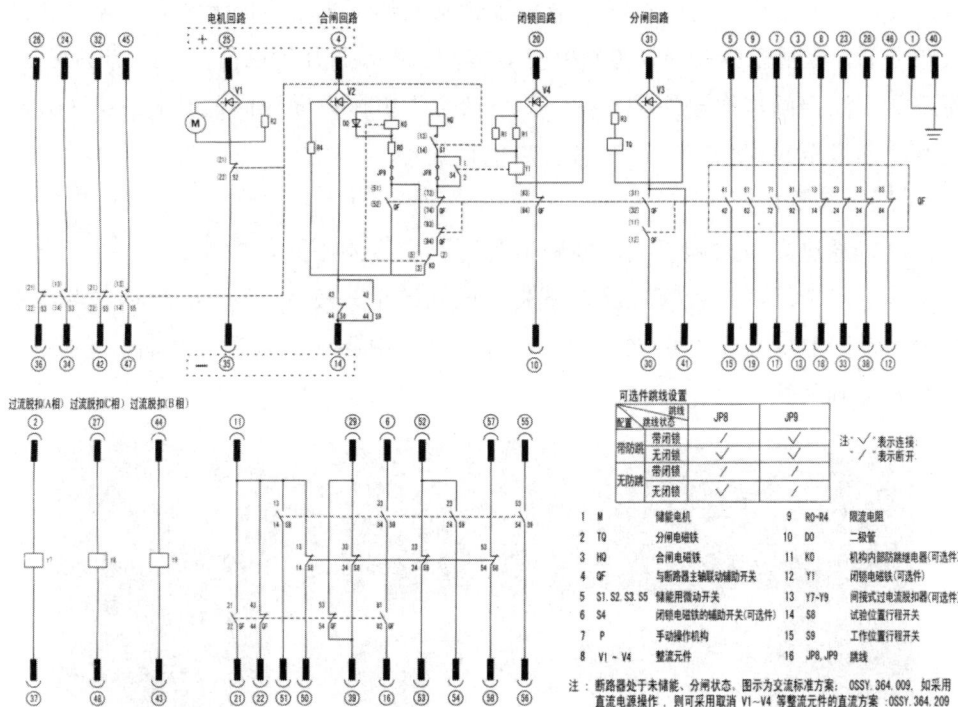

图 5－2－15　AFI22 操作柜内部接线图

（五）整改措施

（1）立即对其余开关分合闸回路接线鼻子进行外观排查，重点关注线鼻处有无铜线外露或其他外观异常现象。

（2）年度检修期间，重点针对开关分合闸回路接线鼻子、接线端子开展全面排查和整改。

二、220kV 某某变电站 310 断路器合后即分异常故障

（一）故障概述

10 月 16 日检修人员在 220kV 某某变电站进行#1 主变送电陪操时，在进行 310 断路器由热备用转运行操作时，出现断路器无法合闸情况。运行人员在远方对 310 断路器执行合闸操作，后台显示 310 断路器在分位，现场检查 310 断路器机械位置亦在分位。

为进一步明确缺陷原因，现场陪操人员申请将 310 断路器小车拉至试验位置，进行就地操作。就地对断路器执行合闸操作，断路器仍无法合闸，且合闸操作之后，合闸弹簧释能，储能电机运转，合闸弹簧开始储能。由此初步判断，断路器无法合闸与继电保护无关，基本锁定为机械方面原因。遂申请将 310 断路器小车拖至检修位置，进行进一步检查处理。

（二）故障检查

（1）通过高压试验，判断断路器是否存在合闸不到位情况。

现场对断路器进行特性测试试验，试验结果如图 5−2−16 所示。试验结果表明，断路器在合闸后立即分闸，合闸过程中各项参数符合产品试验要求，无合闸不到位缺陷。

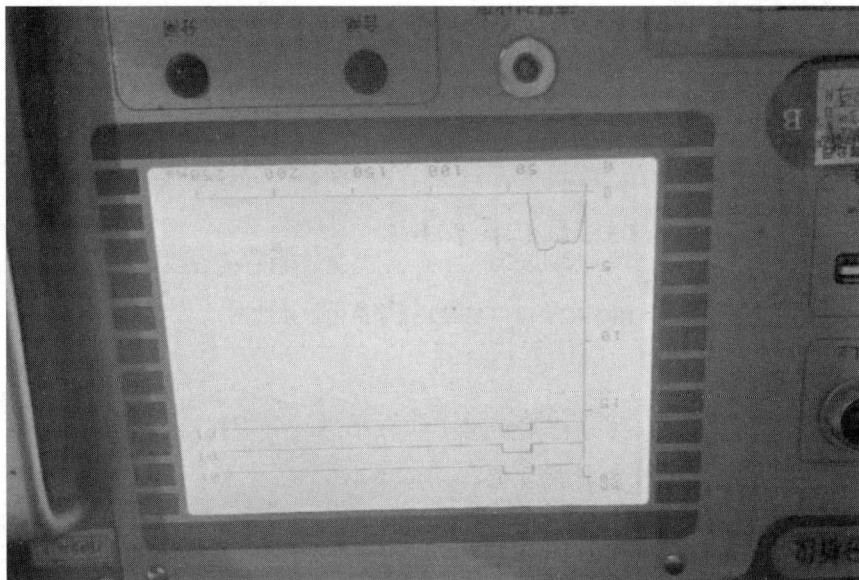

图 5−2−16　断路器高压试验结果

（2）判断分闸挚子间隙是否过大情况。

如分闸挚子间隙过大，则在合后即分过程中分闸挚子存在越过间隙后立即返回的过程。现场首先对间隙进行检查，发现在分闸电磁铁未励磁情况下顶杆间隙处能有效阻止分闸挚子的运动。为进一步验证在合闸冲击过程中，该间隙能有效阻止分闸挚子的运动，采用在顶杆间隙缺口处缠绕黑胶带的方式，如分闸挚子存在越过间隙返回的情况，则黑胶带必然在冲击力作用下破损。现场试验结果如图 5－2－17 所示，黑胶带在间隙处未出现任何破损，在顶杆间隙缺口上方出现明显的凹痕。试验结果说明，在合闸过程中顶杆有效阻止了分闸挚子的运动，不存在间隙过大的问题。

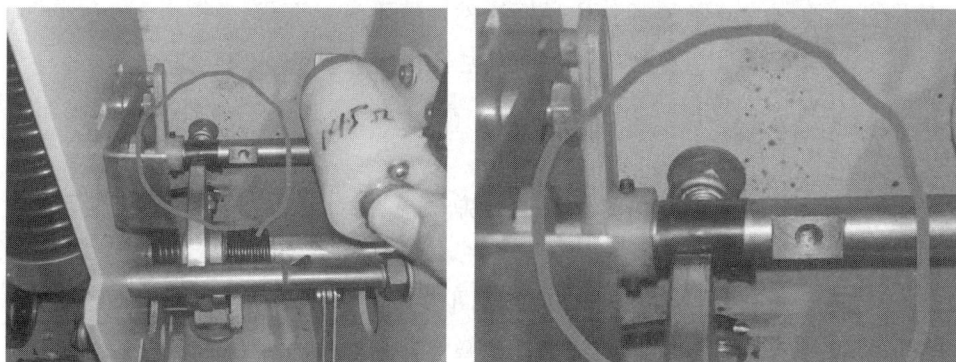

图 5－2－17　分闸挚子间隙验证

（3）分闸挚子复位弹簧原因分析。

对比该断路器分闸挚子复位弹簧与同型号、同批次断路器分闸挚子复位弹簧，发现 310 断路器分闸挚子复位弹簧卷绕圈数较其他断路器少绕一圈，如图 5－2－18 所示。怀疑其弹性性能较差，不足以带动拐臂同步运动，主轴运动至合闸位置时，支撑拐臂未能同步跟上，造成合后即分缺陷。

图 5－2－18　缓冲弹簧卷绕圈数

（三）故障处理

现场对 310 断路器分闸挚子复位弹簧进行更换，更换后断路器分合闸正常。低电压试验数据、及机械特性试验数据均满足要求。证明造成 310 断路器合后即分的原因为分闸挚子复位弹簧弹性性能不满足要求。

在对分闸挚子进行更换的过程中需注意的几个要点如下：

（1）分闸挚子复位弹簧所固定轴两端采用卡环固定，需要准备好胀钳工具，以便取下卡环。

（2）安装分闸挚子复位弹簧应确定弹簧及拐臂滚轮的相对位置，确保安装正确。

（3）拆除分闸复位弹簧应先拆除如图 5-2-19 所示的支撑杆、再拆除分闸挚子复位弹簧。装复时应先装复复位弹簧，后装复支撑杆。

图 5-2-19　复位弹簧装配

（四）故障原因分析

现场对断路器执行合闸操作，可以明显观察到断路器主轴转动至合闸方向后立即返回至分位，断路器合闸计数器指示也同步增加一次，合闸弹簧释能完毕。由此可判断，断路器不能合闸实际上为合后即分故障。

造成合后即分的原因有三种：① 断路器合闸不到位。合闸弹簧释能完毕后，传动主轴未转动至合闸保持位置，从而出现反转，导致分闸。② 分闸挚子间隙过大。合闸完毕后，分闸弹簧储能，分闸挚子应处于锁住状态，等待接收分闸指令后电磁铁励磁脱扣，断路器分闸。如分闸挚子间隙过大，则可能在分闸弹簧储能后，分闸挚子直接脱扣，导致分闸。③分闸挚子复位弹簧疲劳，与主轴行程配合不当。在断路器合闸过程中，传动主轴转动的同时，分闸挚子复位弹簧带动拐臂同步运动，至合闸位置处与主轴形成支撑，保持合闸状态。

本次故障即为复位弹簧疲劳导致主轴转动至合闸位置后，复位弹簧带动的拐臂无法同步到达，从而造成主轴反转，断路器分闸。

三、220kV 某某站 10kV #8 电容器 319 断路器不能储能故障

（一）故障概述

10kV 开关柜型号为 KYN28A-12，断路器型号为 VS1-12/1250，为湖南开关厂产品，投运日期 2007 年 11 月 01 日。该断路器为弹簧操作机构，配备 ZYJ-66 型永磁直流储能电机，2016 年 6 月 8 日，该站#8 电容器间隔在进行电容器自动投入后发"弹簧未储能"告警信号。经检修人员现场检查，该断路器机械位置在合位，机械指示"弹簧未储能"，排除二次回路误发信号，初步判断缺陷为断路器本体电气或机械故障。同时向调度申请该间隔转冷备用状态，报下周计划停电处理。

（二）故障检查

经检查，该间隔储能电源电位正常，储能微动开关 S1 切换正常，整流器 V1 四个针脚电位正常，当测量电机 M 两端电位时发现 M-1 带负电位，M-2 带正电位，储能回路二次接线图如图 5-2-20 所示，推断为电机内部断线导致。

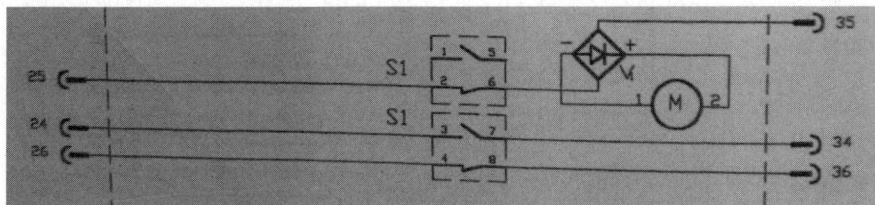

图 5-2-20　VS1-12 型断路器储能回路二次接线图

随后对该电机进行拆卸检查，拆除减速器、轴承以及电机装配，如图5-2-21所示。

减速器装配

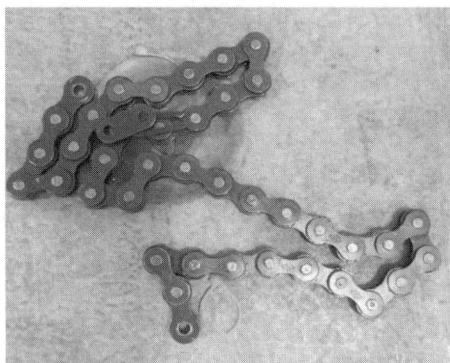

传动链条

碳刷装配

转子

图5-2-21　电机拆卸检查

经拆解发现，该电机一侧碳刷表面烧损严重，且连接铜线与铜片已断开连接，如图5-2-22所示。

观察碳刷损伤面表面，有粗糙、烧损迹象，同时发现压紧弹簧疲软松弛。推断为运行时间长，转子换向器表面积碳严重（未见金属色），如图5-2-23所示，弹簧疲劳压紧力不足，导致接触电阻剧增发热以致烧损。

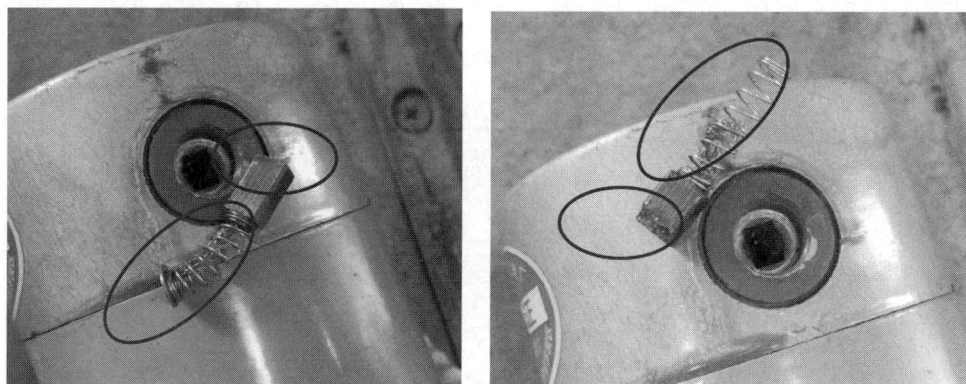

正常侧　　　　　　　　　　　　　　故障侧

图 5-2-22　ZYJ-66 型电机碳刷

图 5-2-23　电机转子转向器积碳严重

（三）故障原因分析

本次故障的电机为无锡堰桥机电厂产 ZYJ-66 型永磁直流电动机，出厂日期 2006 年 2 月，如图 5-2-24 所示。

该电机运行时间达 10 年，且该间隔为无功间隔，电容器自动投切比较频繁，电机运转次数相对增多，长时间的运转导致了碳刷磨损现象逐渐加剧，电动机转子转向器表面长期未清理，积碳日趋严重，同时碳刷压紧弹簧弹性有所下降导致压紧力不足，以上原因共同导致了碳刷与转子转向器之间接触电阻增大，以致发热烧损。此外由于制造工艺不佳，碳刷连接铜线与铜片焊接工艺不到位，在长时间通流，碳刷烧损后自动脱落，导致储能回路断线。

图 5-2-24 ZYJ-66 型永磁直流电动机